冯·格康－玛格建筑事务所作品集

建筑设计 1988-1991

“冯·格康－玛格合伙人事务所(gmp)的建筑作品用新建筑诠释了古典建筑的类型”，在讲到为何Birkhäuser出版社决定将这本曾经脱销的作品修订后再次发行，Werner Oechslin 说主要是因为本书的高质量，它包括了这个声名显赫的德国建筑事务所在1988—1991年间的所有作品。展馆会堂、商业建筑、住宅和旅馆、研究机构和公共设施、交通建筑和城市设计项目——这些正是今天建筑任务的所有分支内容，这些主题在现代建筑的传统中一直存在。建筑师将这些主题一如既往地看作是一种挑战。如同给人深刻印象的多样性和谨慎优雅的解决方案，这本作品也集中展现了建筑师明确的实践活动，并表达了这样一种理念：作为建筑师，其职责就是在各种情况下做出最合适的回应。

迈因哈德·冯·格康(Meinhard.v.Gerkan)认为“关键不是建筑师对理论和艺术的偏爱，而是那些在实现项目过程中的对外部环境与影响所作的大量讨论和研究。”

gmp的建筑作品是地道的“可能的艺术”，或换言之是一种具有社会责任感的艺术。其作品得到的肯定不仅是因为其经济上可行，而且是因为其一目了然的造型和简明易懂的结构形式：在这种和谐统一中可以体会到我们这个时代的建筑艺术风格。

冯·格康－玛格建筑事务所作品集

建筑设计　1988–1991

[德] 迈因哈德·冯·格康　编著
董一平　鲁欣华　译
张遴伟　校

中国建筑工业出版社

著作权合同登记图字：01－2003－7680 号

图书在版编目(CIP)数据

建筑设计 1988－1991／(德)格康编著；鲁欣华等译．—北京：中国建筑工业出版社，2004
(冯·格康－玛格建筑事务所作品集)
ISBN 7－112－06744－8

Ⅰ.建… Ⅱ.①格… ②鲁… Ⅲ.建筑设计－作品集－德国－现代
Ⅳ.TU206

中国版本图书馆 CIP 数据核字（2004）第 067542 号

von Gerkan, Marg und Partner Architecture 1988-1991

本书经德国 gmp 建筑事务所授权我社在世界范围内翻译、出版、发行中文版

责任编辑：丁洪良　王雁宾　戚琳琳
责任设计：郑秋菊
责任校对：赵明霞

冯·格康－玛格建筑事务所作品集
建筑设计　1988－1991
[德] 迈因哈德·冯·格康　编著
董一平　鲁欣华　译
张遴伟　校
*
中国建筑工业出版社出版、发行(北京西郊百万庄)
新　华　书　店　经　销
北京嘉泰利德公司制版
北京顺诚彩色印刷有限公司印刷
*
开本：889 × 1194 毫米　1/40　印张：8 7/10　字数：208 千字
2004 年 11 月第一版　2004 年 11 月第一次印刷
定价：59.00 元
ISBN 7－112－06744－8
TU · 5892(12698)

(邮政编码 100037)
本社网址：http://www.china-abp.com.cn
网上书店：http://www.china-building.com.cn

目　录

企业、工厂及技术中心

汉堡机场停车库

修订版前言

“冯·格康-玛格合伙人事务所(gmp)的建筑作品用新建筑诠释了古典建筑的类型”，在讲到为何Birkhäuser出版社决定将这本曾经脱销的作品修订后再次发行，Werner Oechslin说主要是因为本书的高质量，它包括了这个声名显赫的德国建筑事务所在1988—1991年间的所有作品。展馆会堂、商业建筑、住宅和旅馆、研究机构和公共设施、交通建筑和城市设计项目——这些正是今天建筑任务的所有分支内容，这些主题在现代建筑的传统中一直存在。建筑师将这些主题一如既往地看作是一种挑战。如同给人深刻印象的多样性和谨慎优雅的解决方案，这本作品也集中展现了建筑师明确的实践活动，并表达了这样一种理念：作为建筑师，其职责就是在各种情况下做出最合适的回应。

迈因哈德·冯·格康(Meinhard.v. Gerkan)说：“关键不是建筑师对理论和艺术的偏爱，而是那些在实现项目过程中的对外部环境与影响所作的大量讨论和研究。”

gmp的建筑作品是地道的“可能的艺术”，或换言之是一种具有社会责任感的艺术。其作品得到的肯定不仅是因为其经济上可行，而且是因为其一目了然的造型和简明易懂的结构形式：在这种和谐统一中可以体会到我们这个时代的建筑艺术风格。

“新建筑的经典分类”不仅在这本再版的1988—1991年作品中出现，而且将在此时正在制作的1991—1995年最新项目作品集中得到延续。对于这两册书能够在Birkhäuser出版社新书计划中出版，我们感到十分自豪。

1995年5月于巴塞尔

Birkhäuser出版社

前言

自从我们的事务所1965年成立以来，这已是第四本[1]关于我们作品的书了。这本书记录了1988年至1991年间事务所几乎所有的工作。虽然只有短短的三年，这本书的内容还是显得特别充实，因为这三年正是我们经历特别丰富的阶段。

首先要用一些篇幅来介绍大量的已经完成的大型建筑项目。不论是斯图加特机场[2]、比勒费尔德市市民中心[3]、安卡拉的喜来登酒店[4]还是不伦瑞克市的邮政总局行政楼[5]，这些项目规模巨大，同时我们殚精竭虑为之花费了大量时间和精力。仅仅是斯图加特机场的综合航站楼的规划设计到建筑竣工，从1980年的竞赛中标到1991年的投入使用就花费了11年的时间。一方面由于德国重新采用了建筑竞赛制度，另一方面由于德国成功统一后建筑业的蓬勃发展，规划设计任务的数量飞速上升。

从20世纪70年代开始承接的柏林泰格尔(Tegel)机场的建设，我们除在汉堡总部之外，又在柏林设立了分部。1988年则又把在亚琛和不伦瑞克的临时建设项目管理处发展成为固定分部。

在此之前我们从未有过同时进行这么多不同的设计任务的经历——从一家小咖啡厅的室内设计[6]到为汉堡汉莎航空公司设计的1栋长175m的无支柱的喷气式飞机机库[7]。

在这段时间中，德国还发生了最重要也是最令人高兴的特殊政治事件：柏林墙倒塌了。1989年11月2日我在德累斯顿(Dresden)为我们的建筑作品和设计展主持开幕仪式，演讲之后紧接着是对一个联合专题研讨会的讨论，来自东部和西部的建筑师那么畅快淋漓的言论自由，真是过去从不敢设想的，事实上政治环境已发生彻底的变化。在Juergen-Ponto慈善基金

1 城市住宅——汉堡建筑展(Hamburg-Bau)，1978 年
2 星形别墅，柏林国际建筑展(IBA)，1980 年

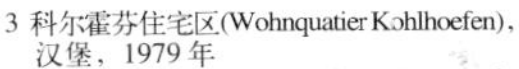

3 科尔霍芬住宅区(Wohnquatier Kohlhoefen)，汉堡，1979年
4 独立住宅居住区，汉堡建筑展，1978年
5 库讷曼住宅(Haus Koehnemann)，汉堡，1969年
6 “G”住宅，汉堡，1981年
7 城市住宅，国际建筑展，柏林，1982年
8+9 节能住宅，国际建筑展，柏林，1984年

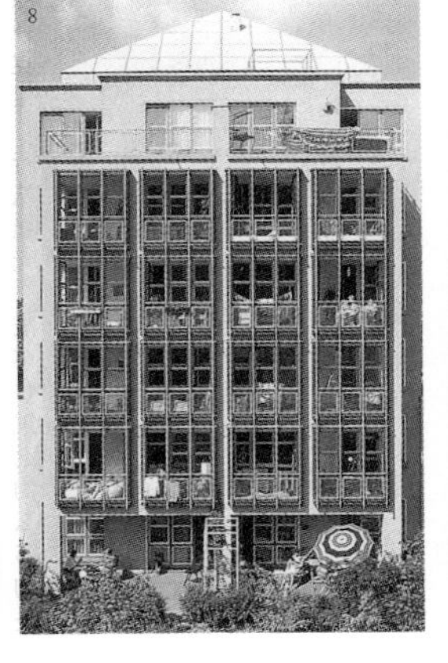

1987年前的建筑与方案

泰马(Taima)和苏拉伊尔(Sulayil)
沙特阿拉伯荒漠中的两座城市，1980年

1 男童学校
2 伊斯兰教寺院
3 住宅
4 荒漠概览

会的帮助下，研讨会推迟了大半年之后终于能够在德累斯顿举行，在当时还是两个德国的时期，还得到了超过60多名建筑师和学生的参与与协作。

直到1991年底，联邦德国版图的扩大还没有对社会就业情况产生重大的影响。虽然我们已经展开了对柏林东部地区规划布局的研究，然而具体的设计任务那时还没有形成。在两次新的联邦州内举行的具有重大影响的设计竞赛中，我们事务所都榜上有名，获得第一名：德累斯顿老市场规划[8]和法兰克福(奥得河畔)的共和广场建筑综合体[9]。在新的联邦州进行规划和建筑活动，人们必须更加小心谨慎。至今在每个城市的中心城区都还没有确立具有决定性的理想和有保证的规划框架。极少数经过建筑设计竞赛而赢得的规划任务，已经取得了历史性的突破。具体的前期设计规划中各种各样相关的法律问题都是不明朗的。补偿和索赔摆在眼前。投资商的任务书"不假思索"，法定的规划代表对投标报价和内容过分苛求，这种情况在规划设计中屡见不鲜。在1991年7月有大量的起重机停工了，而在1991年春天，德累斯顿的规划部门的负责人对此还根本没有料到。这种初期的兴奋逐渐冷静下来，与需求相矛盾的实际情况将起到决定作用。

投资商给了我们大有希望的建议，即在引人注意的项目中，通过无偿的快速方案设计和透视图来"参与"，我们拒绝了这种提议。首先对于准备一个规划建议来说，得到适当的报酬和给与足够的时间对我们来说是检验一个规划和建筑企图是否严肃郑重的试金石。德累斯顿的市中心1km多长的易北河滨水地带的城市设计详细规划[10]这样的项目可以算是相对来说较小规模的规划。把仓促的建筑冲动引入谨慎的城市规划道路中，在其中产生良好的与自然的平衡，这是必须坚持的理念。当人们看见那些在新的联邦州城市郊区的购物中心、超级市场和建材市场正以其异常巨大的体

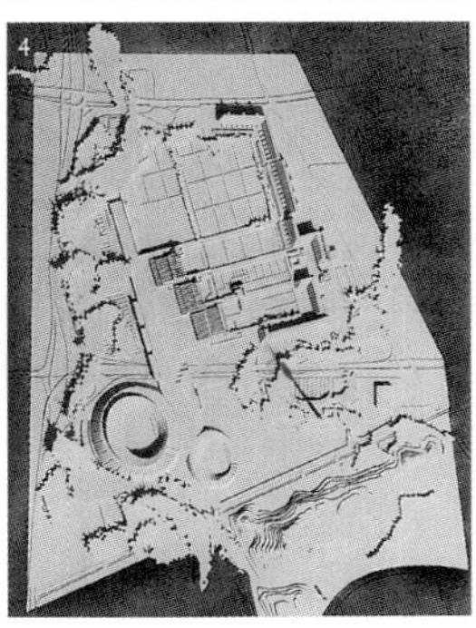

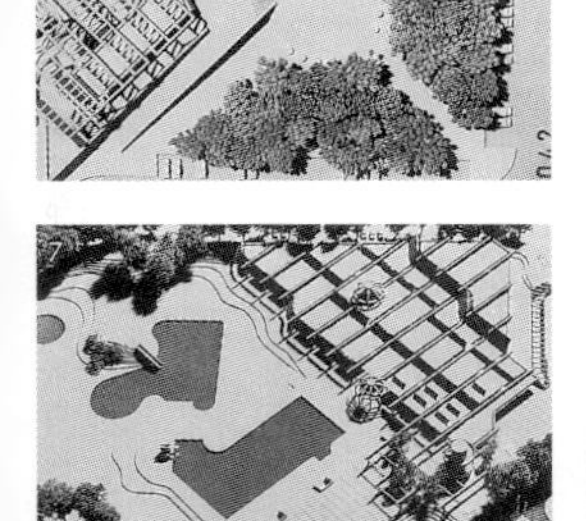

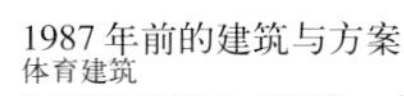

1987年前的建筑与方案

体育建筑

1 曼海姆游泳馆，1979年
2 高校体育中心，基尔，1976年
3 施托马恩体育馆(Stormarnhalle)，巴登·奥德斯陆(Bad Oldesloe)，1967年
4 奥林匹克场馆竞赛方案，慕尼黑，1968年
5 格尔立兹(Goerlitzer)游泳馆，柏林－科洛茨堡(Kreuzberg)，1979年
6 体育中心，迪克希(Diekirch)/卢森堡，1970年
7 夏季水上乐园，柏林－施潘道(Berlin-Spandau)，1979年

量、蹩脚的建筑设计和惊人的速度破坏景观，一定会非常震惊的。

如果总结一下两德统一后对我们的设计任务的影响，结论倒可能是负面的。我们为波恩的联邦环境部[11]办公大楼做了方案设计，方案做得很好，但业主肯定不会要求更深入的设计。有位政治家曾经在演讲中说到，同样的设计在柏林能够轻易地实现，这种说法实在是对于建筑设计情况本质的误解。估计在10年期满之前，不论是在柏林还是在其他地方都不可能再建一座新的环境部办公大楼，而在柏林其他的各联邦办公大楼也面临着同样“封局”暂停的命运。

在本书所记述的这段时间里，易北大道139号的工作室[12]也开始投入使用。之前我们工作了15年的办公室最初是住宅，由于改变了它的使用功能而不再将其作为住宅使用，不符合新规定。政府的新规定限期我们搬离原先的办公室，因此我们建造了这个特别的工作室。

最后期限是1989年12月31日，我们在此几周前彻底搬了家。这个新的办公地点，既有优势也有缺陷，在这里能看到激动人心的港口和易北河的

1 心理医院，瑞克林(Rickling)，1985年
2 理论和研究中心，鲁道夫-维寿-大学医院-柏林(Rudolf-Virchow-Universitätskliniken)，1987年
3 心理医院，瑞克林，1985年
4 玛丽亚·托斯特医院，柏林，1983年

景色，没有什么比这更能代表汉堡的特征了，当然作为代价就是离城市的基础设施距离非常远。这里首先应该是新的办公空间，有足够的空间安排绘图桌、小会议室和休息区，最好还有备用的空间，以便将来一旦业务发展而扩大规模。从这个方面上来说，事务所的发展超过了我们自己的预期，在搬家的时候就已经把备用空间都用完了，而仅仅两年之后，在1991年底这里又已经挤得像在东京的建筑事务所了。无论如何要再租一个新的地方了，我们决定租一幢港口仓库的一层楼面作为分部，离总部的距离在步行可以到达范围之内，同样具有独一无二的位置。直到1992年1月时，我们这个集体在汉堡有两处办公室，还有一些现场办公室，分别在亚琛、柏林和不伦瑞克处理工作，工作人员总数几乎达到180人，这么多员工让我们又喜又忧。

我们的目标是不仅要达到最高效的生产能力，特别要始终以建筑整体质量为第一位，实现优质的工作成果。

对此立竿见影的做法就是婉言拒绝其他的任务合同，大大减少竞赛的投入。在某种特殊情况下，我们这样的经营策略都会使人感到非常矛盾。承接建筑设计委托合同与来者不拒的经营方式完全不同。每一份任务，当它需要特别投入设计时，已经有相当长的一段前期过程，它或者是某个已经获奖的竞赛方案，两三年后或甚至多年后才开始的情况决非罕见，就以科布伦茨[13]的项目为例，市长花了三年时间决定竞赛结果，与市政相关机构讨论开始进行火车站周围改造，我们建筑师必须接受这件任务，否则所有的脑力投资和物质投资都会是“竹篮打水一场空”，希望市长先生等我们事务所满负荷地用一个月完成手头的任务，否则他的规划就要推迟几年再说，这种想法真是荒唐。据我所知，没有一个业主会在“明星建筑师”背后排长队去等他来做方案。这种放弃退出反而使得每个正在进行的竞赛工作

1987年前的建筑与方案

汉堡汉莎商城，1980年

1 玻璃穹顶
2 角部处理
3 带玻璃穹顶的屋面层
4 拱廊商店的交叉口

显得多余，因为人们通过竞赛的确可以获得最初阶段的运气和成功，但有时恰恰也牺牲了一个已经成熟的委托。所以这就很容易理解，我们充分利用全部的工作力量，减少参加竞赛的工作，但是这种由周期带来的可恶的规律性：当人们希望得到一个新的委托设计任务时，没有结果，当你正毫无准备的时候，一切事情却都在全速开动。从经济角度来说，参加公开的国际竞赛是不合理的，投入大大超过产出，就如我们参加的德黑兰[14]竞赛，东京国际会议中心[15]或是雅典的卫城博物馆[16]竞赛，单纯从经济角度来看，这是不理智的。

当诸如机场、办公楼和购物拱廊之类的普遍工作已经充分有保证的情况下，这些特别有意思的任务，如比勒菲尔德市民活动中心[17]，吕贝克音乐厅[18]，汉堡历史博物馆的玻璃屋顶[19]这些项目对我们具有强烈的吸引力。通过这种方法，我们事务所的生产能力和劳动效率超越了初期的不很明确的调节系统，因为从企业的经营策略的角度来说是决不会容许这种情况存在的。

我们几乎一直有这种感受，我们的办公人员同时是太少和太多，太少，当要按时和周到细致地完成任务时；太多，是在建筑设计还只是个人思考、希望与保持密切同事关系，以及面对经济风险时，从这之中我们意识到就同其他建筑师一样，我们的现有的委托任务量是受到外界经济周期的发展趋势影响的。

对事务所来说，个人能力具有决

1+2 格林德尔大道100号，汉堡，1987年

定性的意义。当工作人员成倍增长的同时，合伙人的数量却在减少。

在毕业之后Volkwin Marg和我就立刻开始了我们伙伴关系。我们惟一的市场战略就是充分利用有可能得到机会的建筑设计竞赛。那时幸运之神一直眷顾着我们，在第一年我们就获得了7个第一名。我们采用两种方法达到这一佳绩，一种是请已经有执业资格的自由建筑师，第二种是请一些老同学，首先就是Rolf Stirmer，我们邀请他共同驾驶我们小船。这两种方法使得林道的马克思-普朗克研究中心[20]和卢森堡体育中心[21]的业主们大为放心，年轻的生手按比例分配给成熟建筑师共同完成委托设计任务。在赢得柏林泰格尔机场的国际竞赛[22]中，我们事务所进入了全新的阶段。尽管把任务分成了若干小块，柏林机场委员会和柏林议会最后还是把整个机场的规划和工程指挥的任务委托给了我们事务所。通过当时的其他大型的任务，如壳牌公司大楼[23]和Aral公司总部[24]及慕尼黑的欧洲专利局[25]，在1970年我们的事务所人员已经发展到80名员工了。

1972年三位合伙人的加入扩大了我们的团队，Karsten Brauer和Klaus Staratzke通过在Tegeler机场项目指挥工作脱颖而出，以合伙人的身份管理柏林的分部。不久他们迁回汉堡。Andreas Sack担任波鸿的Aral总部和慕尼黑的欧洲专利局的项目主管。他于1983年离开我们事务所，去德国南部定居，现在我们还偶尔与他有愉快的共同合作。

3

4

5

6

3+4 “黑匣子”电子娱乐展示厅，汉堡-哈堡，1982年
5 拱廊商场，巴登施旺陶，1984年
6 城市商场，福尔达，1982年

Rolf Niedballa，他的位于柏林的建筑工程事务所在 1974 年和我们联合，至今他仍是我们事务所核心圈中的一员，擅长于造价、工程周期和建筑工程方面，同时他还主持着柏林的分部。

与此相反，Michael Zimmermann 与我们的合作非常短暂：从 1989 年 1 月至 1990 年 6 月。在 1990 年中期，Karsten Brauer 在我们团队中经历了 18 年后离开了。为了完成汉堡Fuhlsbuettel 的机场航站楼[26]，我们和他组成了一个工作联盟。到目前为止，他还负责着阿尔及尔机场工程的收尾部分，由于阿尔及尔国内的建筑公司拖沓的工作风格，该项目迟迟不能结束。

到今天几乎合作已经20年之久的 Klaus Staratzke是事务所合伙人中的栋梁，Volkwin Marg 和我都与他有着非常深入全面的合作，当然每次的项目都不同。在我们事务所他负责许多工

1 德国汉莎航空公司总部大楼，汉堡，1984 年
2 内政部大楼，基尔，1983 年

作，尤其是大型建筑的前期工作阶段与委托人协调沟通，而且还担任事务所内部的人事组织和协调工作。

在艺术创造方面，Klaus Staratzke几乎不假思索就能得到协调与统一。除了设计完整性、组织天才和在内部与外界的权威性，最重要的是“建筑设计的忠实性”，这使得他成为gmp的不可缺少的支柱。他还提出了一个大事务所里特别敏感的建筑设计问题，更多的设计者也意味着设计语言的随意性，这会带来一定的风险。对于这种危险我们今天还能果断地应对，因为我们事务所内部的联邦制式的组织结构至少就允许使用两种语言。

多年以来Volkwin Marg 和我在项目上的工作是分开的。我们超过25年的职业联姻的基础是学生时代深厚的友谊，多年来从未发生过任何摩擦。我们共同管理的现金从来不会导致意见

3 奥托大楼，汉堡，1982年
4 Aral总部大楼，波鸿，1975年
5 德国壳牌公司总部大楼，汉堡，1975年
6 欧洲专利局大楼，慕尼黑，1980年

分歧，而是合作的共同资本。对于建筑方案设计构思一般都有统一的意见，而在形式美的问题上情况有时会有截然不同的观点。过去我们通过激烈的辩论解决问题，而今天则用相互的宽容。我们有意识地放弃这种用一种相对局限的形式语言给每一个设计打上尽可能引人注目的注册商标的方法。我们认为，原则上保持相同的建筑设计的态度，使用相同的建筑语言，最多是略有不同的“方言”。

我们承接的项目，绝大多数是通过竞赛设计赢得的或者是通过一些偶然的接触得到委托的。Volkwin Marg 在亚琛和不伦瑞克的高校里担任城市规划教授，我担任建筑造型和设计的教授，与这两个城市的分部一起，我们拥有了“区域性”的影响。

Volkwin Marg 概括了我们的基本态度，在这里可看出他对历史文脉的评价，以及他对“在时间、地点和社会的相互联系的整体中，各部分之间的有序”的深深关注。

为了解释清楚与之类似的基本态

1987 年前的建筑与方案

办公建筑

1 德国企业联合会(Deutscher Ring)，汉堡，1976 年
2 奥登堡财政部，1976 年
3 Gruner Jahr 出版社大楼，1985 年
4 戴姆勒奔驰汽车总部大楼，斯图加特，1983 年
5 科罗尼(Colonia)总部，1980 年

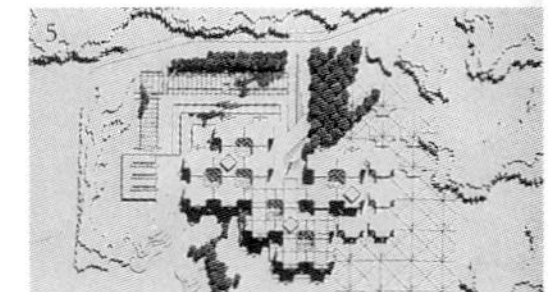

度，我使用“对话”来做比喻，在描述我们的设计方法时强调是“对话式”的，问题与解答是互动的过程。每个特殊的任务都可以归纳为一种或是多种解决方案，但这种分析和评价也会对任务起反作用，改变它的意义和相对需求。这种互动也存在于时代精神，所有建筑师的工作或多或少都受到时代精神的影响，尽管这种说法有点推卸责任。只有当个人对时代精神的认识有着坚实的基础，才会有一种对时代潮流的免疫力。

本书中作品所包含的年代正是“解构主义”盛行的时代，就像之前的“后现代主义”一样，这种手法并没创作出更多的新作品，而只是不断的在文字中被引用。一个局外的观察者可以就像我们自己一样，从这本书中很容易地判断出我们的设计中有多少褪色的解构主义时代精神，或是已经落伍的“现代主义”又保留了几分。

这种把建筑设计作为形式或是思维游戏的题材的诱惑，已经被自以为前卫的创新者理解为一种侮辱。面临

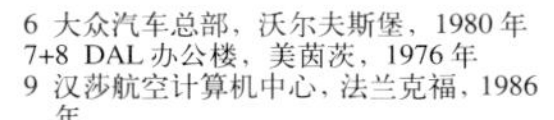
6 大众汽车总部，沃尔夫斯堡，1980 年
7+8 DAL 办公楼，美茵茨，1976 年
9 汉莎航空计算机中心，法兰克福，1986 年

今日建筑技术和建筑材料的毫无限制的“可操作性”，这种诱惑正逐渐令人担忧的变大。这种诱惑也会通过一些其他东西而扩大，与15年前相反，今日所谓的实验建筑正逐步具有经济学上的现实意义，这一结论完全可以从媒体、博物馆和专业报章的溢美之词中得出。

当一个目标的革新，Volkwin Marg 写道“就像车轮是汽车的灵魂，或是船帆是轮船的灵魂，作为一个更高层次的类比，我把舒马赫设计的博物馆的屋顶看作是汉堡历史博物馆[27]的灵魂。那种为了达到轰动效果的创新，显然就会导致一种创造 - 表现主义，也就是强烈地追求自我表现。作为决定性意义是相互关系所具有的特质，重点的革新还稍逊一筹。线性的连续性，在我看来是一种无限的直线。人们在流逝的时间中探索一个确定的结果，这种探索会引出相反的结果 过

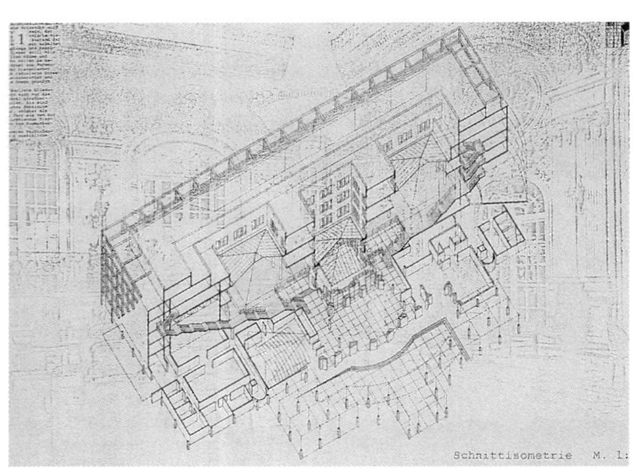

1 电影馆大道，柏林，1984 年
2 市立图书馆，明斯特，1985 年
3 伊斯兰文化中心，马德里，1979 年

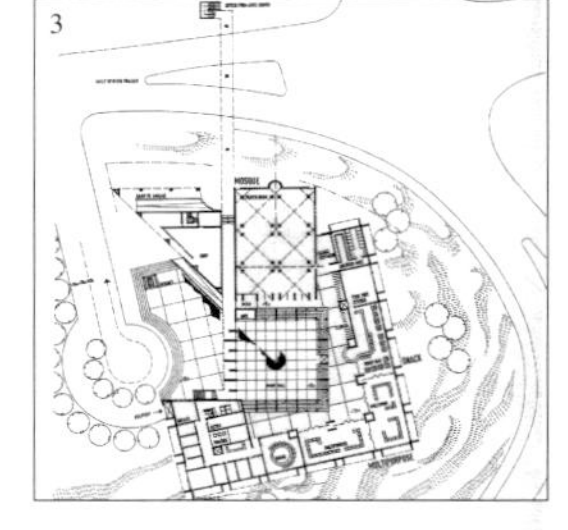

去和未来。对于塑造合乎时代的品质，我觉得是要在时间的文脉中，即昨天与明天之间，找到适当的定位是最为重要的”。而我则将精神基础补充作为我们建筑设计所遵循的基本态度：在社会应用中，建筑是作为一种艺术而被需要，它不仅仅具有经济的，更为重要的是具有设计和明确的意义。其他类型的艺术是完全自由的，建筑与这些艺术不同，当不存在直接的联系时，建筑必须屈服于最多种多样的联系，使人领悟出内涵的因果关系以及意义之间的联系。无论何时，这始终是建筑师最古老的和最重要的任务，即对具有简洁而强烈的说服力的建筑造型的探索。对我来说，所有的方法和途径都是可行的，而科学的革新或是艺术的贡献，正是我们这个建筑师团体所欠缺的。这种稍纵即逝，而又始终轮回的建筑形态潮流，不由得使人思考，是否它具有启发的意义或只

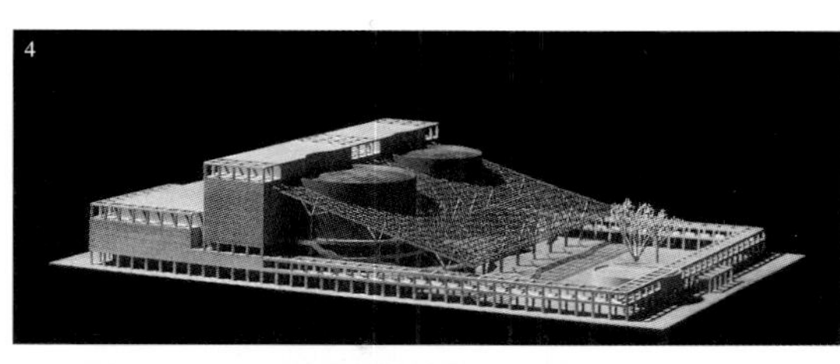

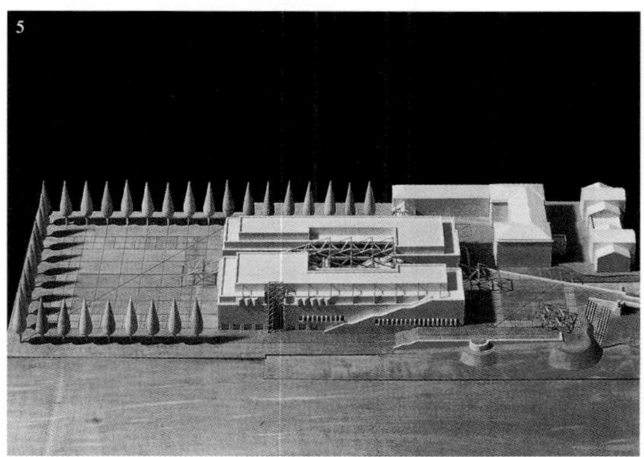

4 国立剧院，东京，1986 年
5 阿根廷大学图书馆，1985 年
6 “工厂” 改造，汉堡，1979 年
7 柏拉维国立图书馆，德黑兰，1978 年

1987 年前的建筑与方案
博物馆

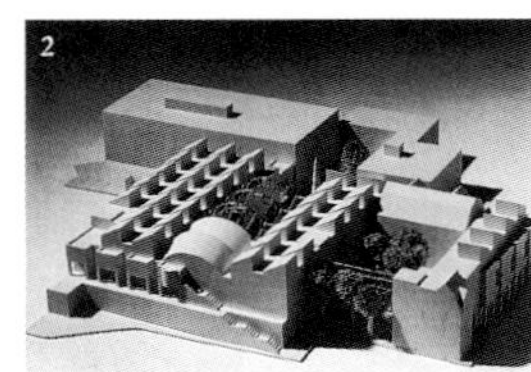

1 小城堡广场，斯图加特，1987 年
2 日耳曼国家博物馆，伦堡，1984 年
3 联邦德国历史展示馆，波恩，1986 年

是把不同作为表达的自身目的。我们努力不对时代精神的表象作过分激动的反应，尽管思想上的稍微出格之举是有诱惑力的。

在有些人所谓的解构主义设计中，建筑摆脱了力学的束缚变得轻松而又无拘无束，在这种设计中倾斜取代垂直，歪斜取代水平，使之与解构相适应。在这些元素的鼓励下，人们想与建筑一起飞起来。正如临时的舞台装饰，这种完全摆脱重力的假想中的新的建筑世界迅速暴露出真面目，除了物质的稳定性外，最重要的是缺乏精神上的耐久性。我们确信重力和物质的客观规律是根本性的组成基础。

此外，基本态度的连贯性是建立在一种基本的信念之上的：最简洁的解决方案毫无疑问是最佳的方案。简洁意味着功能和结构显而易见的均衡，形态上的节制和材料上的统一。

对我们来说，当一个建筑完美地满足使用要求，展示出清晰易懂的结构，用适当的材料建成并对所处环境作出有说服力的反应，这个建筑就是“简洁”而好的。所以我们试图在每个设计任务中寻找核心问题，区别主要问题和次要问题。并不是专业的诀窍在起决定的作用，而是能力、形式和功能三者“简单”的互相协调，从内涵的清晰易懂中发展出建筑造型。这说起来容易做起来难。那些几十年来在每个设计中探索简化问题新道路的人们明白，这就像方案设计一样充满挑战。所以始终有一个值得去追求的目标，我们只能或多或少地接近这个目标。

Meinhard von Gerkan

注释:

1) 第一本书《Architektur 1966-1978 von Gerkan, Marg+Partner》, 斯图加特, 1978 年
   第二本书《Architektur 1978-1984 von Gerkan, Marg+Partner》, 斯图加特, 1984 年
   第三本书《Architektur 1983-1988 von Gerkan, Marg+Partner》, 斯图加特, 1988 年
2) 斯图加特机场, 见第 31 页
3) 比勒菲尔德市民中心, 见第 103 页
4) 安卡拉, 卡瓦特利德综合体, 见第 215 页
5) 电信局, 1 号邮局及邮政总局, 不伦瑞克, 见第 163 页
6) 安德森咖啡馆, 汉堡, 见第 406 页
7) 汉堡 Fuhlsbuettel 的 DLH 检修大厅, 见第 264 页
8) 德累斯顿老市场, 见第 285 页
9) 共和国广场实施竞赛, 法兰克福(奥德河畔), 见第 299 页
10) 德累斯顿易北河岸详细规划, 见第 278 页
11) 波恩联邦环境保护与核安全部, 波恩, 见第 145 页
12) 汉堡易北河谷, 易北大道 139 号, 见第 39 页
13) 科布伦茨火车站前广场, 见第 290 页
14) 德黑兰柏拉维国立图书馆, 见第 21 页
15) 东京国际会议中心, 见第 136 页
16) 雅典卫城博物馆, 见第 96 页
17) 比勒菲尔德市民中心, 见第 103 页
18) 吕贝克音乐厅和议会大厦, 见第 132 页
19) 汉堡市历史博物馆内院屋顶, 见第 71 页
20) 马克思-普朗克-研究中心, 林道/哈尔茨, 见第 25 页
21) 体育中心, 迪克希(Diekirch)/卢森堡, 见第 11 页
22) 柏林-泰格尔机场, 见第 30 页
23) 德国壳牌公司总部大楼, 见第 17 页
24) Aral 总部大楼, 波鸿, 见第 17 页
25) 欧洲专利局大楼, 慕尼黑, 见第 17 页
26) 汉堡机场, 旅客候机楼, 见第 382 页
27) 汉堡市历史博物馆内院屋顶, 见第 71 页

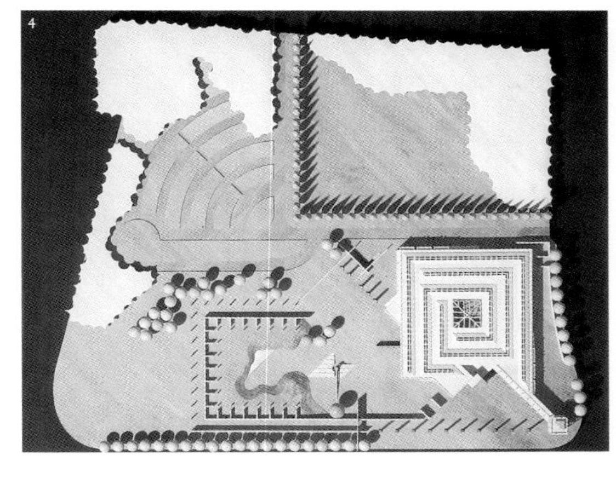

4 波恩市立艺术博物馆, 1984 年
5 亚琛博物馆, 1979 年
6 联邦艺术展示馆, 波恩, 1986 年

1987年前的建筑与方案

教学与科研建筑

1 不来梅大学，1967年
2 造型艺术高等专科学校，汉堡，1980年

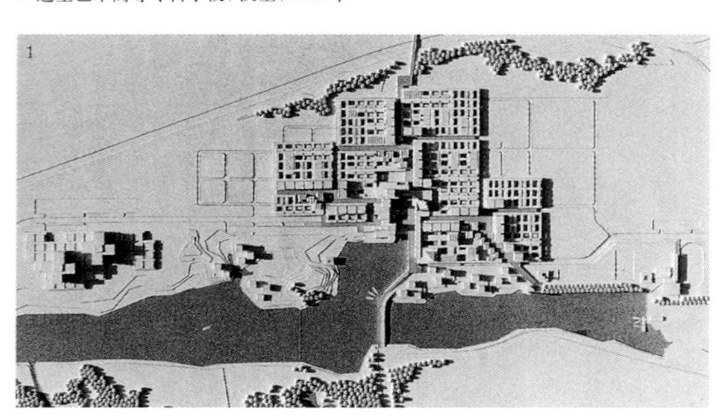

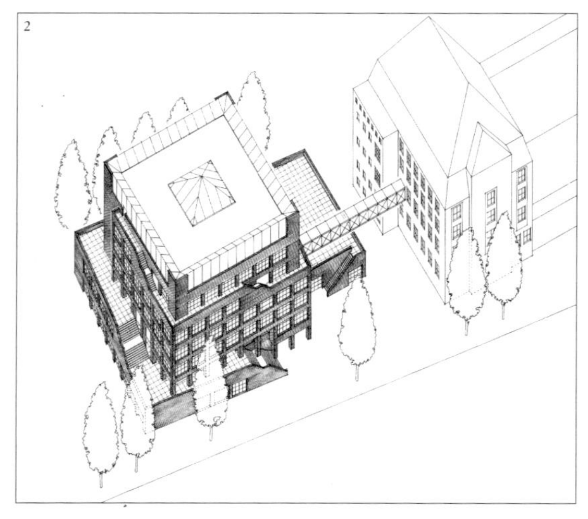

gmp建筑创作的一个阶段

克劳斯-迪亚特怀斯(Klaus-Dieter Weiß)

完全排除了力学上的稳定和强度之后，建筑就不再存在了。建筑的发展总是在不断地进行新的运动中取得成功。尽管工程自身已经形成一套独立的体系，并且在长期使用后验证是稳定的，而作为建筑的工程依然具有活力，因为在面对技术发展与社会环境的变化做出的反应中，最先出现的是在形式层面上的，也是最安全稳妥的反应。其他的房子要么尝试、要么拒绝、要么颠覆那些作为“工程”的面貌，也就是那些在将来早已准备好的，已建成的或旧的或新的主题，更确切的说建筑以这些主题体现了社会。建筑设计的阶段，可能根本是没有终点的或者说只能标出临界点。gmp事务所的作品集系列内容丰富、很有规律而且间隔较短，同样这本第4册也带来了建筑批评意义上的一段暂停。阶段，可以这样理解，只是意识中的暂停。从特殊的时代环境和认识水平的角度来看，阶段是其中突出的工程或是发展的固定点，但也适用于更广泛的概念意义。从科学的含义来说对于一个建筑评论的观察而言，阶段是一个能在其中寻找调整开端的地点。所以通过对阶段的寻找，这是一个更高的要求，不仅是对单独的建筑作品或是一个建筑师组合，而是对一个整体意义上的建筑设计作出评价，并且要从总体组织结构对其社会背景作出评价。

然而作品集并不能被误解为仅仅是职业活动的证明，或是作为忙碌的项目存档的例证，作品集必须确立其要求和标准，读者会在其中迫切地寻找他们特别的工作的起点和思考点。建筑设计的阶段，在这些前卫的(建筑设计里)解释说明必然是少有的。作品集的目的无非是使在那些汪洋中而非浅滩中的漫游者具有建筑学的识别能力，也绝不是为了给建筑以无尽的解答，面对周而复始的社会问题，通常最初就作出了回答或是从一开始

就已经超越了问题本身。此外评论者本身与他所分析的对象在时间上很接近，这种同一时代的痕迹尤其是之间的薄冰，必然产生主观的影响。由迈因哈德·冯·格康为gmp建筑事务所所呈现的书在此提供了一个内容丰富的讨论平台。在德国没有一个事务所能拥有如此丰富多彩的设计作品来说明他们的建筑思想，作为仅仅是两个从学生时代就绑在一起的合伙人组成的"联盟式的合伙公司"，他们已经总共工作了25年并且参加400次设计竞赛，但在具体的设计项目中还会因为建筑设计而起磨擦。事务所的事业和今天数百名全职的工作人员绝对不是处于停滞期，尽管他们作品中对于城市设计、几何学或者现代主义在社会层面和形式层面所必需的延续性已经广为流传了。

汉堡的建筑文化?

一个汉堡的建筑师团体的设计作品首先在地点上建立了密切的内在联系，这产生于建筑背景，尽管一些重要建筑任务经过痛苦的经验而不会在汉堡实现。例如，1985年争取得到的Gruner Jahr出版社大楼竞赛第一名，对汉堡仓库城改建总共四次的专家鉴定，并在紧接着的竞赛中进入第一级别，特别是一个延续了长达10年但是中途流产的位于汉堡易北大道上的国际海事法庭项目。历史总是充满着巧合。gmp对汉堡建筑传统的定位与当今仍然具有影响力的前建筑负责人Fritz Schumacher的观点之间具有令人惊异的相似性。人们在汉堡可发现一个相当独立的，对大众而言也是有目共睹的，充分表现了20世纪20年代现代主义运动的优美。从少数特例中可以预见到"白色蒸汽船"式的建筑在汉堡出现，它一出现就抑制了那种使用砖材的习惯。这是汉堡长期以来对砖的虔诚和喜爱为根据的习惯，但在最近的时间里也许是不适当的，而新形式的出现也引出一条与传统相对的艺术道路。后现代主义的贡献恰与密斯·

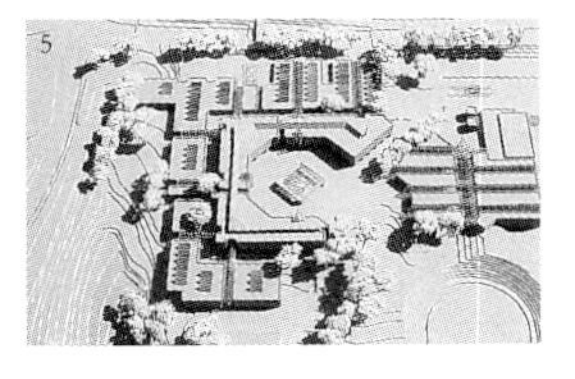

3 马克思-普朗克-研究中心，林道/哈尔茨，1969年
4 马克思-普朗克-量子光学研究中心，慕尼黑，1980年
5 职业学校中心，弗伦斯堡，1989—1992年
6 维腾大学，赫尔德克，1986年

1+2 波斯特大街停车库，汉堡，1980年
3 邮政管理总局停车库，不伦瑞克，1986年
4,5+6 希尔曼(Hillmann)停车库，不来梅，1984年

凡·德·罗或者是后来的卡尔·施耐德出神入化运用建筑材料的能力可相提并论。近来包括汉堡在内大城市提出了都市的要求，这必然成为严峻的问题，这种关于“延续性与传统或是戏剧性与现代”的问题，在“新”或“旧”的柏林也是如此，正如舒马赫的汉堡也可以略有变化。在出版社大楼、仓库城和海事法院的建筑设计以及竞赛方式和程序中这种内在的矛盾爆发出来，并且对现实中汉堡城市“建筑文化”的探索出现的矛盾极为普遍。从舒马赫所偏爱的建筑设计具有轰动性这一角度来说，gmp的作品有时简直就是“不引人注意”。不仅汉堡鱼市广场周边建筑群是把对历史的近似强调为目标而设立。在汉堡机场的圆形停车库中也是如此，在模仿大角斗场的比勒费尔德的市民中心也是这样，或是依据特别精致的居住几何学布置的汉堡住宅公园，尽管双拼住宅全新演绎了间距和组团的主题，与传统的预制装配式住宅有天壤之别，但是外观仍然非常贴近大众，通过各种生动的景象避免了形式上的狂妄自大。用建筑历史的或建筑几何范围内已知的形式方法，来实现对周围的古老建筑(如柏林野战军疗养院或巴特美茵堡的风湿病医院)谦恭的近似，以及整理城市规划中的混乱情况(如不伦瑞

4

5

6

1 国际海事法院，汉堡，1982 年—1987 年
2 市政厅大楼，曼海姆，1978 年

克邮政总局，德累斯顿老市场)。另外这也成功地抵制迅速改变的流行时尚和新事物。严格地避免形式上的冒险，因为在与建筑任务之间一贯的对话中，有一种更深刻的特质在不断的繁殖。“这正是作者的意图”，以德累斯顿的竞赛为例，迈因哈德·冯·格康如此写到，“整个综合体形态的特色是不张扬的，因此我们心甘情愿地放弃表现主义的表情和对历史的抄袭”。难道设计的意图就是隐藏在富于表现力的稳重的立面内的安宁吗？就是因此而取得的一致风格而没有形式的约束条件？城市的主题和历史建筑可以接纳一种将来会延续的现代主义，为什么却还是拒绝后现代主义风格和其他的派生追随者？当在限制中创造出丰富的建筑形式必须放弃遵守纯粹的秩序，当在一个非常复杂的环境中，斯图加特机场地块就是最好的例子，形式上的意图可能会被误解为纯粹的妥协，所以这样的道路必然是困难的。用一种不带其他意图的方法，来证明经典的现代主义的特点与执着。在 Norderstedt 的 Moorbekrondeel，由于在城市发展方面迄今缺乏城市规划的限制，所以这个设计比其在类型和形式上都较相似的汉堡格林德尔大街的转角处建筑更容易受到批评。不是重复确定的形式准则，而是直接表达建筑的思想内容。这暗示了一种内心的矛盾，这种矛盾可追溯到城市规划中的目标规划和社会的背景条件之间的冲突。

是否从 1933 年至今世界著名的大城市或世界性的城市中始终存在这个问题，即城市规划中的目标规划和社会的背景条件之间的冲突，这两者的相互关系的重要意义是确定无疑的，在今日通常是否定的回答。今天无论是汉堡还是斯图加特，无论是慕尼黑还是法兰克福，无论科隆还是杜塞果多夫，以及柏林和波恩都被认为是平等的城市。大都市的尺度如此有规律地分散地德国，无论哪个都不会成为具有国际性地位的最重要城市。为了达到部分公众满意的目

标暂时降低期望值，这也就引发了建筑学在城市设计领域的问题。这就迫使市政机构采取有效的措施，必须考虑与过去的联系，或者承认顺应时代潮流的内在精神。城市的建筑文化是以其独特的历史为依据的，它的天际线是受到其特有的发展过程限制而形成的。这些已经正式建成的建筑，尽管是受到了城市建筑文化的限制，但在城市中是成功的，公众大量的赞美与喝采是不能忽视的，在使人愉快的城市美化运动的漩涡中，这些建筑成为都市场景中具有历史意义的替代品。

这善意的汉堡重建计划以它特有的方式，把这种一味使用砖红色而有争议的建筑潮流，迅速地突变成为相反的情况。故意用这种把将来与过去完全同化，尽管这种同化只是在想像中毫无风险的，来打破过去一直波澜不惊的城市历史的平稳。为了居住者的满意难道要放弃城市的未来？如果这样，文化上的内疚是可以预见的，因为每一种生活方式都意味着变化和不确定性。城市的变化过程是不以人力为转移的，这种变化时时刻刻在表达这个时代的元素和变化着的生活环境所塑造的鲜明的痕迹，所以不可能有一劳永逸、十全十美的答案。

1987 年前的建筑与方案

柏林 - 泰格尔机场的工业建筑

1 BMW 公司客户中心，慕尼黑，1987 年
2 AMK 公司会展大厅，柏林，1986 年
3 德意志汉莎航空公司飞机喷漆车间，汉堡，1986 年

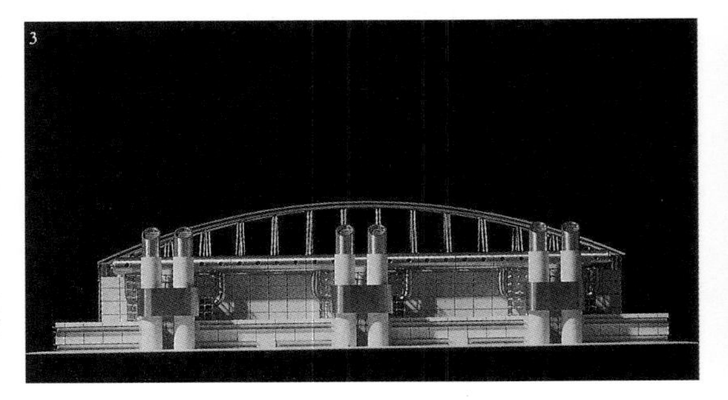

1987年前的建筑与方案
柏林－泰格尔机场的工业建筑

1 噪声防护大厅，1975年
2 防滑材料库，1975年
3 飞机库，1975年

1

2

gmp对此的回答，说明他们决不是故步自封的。Volkwin Marg设计汉堡鱼市广场住宅之后，紧接着就是对舒马赫所建的汉堡历史博物馆的扩建，这个创新性高技派玻璃屋顶同样也是出自 Volkwin Marg 之手。在负责不伦瑞克地方法院设计的12年期间，冯·格康还设计了吕贝克音乐厅。在音乐厅中通过简洁无情的严肃和朴素(按照他的观点)，来强调反衬出中心城区的多样性；一种相似的观点也出现在海尔布隆的一块特殊的城市环境中的业余大学和市立图书馆之中，即寻找新的焦点。方案设计通常是由任务的条件产生的，无论是力求发展的连续性还是与其形成对比，这点是完全相同的。在汉堡的两座该事务所设计的建筑中预示了这种概念。练达而又娴熟的设计主题在小规模的任务中相当全面的展现出来，并且在传统和现代之间的协调中游刃有余，这两座建筑立刻在汉堡引起轰动：即格林德尔大街的住宅与商店以及易北大道上独特的办公室、住宅、画廊和餐厅综合体。

弗里茨·舒马赫在一系列土生土长的传统(包括材料真实性，功能真实性，形式真实性)和古典的比例规律中找到“建筑艺术的精神”。他公开宣称的宗旨是，建筑的自我中心论(Egotismus)，就是用艺术个人主义的外表作为掩护去强迫自己做到，“为了达到举世闻名的地位，这不可能成为艺术的目标，同样也

3

不可能是整个社会的目标。”从这个角度出发，舒马赫在城市规划中追求“合乎自然的增长，就是合乎事物的自明性(Selbstverständigkeit)”，然而他也明白这种“对自明性的赞同”已经消失了，对舒马赫而言，从内在的自明性获得类型，从合逻辑的思考中得出自我有机发展的艺术风格语言，这就是全部了。对于在国泰民安的年代里延续性(Kontinuität)的缺失他觉得非常失落，但尽管如此，他还有一个梦想，幻想建筑文化的共同基础不存在了。用舒马赫的暗示来理解尼采则会比较明白，正如类似的问题无论是过去还是现在都是原则上的问题。舒尔赫在1938年时引用了尼采的句子，“我们盼望着并且等待着这一种表达我们灵魂特征的建筑，所以它的蓝本必定是错综复杂的。难道这种错综复杂不正是很久以来城市规划发展和新的时代建筑设计所追求并要完成的目标？“正是如此，”舒马赫认为，“而那种对统一性的渴望，即对特定的时代所对应的特定的表现的探索也绝不会停止。这可以被称为一种‘困境’”。

宽边草帽与遮阳篷

当把弗里茨·舒马赫(Fritz Schumacher)与迈因哈德·冯·格康两人放在一起看的时候，这会导致两条奇特的平行线——一方面是舒马赫希望把“风格”作为一种均质的世界观

柏林-泰格尔机场的工业建筑

4 能源中心，1975 年
5 车间和能源中心，1975 年
6 车间，1975 年

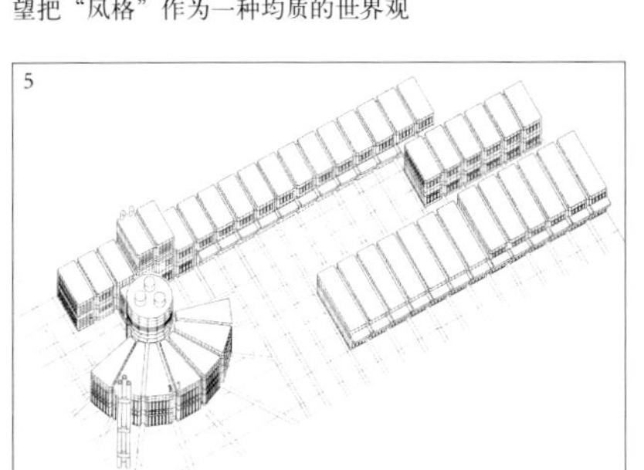

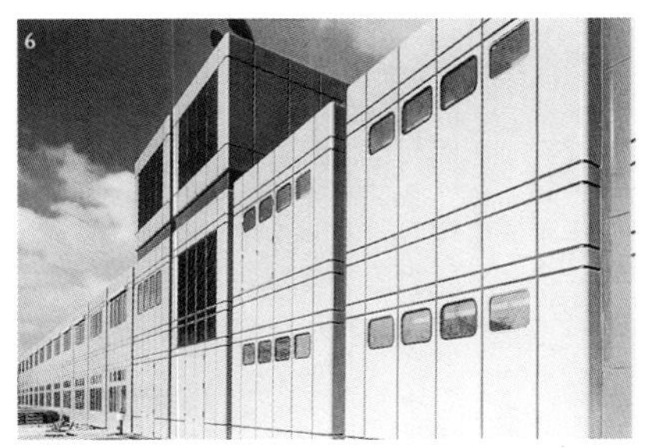

1987年前的建筑与方案
柏林-泰格尔机场

1 乘客候机楼，1974年
2 通向候机楼的道路，1974年

的外在表现，另一方面冯·格康明确反对把“风格”作为纯粹的形式上的意图的表现或者采用缺少社会一致认可的风格。或者将这两种思想互相结合起来？迈因哈德·冯·格康说：“我把建筑理解为一种在社会应用的艺术，它时刻与地点、功能、社会、政治、经济和技术的背景限制紧密相连。因此建筑就具有这样的要求，对于不同问题设定总是有不同的答案。这种想法从一开始就消除了风格上的分类。那种想直接通过风格来实现表达对话的目的是不可能的。”或者如Volkwin Marg所说：“建筑设计与符合市场需要的产品设计，包括广告思想之间的矛盾是永恒的。我们确实认为，世界就是一个时代精神的旋转木马。相对这种旋转的跳跃式的随意性，我的反命题认为发展是线性的，无尽的过去和无尽的未来是两条直线，都是扎根于上下的关系之间。建筑需要延续性，这是我的准则。若一座建筑具有时代意义的气质，则是因为其内在联系的延续性经历了整整一个时代或者至少是半个时代。”在这两种思想中，都涉及了一条传统的原则性准则(尽管有关现代主义的思想是20世纪20年代首先开始的)，设计对地点文脉的适应，是首先拒绝把一个建筑作为一种艺术实验的媒介来理解的。这与过去弗里茨·舒马赫的梦想已经非常接近了。这种对社会责任的约束的探求，在锡耶那的坎波广场的时代，难道仅仅依靠官方的规定和强制执行就行了吗？绝不可能。这种一致意见并不是建立在风格的细节上的，或者归根结底是一种随意性(从今天更易理解的出发点来说至少是多样性)，而是建立在各个建筑的规律性之上的。当人们希望时，它又会在特殊的情况下扩大成毫无情感的纯粹几何学。丰富的内容——类似于马里奥·博塔(Mario Botta)的空间观念或完全就是阿尔多·罗西(Aldo Rossi)——不是因为细节的修饰而是由于前后的一致。由于缺少与社会的联系和形态多样性的不足以及在周围环境中处于主导地位，所以设计中产生了遵循严格的三角形、矩形和圆形的内在秩序——但这并不是为了形成博塔、罗西和其他什么风格。即使在大量的新建的建筑中，圆形与其说是作为主导地位的控制性元素而出现，不如说是为一种新的受到约束的变量，来延续几何学的基本词汇。虽然在柏林德意志历史博物馆和法兰克福的德国历史馆的一层平面和建筑体形上表现出非常鲜明的圆形，而在雅典的卫城博物馆占主导的则是网格状的矩形。形式的意图并没有在各自的单一形式中枯竭。不如说建筑设计的基本原理在一般情况下是对形式多样化的限制，另一方面对于特别重要基地位置则是运用放开的形式。弗里茨·舒马赫在他的书中提到的“几何的风格”与艺术史学家Alois Riegl[1]的观点是颇为一致的，作为艺术意图(Kunstwollen)的动机，作为一种基本的和原始的感情躁动的艺术愿望: “一个不规则的细小而潦草的字绝不是艺术形式。所以人们用直线塑造了三角形、矩形、菱形，锯齿形等等，用曲线塑造了圆形、波浪线、螺旋线，”这就是舒马赫所理解的几何的风格，而并非我们所理解的“风格”。

现代主义的多元化

这种几何性的风格或者——更进一步说——这种整合的建筑远离那些约束，那些过去只在后现代主义建筑中出现的而现在转化为一种具有潜力的多元性的各个部分的约束，舒马赫曾引用过和担心过的个人主义正在这多元的各个部分中蔓延开来。在个人的自我实现的斗争中，同时在大都会(或者大城市)的有关纳税人的利益的斗争

柏林 - 泰格尔机场

3 出租车通道 - 桥，1973 年
4 出租车专行道的屋顶，1978 年
5 登机通道，1973 年

1 译者注: Alois Riegl(1858-1905)，著名艺术史学家，著有《艺术历史及理论》(Art History and Theory)。

1 平壤机场贵宾楼，1986 年
2 慕尼黑机场，1975 年

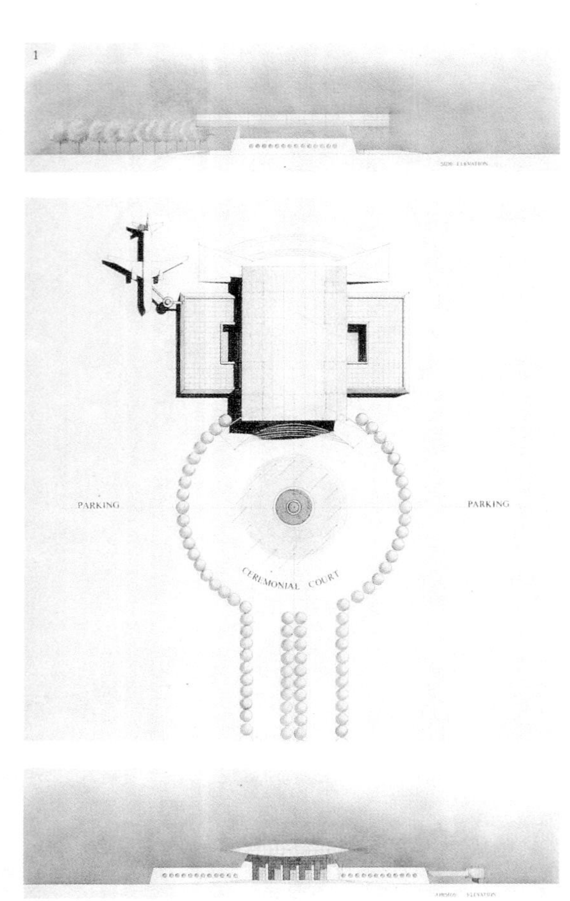

中存在的形式的戏剧性与城市的延续性更接近。总体上这个结论有待商榷。

Hans Magnus Enzensberger[1]在1988年强调 社会是平常的。社会的当权者和艺术品，它的代表和趣味，它的愉悦，它的意见，它的建筑……都是平常的。这样的认识是有所帮助的。对此加以怀疑，过去曾需要极大的勇气的。最终个人观念和个人印象形成一致，最终我们会毫不犹豫地作出判断，这是通过稳固而浅显的理由为基础而实现的。实际上Enzensberger的这些命题表达了相同的意义。有谁会认为我们的建筑，以及由这些建筑而塑造的城市在总体上是完美无缺的——会成为我们集体文化上的或是建筑文化上

1 译者注：Hans Magnus Enzensberger(1929 —)，著名诗人及文学评论家。

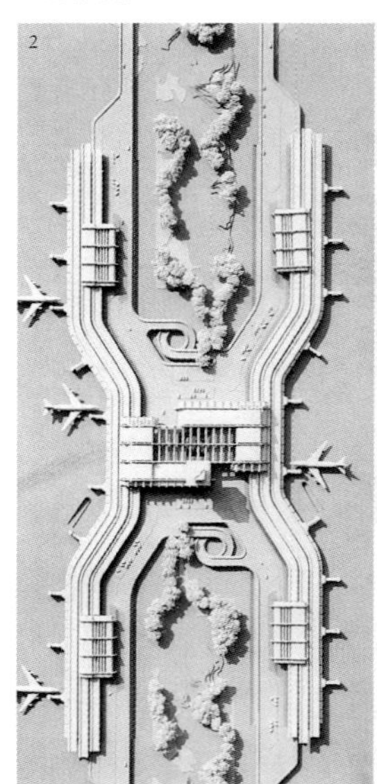

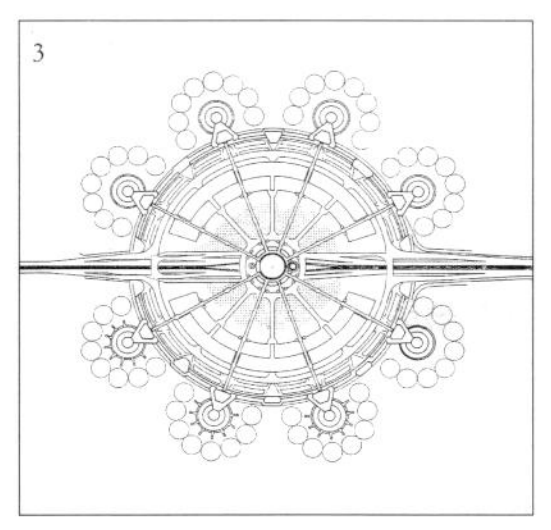

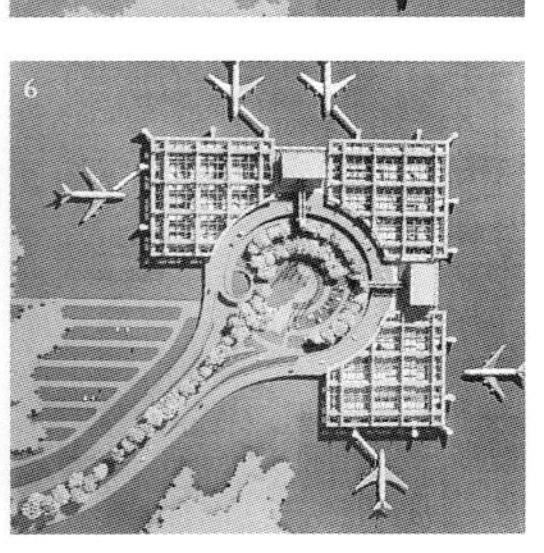

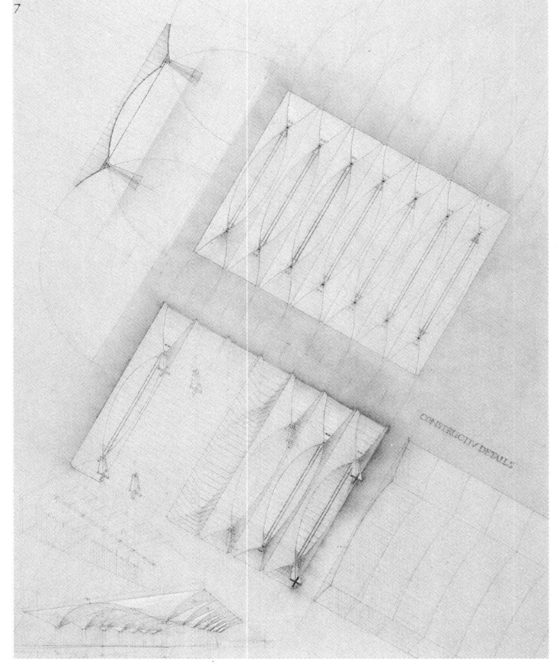

3 汉堡－卡尔登教堂机场，1968 年
4 平壤国际机场，方案 A，1985 年
5 阿尔及尔 Dar El Beida 机场，实施方案，1975 年
6 阿尔及尔 Dar El Beida 机场，备选方案，1975 年
7 平壤国际机场，屋顶结构、方案D，1986 年

1987年前的建筑与方案
城市设计项目

1 储藏银行通道，林茨，1986年
2 尼日利亚工商银行，阿布贾，1981年
3 约阿希姆斯海勒广场，柏林，1978年

的最高点？通常公认的精英们并不存在，同样建筑师也不是精英。修养与文化，无论有否引导，全都是易于理解的，——所以建筑文化更应如此，必须能让人们接受。但如果谁对于这些东西没有兴趣，那么没有这些也是过得去的。从无数个可行的方法中作出一个选择。这种废黜社会和文化的结果会是什么呢？不是人们预想和担忧的统一，而是一个少有瑕疵的集合。“通过变化和区别的最大化，这种平常统治着整个联邦德国”，Enzensberger说，“这种把激动人心的混合认为是在自由度、机会和选择可能性方面的增加是主观的。”我们建筑文化孕育的基础是：通过自由度带来瑕疵，通过选择可能性带来废黜，通过机会带来变化，这种观点与弗里茨·舒马赫所认为的建筑文化是土生土长的传统和古典比例法则的综合完全不同。

难道后现代并不是对“万物皆流”蹩脚的宣传，难道它也并不是直接对每个错误负责？沃尔夫冈·韦尔士(Wolfgang Welsch)[1] 对这个问题有不同的观点。沃尔夫冈·韦尔士认为后现代主义的根本核心在于一种“彻底的多元性(radikalen Pluralität)”。他认为，由于后现代主义的状况是社会百态的刻画；因此我们面临着一种不断增长的多样化和最为不同的生活方式、知识观念和定位方法；我们维护这种多元性的合法性和不可逾越性；我们承认并欣赏这种多样化，尽管在建筑设计和城市规划方面，偶然性并不绝对。不仅是后现代社会的幻影，而且还包括其中的危险和问题在这种多元化中紧密存在。因为晚期现代的或是后现代的社会并没有占据主导地位，而是由一系列相当独立的“子系统”构成的，所以必然会记录下随着准则与意义系统而变化的方向的不确定性。从传承历史的意义上来说，建筑文化在缺乏一致性、生活方式和多元化、社会生活领域的多元化等方面毫无成就。

1

2

3

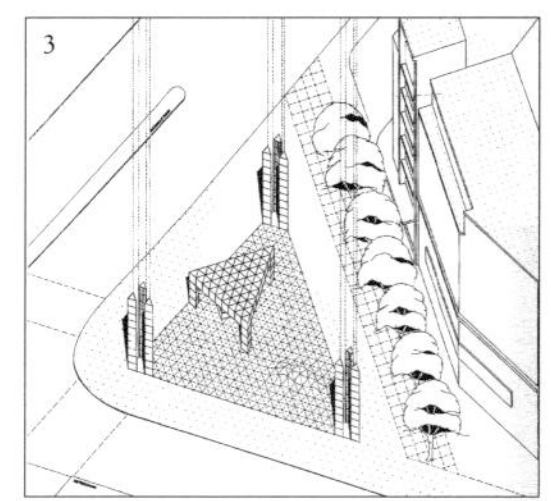

1 译者注：Wolfgang Welsch(1946—)，德国著名哲学教授，曾研究哲学、艺术史、心理学、考古学。

对于保尔·瓦雷里(Paul Valéry)[2] 来说，后现代主义作为它的延续，现代主义意味着一种状态，在这状态中“一大堆理论，思潮和真理”彼此之间完全不同，当它们并不完全冲突时，同样都是被承认的，理性主义、生态主义、解构主义、后现代主义、技术主义、历史主义……这些不同的思想和最矛盾的生活和认识论在所有受教育的人脑海中可以不受约束地并存着。瓦雷里认为，正是这种扩大的多元性构成了现代主义的实质，韦尔士认为，后现代主义也是如此。从此以后，没有什么被认为是可以不用考虑的，一切从不同的观点看来会得出各不相同的判断。并且每种结论都言之凿凿，有理有据。一旦理性不再是惟一的而是多元的，真，善、美的传统的同一性作为建筑文化的一种基础性的主旨，就全部崩溃了。从此以后，以科学的角度解释的单一，事实上的完整性是无法实现的，取而代之的是通过不同系统和方法而实现的多元性，由绝对的理性产生传统的理论被认为是过时的。

2 译者注：Paul Valery，法国后期象征派大师，法兰西学院院士。

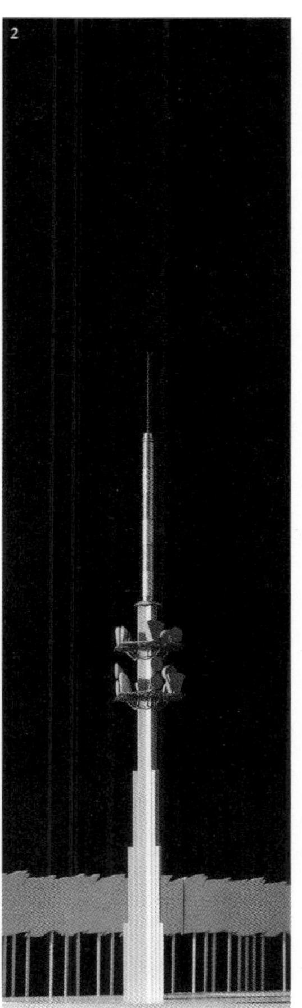

1 电信塔，类型 211-213，1987 年
2 电信塔，类型 208-210，1987 年
3 4 种类型的系列电信塔

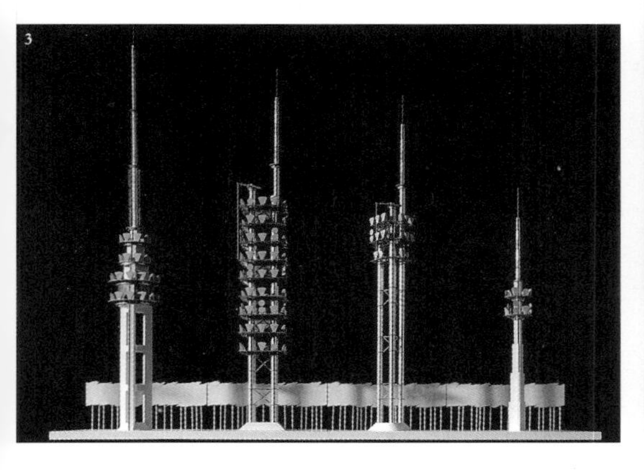

沃尔夫冈·韦尔士认为，真实的基础结构不是同质的，而是异质的，不是和谐的，而是矛盾的，不是单一的，而是多样的。从这种社会背景出发的建筑设计和城市设计必须要考虑到巨大的差异和抵抗——或是对他人所关注的东西的那种漠不关心。建筑文化，被理解为在一种全面的社会背景中相关的建筑思想内容，这样的结论并不确切。今天必须比过去更加强硬，通过指定或是命令强迫才能达到艺术的完整性，但是这迟早会被自身证明是荒谬的，或者至少是退化的。沃尔夫冈·韦尔士并不认为这种完整性的缺失是一种损失，而认为是一种赢利。他这样写道："完整的背后是约束和暴政，是它的损失，反之，是与各种各样的自立和解放的胜利相关，但我毫不犹豫地说，关于这种多数的解放是一种想像。此外，这涉及到一种与传统的想像不同的想像——它不是把其他压制到其反面，而是直接从不同的动作方式、语言风格、思想观念和生活方式的发挥、解放和抵抗中产生的。这种想像绝不是空想，并且也不会妨碍任何其他的空想。实际上只是空想的形式发生了原则性的改变，这是一条从推崇同一性到接受多样性的道路。"韦尔士更进一步解释道："统一的想法，其中心内容与死亡观念深深地相联系。"

关于多元化的随意性的问题不禁产生，尤其是当人们想起Enzensberger的命题时。因为在建筑设计层面，韦尔士所说得彻底的多元性的外在表现并不是剧烈的、特殊的、精辟的和考究的，而不如说在一切方面都是乡气的、市侩的，并且和一种毫无头绪的乡土风格(Heimatstil)互相联系。没有比"紊乱的现代性"更确切的了，就如Josef Frank所反驳的，作为对20世纪现代德国建筑的反映，正如他所说，这在实际上和原则上是正确的，甚至于经常是诱人的，但却是呆板的。Frank在关注于文化多样性的地位的同时没有完全放弃对现代主义的形式上的要求。他把实用的文化，即建筑内在使用范围的多元性，以及理论的文化，即建筑外在的表观形式的同一性，两者简单地区别开来，并没有能够消除彼此的对立。一座以舒马赫的总体观念思想为指导城市和沃尔夫冈·韦尔士的多元性思想为指导的住宅，难道在中间就没有能说明Enzensberger的理论的东西？在这种新的理解中，以韦尔士的准则来衡量的建筑文化必须抛弃那种采用专家规划稳健的观点，来促使我们把社会的多元性认为是一种合理的观念。因为建筑中已经存在着这种多元性的征兆(不如说是负面的超过正面的)，然而这绝对不是由"建筑－个性"带来的，实际上这必须从对建筑文化的个性化正确的理解为基础才能产生。

鸟巢

对话的意义

在这种棘手的社会背景面前，回答关于建筑必需的内容和目标的问题，是不可能感到容易的。这种错综复杂就时代精神的意义而言是超前了，或者这正是舒马赫所尝试去阻止的东西。"和谐"的城市景象，"同质的建筑"难道就需要牺牲一个非常"异质"的社会？这些用长方体和圆柱之间、直线和波纹线之间出现的基本的张力建成的集合化的项目展现出两个方面：一方面是面临着剧烈变化的建筑任务变成一种非常形式的惯性，以及另一方面是必需的形式的和功能的生命力，这种建筑语言必然成为少数专门化工具。这些大型的公共空间、商业建筑、交通建筑、文化建筑和城市，空间是多样化的舞台，而空间本身不应是多样化的。实际上这些项目通过明显减少后现代的形式语汇，同时借助对20世纪经典的现代主义的目标使其给人愉悦，例如，借助圆形塔楼的使用，这是第一个出现的"好玩"或是"冒失"的对形式的克制，而迅速消逝的后现代主义建成的作品实在是太少了。格林德尔大街转角建筑和易北大道上的独立办公建筑的复杂的形体在多元化的方向前进一步，但是这些思想并没有在后现代主义的建筑中表现出来。gmp在德累斯顿和法兰克福(奥得河畔)最近的项目，恰巧周到地继承了城市景观的历史和其中非常突出的社会发展历程。它们通过对几何的基本语汇简化得出的形式上的稳定达到一个非常好的效果，而没有任何对场所的历史化的讨好，外形相当谨慎适度。尽管如此，正如城市规划有意识地放弃戏剧性的感叹号，当无论是现代主义、后现代主义还是所有的风格或实验都失败之后，严格的形式标准给"整合的建筑"的带来了新希望。在具有说服力的城市规划的约束和局部有机的建筑体量的发展这两者的叠加中，以及紧接着的建筑状况的对比中所胜出的非正统的现代主义，经过了后现代主义的提炼，产生了一种新的特性，即地点和特殊情况的多元性，而不是对风格的细致描摹。

建筑师住宅

汉堡易北河谷，易北大道 139 号

易北大道139号
汉堡市，易北河谷
Elbschlucht Hamburg
Elbchaussee 139

广场、餐厅、建筑师工作室、美术馆和住宅综合体

设计时间：1986年
建造时间：1987年
竣工时间：1990年
设计者：Meinhard v. Gerkan
合作者：Jacob Kierig
Peter Sembrizki
Sabine v. Gerkan
Volkmar Sievers
业　主：Meinhard v. Gerkan

易北大道沿着易北河河岸山坡展开约9km长，路边绵延的建筑时而被停车场打破形成小缺口，从这些缺口中人们可以看到易北河上港务繁忙、船来船往的迷人景色。基地的大小是按典型的显贵别墅的要求来划分的，通常这种显贵要么是海运企业的老板，要么是汉莎同盟国际贸易委员会的委员之类的人物。

尽管在过去的几年中稍有些破损，易北大道仍是世界上最美丽的大街之一。工作与交通区域——轮船、集装箱、吊车、船坞与世界级的显贵们的住宅区比邻而居，这是绝无仅有的景象。高起的地势使得河上24小时的动态景观一览无遗：从这基地上往下看

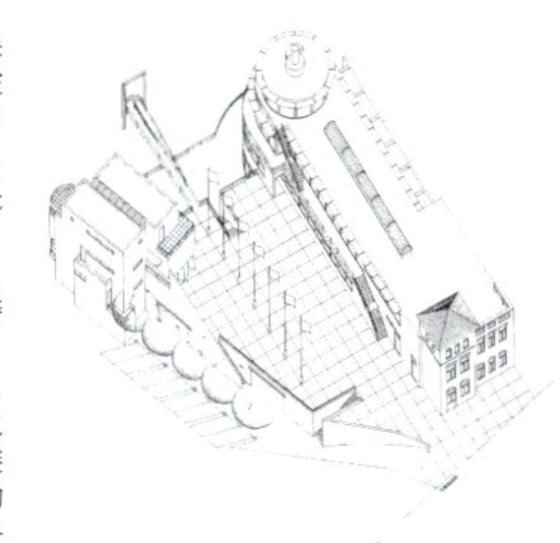

设计轴测草图

私人的公共空间：在私人基地中向所有人开放的一个广场

总平面图

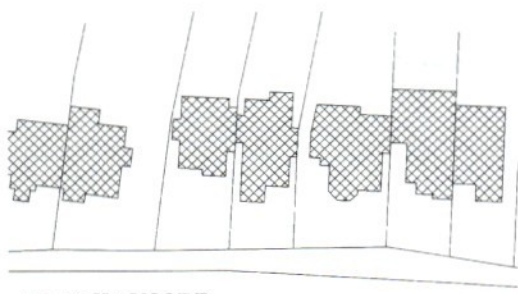

易北河的情景如同从观景台上看出去一样完整。如果用今天的建筑词汇来描述这个地点，“场所精神”的概念是最为贴切的。海景、湖景、河景，尤其是通过如舞台布景般昼夜不断变幻的港口景象大大提升了这一地点的价值。在需要阳光的北部地区，基地的朝向与景观方向恰好一致，街道及交通喧嚣都位于基地北面，这一切都表明周边的条件简直太棒了！

基地位于这些豪华的住宅中，同时也是一处良好的社交场所：适合郊游的区位，时常吸引着汉堡和阿尔托纳的居民去游玩。5～10km的路途也还算是一次颇费精力的冒险。世纪交替时(19世纪末到20世纪初)易北大道上满是这样的休闲场所：克勒克尔疗养院，理查兹乡村客栈，格罗斯会所，埃尔伯格，路易斯·雅各布花园餐厅，“撒旦桥”和杜夫系尔“易北亭”之类的消遣地。这些地方里最好的要数“易北河谷”餐厅和啤酒园。在一份登在1889年《幕间》报纸上的广告上如此称赞这位威廉·阿伦老板的餐厅：

“这是易北大道上最大的休闲场所，独一无二的位置、尊贵的宾客给我无限愉悦的回忆。

自从这儿的建筑和环境完工以来，游人们能够从阳台、游廊、眺望塔上看到整条易北大道上最为美丽、辉煌的景色。

更值得推荐的是在这里，我们可

新建建筑如潜艇般藏在老墙之下

老与新的共生

以举行婚礼、聚会或俱乐部的活动，宜人的环境适合人们欢聚一堂。如果需要更大规模的早餐、午餐和晚宴请提前预定。”

随着生活习惯的变化，绝大多数在这种地方的聚会和活动消失了。如今人们选择巴利阿里群岛(西班牙)或者巴哈马去度假，最近的也会去济耳特岛(德国北部)。人们不再搞大型的节日家庭花园烧烤聚会了，不再坐在沙龙舞厅或是啤酒园中大吃意大利海鲜面、小核桃炖羊羔肉之类的美味佳肴了。

易北大道 139 号这块基地大约 $4000m^2$，包括那家经常易手，多年来日渐衰败的餐厅。尽管规划上是把它作为餐饮用地的，但另一方面它又位于城市中保留的历史上最高级的纯住宅用地范围内。从前这里的建筑辉煌壮观：由一座凉亭、几栋房子、一个古典主义的小塔楼和玻璃结构的温室共同组合而成的建筑群。但是很久之前侧面加建了木棚，那些水平展开的简陋建筑大大破坏了整体美感。这些建筑把基地划分成两部分：一面是难看的朝向易北大道的汽车停车场，另一面是面向易北河的花园平台。越来越多的改建、加建和扩建使得它愈加丑陋。一幅悲凉凄惨的景象，纵然是季节性的优美景色和 Terramotto 的意大利面大餐也无法使它恢复往日的活力。

很多年来，我每天从布朗克内泽(Blankenese)的住处到我们在汉堡 - 哈维斯特胡德(Hamburg-Harvesthude)的办公室的路上都经过这个地方。这里衰败的景象让我不禁猜想这个庄园正在待价而估。不久在我这个建筑师的眼前浮现了一个可怕的场景，在易北大道上另外某个地点的改造具体计划也正逐步形成：改造或是新建成伪贵族住宅，用私人住宅来最大限度的填满基地，在规定的四坡屋顶上的老虎窗和笨拙的加建部分形成可笑的景象。近几年来易北大道上建筑的变迁展现了一幅令人沮丧的画面：高贵豪华的气质与乱糟糟的到处搭建形成鲜明的对比。

多年来我们的办公室——gmp 建筑师事务所——一直在汉堡 - 哈维斯特胡德的一个经过改造的贵族别墅里办公。那里的房东催我们迁走，因为市政官员希望这里成为一个“纯粹的

1890 年名信片上的“易北河谷”

1960 年左右的建筑情况

住宅区”。而建筑事务所只允许设在城北的犹太人区或者是商务办公区里。

作为建筑师，我们不满足于这样一种情况：在随便什么不知名的办公楼里对着不同的设计任务考虑如何塑造一个更好的环境。许多特别精彩的设计解答要求事务所最好有个固定的新家园。这个设想却因为死板的城市规划和建筑法规而无法实现：建筑设计的工作是办公性质的工作，办公室的工作只能在办公楼里进行！

尽管有些冒险，在这一点上我那位曾经多次受到挫败的合伙人Volkwin Marg劝我不要这么做，我还是提出了一个建筑前期策划：对于这块日渐衰败并待价而沽的易北大道139号地块，是否可能通过建筑方法来解决它的问题，使之适合不断变化的时代精神和不同的社会要求。我向政府的决策委员会提议：可以通过实现一个特殊的建筑计划，来达到建筑形式与功能的统一。最典型的优秀历史建筑的局部应当保存下来：易北大道上那个古典主义的眺望塔，几十年来它一直是这个地方的标志物；以及沿着Ovelgönner Mühlenweges小路的长长的外墙。这块基地的左右两边都是连接易北大道和易北河岸的台阶式的坡道，西侧的通道长达50m。前后两条路之间落差使得围墙逐渐升高，这形成了基地非常鲜明的特征。在那种喜欢前院、草坪和树丛的现代审美趣味的人看来，这道墙尤其碍眼。因此只是建筑法规的强制力量才使得这些历史建筑保存下来。

我与每一个可能的投资者谈论这个计划，提出可能的解决方案：规划一个平行于易北河的建筑，由此可以最大限度地利用易北河的景观资源。

这几年易北大道上其他新建筑的业主的做法让我心情烦躁，我自己绝不会那样去设计。就像以前的建筑一样，所有这些伪贵族住宅和那些散落之间的精致的私人住宅表现出同样的封闭性。我想尝试做个实验，建造一个“私人的公共空间”。通过充分利用斜坡的坡度来停放车辆，使得汽车远离易北大道的平面标高，在这里易北河与港口设施的景致一览无遗，应该通过设立一个广场吸引路过的人进来观赏。最重要的是这个广场里汽车免进。

易北河风光

从易北河的另一侧望去

窗户遮阳板勾勒出建筑主体的轮廓

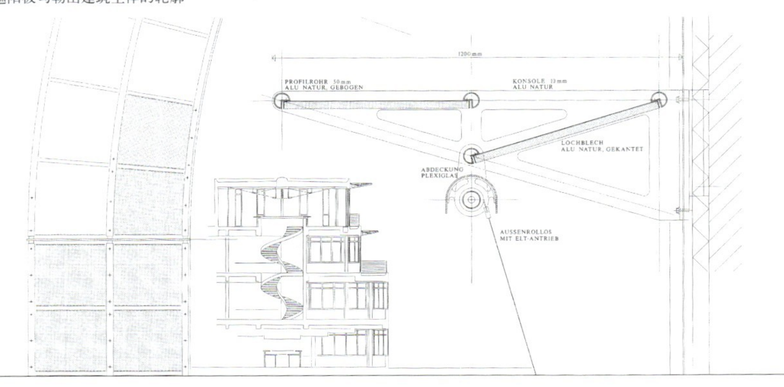

老建筑的屋顶绿化，新建筑的筒形屋顶

疏散通道作为建筑的特征要素之一

如果在这里建造一个美术馆的想法能够实现的话，这个广场同时也应该是雕塑的室外展场。港口活动的全景景观可以作为造型艺术展示的背景。穿过这个广场就是通往餐厅的小路，这个餐厅是根据建设规划上要求设计的。在广场的前端有一个钢结构的拱门，人可以穿过这个门，如取景器一样，门框限定了一幅港口的风景片断。拱门的结构悬索拉着一段斜坡，这段斜坡引导着参观者沿着钢结构的斜坡往前继续走向易北河，在斜坡中点又180° 转而引向餐厅的入口。用餐空间位于半圆形船头的斜坡层，前方有空旷的观景平台。虽然餐厅比较隐蔽，但是整个行进过程的景色变化异常丰富，极有特色。

船形的上层就是我们事务所办公的地方。从深夜室内隐隐透出的灯光说明我们的工作风格不曾改变，这足可以证明建筑设计工作决不是普通的办公室工作。

圆柱形的退台式建筑与古典主义的小塔楼遥相呼应，超过船头的部分则像一个指挥塔。与圆柱体同心的螺旋楼梯引导人们走向一个能看到全景的大会议室。

建筑主体的造型颇为诙谐：就像一艘50m长驶向易北河的轮船，船舷是沿着Övelgönner Mühlenweg展开的老墙，再加上易北大道上的那个古典主义的小塔楼。

在这开放广场的对面，面向易北河的梯形地块上是一幢立方体形的别墅。这是业主的住宅，这也正是这个集住宅、建筑师事务所、餐厅和美术馆功能为一体的综合体在法规上可行的依据。

新建筑的形式语言避免与易北大道上其他的建筑雷同。根据窗口的轴线来划分放绘图桌的办公区域。二层是一个更大的绘图室，筒形屋顶下是刻意外露的钢结构构造，这使得室内具有类似工场车间的空间特点。

开敞的交通路线是依据轮船甲板来设计的。外挑的遮阳板着重刻画出建筑主体的外形轮廓。嵌在广场平面上的可移动式玻璃天窗给地下车库以自然采光。夜晚时分，从地下车库里渗透出的人工采光，与广场上的4根“灯柱”一起构成了仙境般的广场氛围。

住宅是一个立方体，轴线略微转折与东边的基地边界平行，并与广场下的群房叠合。室外楼梯的扶手墙面强调出通向二层的垂直交通。在这个建筑的所有空间都能直接看到易北河。

建筑的颜色介于白色与灰色之间。

——粉刷面与金属外墙面：白色

——墙面—清水混凝土：灰色

——遮阳板—铝型材：原色

——钢结构：镀锌色

——住宅的木装修，
　　油漆：浅灰色

——广场地面：混凝土、花岗石、粗砂

仅有的重彩是为了标明这里的单位而悬挂的红色旗帜、红色的灯柱和红色的拱门架。与这红色形成鲜明对照的是特意保留下来的树木的绿色。对基地的这个策划提案，得到了政府委员会的同意。由此我就可以开始做这个冒险的实验了：工作和居住，餐厅与展厅在一个建筑规划布局中共存，既不是在办公楼也不是在改变用途的别墅里，而是在一个绝无仅有的建筑类型中共存。前面是“最高档地段”，后面是繁忙的港口景象，就在这个特殊的地点，过去的一个世纪里它是只属于上流社会的社交场所，而当时汉莎同盟的人从没在这里尝试过“私人领地与公共空间的共生”的探索。

新与旧的共生：尽管它们不是特别漂亮，但是一定会保留这个典型的塔楼和沿着Övelgönner Mühlenweg的老墙。

这个实验在1990年初被证明是可行的。

总体鸟瞰

新老建筑的衔接

引向餐厅的悬索吊桥为这条小路带来丰富的体验。

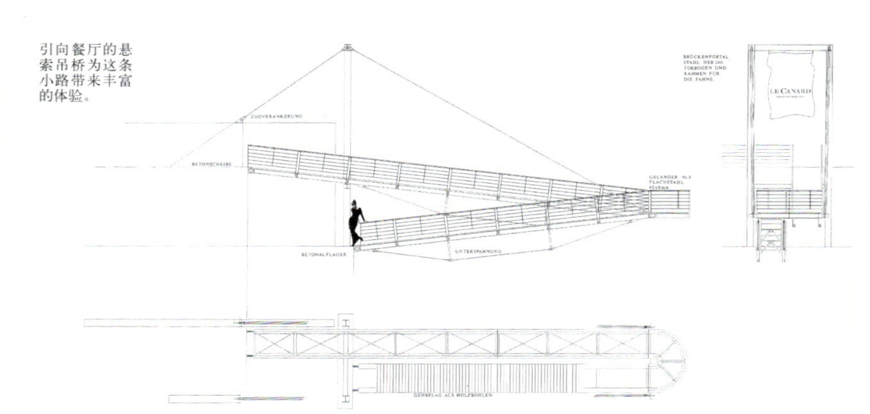

每条道路都是为建筑艺术服务的。最短的距离并不等于最好的设计。多走几米却可以体验到更为丰富的空间。

餐厅厨房的排气管

位于汉堡的gmp

易北大道上整合设计的典范：建筑师事务所、餐厅、美术馆、住宅……

——克劳斯·迪亚特·怀斯(von Klaus Dieter Weiß)

“作为建筑师，我们不满足于这样一种情况：在随便什么不知名的办公楼里对着不同的设计任务考虑如何塑造一个更好的环境。许多特别精彩的设计解答要求事务所最好有个固定的新家园。这个设想却因为死板的城市规划和建筑法规而无法实现：建筑设计的工作是办公性质的工作，办公室的工作只能在办公楼里进行!”业主兼建筑师迈因哈德·冯·格康的话使人不用自主地联想起弗里兹·辉格尔(Fritz Höger)的感慨：“办公楼属于那种最为乏味的任务，除了排排办公室之外没什么可做的了，尤其是在基地上又理不出什么头绪的时候……。”因此，弗里兹·辉格尔千方百计一定要得到那块棘手1923号地块来作“智利之家”(Chilehaus)。在汉堡河谷如此复杂的基地中，gmp作出了相当出色的总体建筑设计。

仅仅设计办公室的办公区域还不够，这些建筑大师想要在更大的范围内体现他们内心自我意识中的“协同的统一”的愿望。就这个汉堡郊区的特殊的混合功能的共生体来说，这个

未使用遮阳装置的立面和使用遮阳装置的立面

方案的设计布局具有很强的社会责任感。这个设计非但没有破坏这条“世界上最美丽大街”的风貌，而是更加提高了它的价值。要想获得一个既不阻断新建筑与易北河无与伦比的风景和忙碌的港口生产景象的视觉联系同时又是清晰、经济的解答，最好的方法就是将具有这种景观的空间私有化。“我与每一个可能的投资者谈论这个计划，提出可能的解决方案：规划一个长边平行于易北河的建筑，由此可以最大限度地利用易北河的景观资源。这几年易北大道上其他新建筑的业主的做法让我心情烦躁，我自己绝不会那样去设计。”与上述不同，迈因哈德·冯·格康并不想仅仅采用提高建筑的密度，只留下局促的几块的空地和几个可以看得到风景的点那样的做法。通过利用整合在坡地地形内的地下车库的方法，塑造出一个具有相当的开放性的、能够随意进入的广场。

这个广场可以作为即将开设的美术馆常设的雕塑展览的场地而对外开放。也许它还能为建筑设计方与公众之间提供一个无拘无束的交流平台。在最初的平面中设想的7个装置“想像的旗帜”就提出了这种可能性。这些旗帜说明建筑师工作的兴旺与没落，概念和方案的成功与失败。可惜这个想法现在被放弃了，不过很快那家隐蔽的餐厅即将营业，旗语就有可能重

位于圆形几何中心的螺旋楼梯

现了。现在代替旗帜起指示作用的是嵌在广场上的4根室外钢质灯柱，夜幕初降，从下方透射出的灯光使得这些钢柱通体透亮。借助框景的钢架和通向坡地层饭店的远远的悬挑出去的坡道，在这个充满趣味的“略显奢侈的广场”形成一个视觉焦点。这家新设计的“勒·康纳德”(“Le Canard”)餐厅，它独特室内设计也由该建筑师设计的，是汉堡最高级的餐厅，这家餐厅与基地的历史也密切相关。过去的餐厅开在沿街的古典主义的老建筑里，如今在老建筑里是美术馆的展示空间。

这块基地在历史上就是繁华的、传统悠久的度假酒馆“易北河谷”。由于社会需求的变化，造成中心城区以外地区的餐饮业持续的大幅度衰落也就不足为奇了。上世纪末本世纪初的美妙的餐厅与啤酒园建筑群日渐荒芜，最终沦落为汽车停车场以及各种乱搭建的消极空间。新建的建筑师工作室与历史上“易北河谷”最杰出的建筑相隔100年。那家餐厅的老板在1889年相当自信地宣传道“这是易北大道上最大的休闲场所，独一无二的位置、尊贵的宾客给我无限愉悦的回忆。自从这儿的建筑和环境完工以来，游人们能够从阳台、游廊、眺望塔上看到整条易北大道上最为美丽、辉煌的景色。”几乎没有人还能够想起当年这里曾是众多人相互竞争的度假地：克勒克尔疗养院，理查兹乡村客栈，格罗斯会所，埃尔伯格，路易斯·雅各布，“撒旦桥”花园餐厅和杜夫系尔“易北亭”。因为修建性详细规化将这块4000m²的基地定为餐饮用地，所以它不能作为其他性质用地使用。

经过了多次挫折，直到后来一项期待已久的规定的颁布，对于市中心的一个居住区内的租用空间，政府部门提供了一种结合城市现状和城市历史来调整土地使用性质的模型，这才使当时几乎不可能实现的，但具有升值潜力的提案成为可能。这里是最高档的地段，靠近由私人住宅和新开发的盈利性房地产项目构成的热门区域，始终能够感受到这里最初的氛围：贵族别墅、公园、奢侈餐厅以及作为衬托的背景——港口的工作情景，通过这种方式来体验令人印象深刻的现实场景。与以前的城市布局相比，这里其实已经并非是纯粹的居住用地。由于这里对于汉堡的定位来说是相当重要的

追求简洁与通透的高品位的室内设计

gmp 的接待区

金属板网与铸铁折角型材组成的网板墙

外围区域——世界上最美丽的大街，每个汉堡人都会毫不犹豫的认同这一说法——，有权势的海运企业家也不能在这里随便造房子，而要在新的混合用地规划里继续保持“历史风格”。

然而这样说也不算过分，这个原本是港口的工作世界出于人们猎奇的需求，用“场所精神”反衬出这里地主庄园的假象。“工作与交通区域——轮船、集装箱、吊车、船坞与世界级的显贵们的住宅区比邻而居，这是绝无仅有的景象。高起的地势使得河上24小时的动态景观一览无遗：从这基地上往下看易北河的情景如同从观景台上看出去一样完整。如果用今天的建筑词汇来描述这个地点，“场所精神”的概念是最为贴切的。海景、湖景、河景，尤其是通过如舞台布景般昼夜变幻的港口景象大大提升了这一地点的价值。

因为在需要阳光的北部地区，基地的朝向与景观方向恰好一致，街道及交通喧嚣都位于基地北面，周边条件简直太棒了!”不过无论如何这里是不会重蹈托玛斯·芒(Thomas Mann)在

《Buddenbrooks》一书中描写的新住宅以及新的商业建筑的覆辙，小说中这些建筑的必然结局所展示的特殊意义：“在城市聊天的话题中，从来没有什么比这个更吸引人了!这是周围最高级最美丽的住宅!在汉堡还有比它更漂亮的房子吗?……当然它也是令人绝望的昂贵，这种价格的飞涨肯定是以前的官员从没想到过的……”如果不考虑它奢侈的区位，它对街道的自由开放相当适宜；如果不考虑它的尺度必须与规划的建筑尺度符合不谈，对于一个企业的办公总部来说空间略显狭小。这一设计相对低调但充分地表达了业主即建筑师的座右铭：“简洁至上”。这同样也处处体现在其独特的材质与细部处理中。

立方体形的住宅面向易北河，但相对较为封闭，它的外墙比较平整，外墙面是灰色上漆的百叶板。办公室的入口区域是由未加工修饰的钢隔栅构成的甲板，虽然只是上了一层薄薄的油漆，但效果相当令人满意。出于成本和不可避免的变形的考虑，朝向易北河的圆形指挥塔上的玻璃并没有采用曲面双层玻璃。会议室在楼上，环绕着螺旋楼梯的圆环形会议桌在形式与功能上都显示出民主的特征，因为它是无法隔开会议室的声音。筒形屋顶下是刻意外露的钢结构构造，这使得室内具有类似工场车间的空间特点。最后一个重要的方面是沿街做法不仅仅展现出了历史建筑非凡的魅力而且

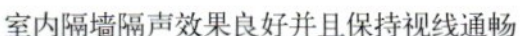

室内隔墙隔声效果良好并且保持视线通畅

从主楼梯看M.v.G的办公室

使眺望塔更成为典型的地标。对原有建筑物的边墙的保存，同时也使得原有基地的边界也保存下来了。在此新建的建筑如同潜艇潜在水下般藏于老墙之下。雕塑广场使得住宅在感觉上更加后退，掩映在树丛之中。开放性是这个广场表达的最主要的内容。

通过船舷栏杆、指挥控制塔、内凹的甲板、烟囱、旗帜等元素，该设计的建筑语言塑造出一艘驶向易北河的白色巨轮。众所周知，建筑师偏爱流动的而不是禁锢的建筑。然而有趣的是，在这个指挥塔里业主却很少有机会像一个真正的船长那样发号施令。人们肯定不会想到用建筑艺术中的“船的母题”(“Dampfermotiv”)来表现在建筑历史方面社会或政治的思想深度。对航海元素的欣赏也可能是非常浮于表面的。比如Ralph Erskine就会在一艘旧船上建自己的建筑师事务所。而易北大道上的建筑师则在陆地上表现了汉莎同盟亲水的传统。正如汉堡格林德尔大街街角的住宅和商店那样的美丽，它属于相当明确地摒弃了德国北部传统砖石系统的建筑，也是汉堡建筑中最美的例子之一。这些建筑表达出建筑师令人惊异的沟通能力，即能够在19世纪的舒适性与影响深远的

由经过防锈处理的金属板网和角钢构成悬挑的甲板

白色经典现代主义的进步性之间游刃有余，达到建筑设计上的调和。船形侧立面上的并列的建筑相差一个世纪，但却通过令人惊讶的方式取得了天衣无缝的效果。

造型相当含蓄，但它仍旧是基于严格的造型规则及城市设计的风貌要求来设计的。在现代主义失势之后，后现代的种种风格和其他风格的实验也都失败之后，这种方法也给“整合建筑”带来了希望。在1975年柏林国际设计中心的一次学术交流会上由Heinrich Klotz提出了“整合建筑”的概念，他在1989年的“20世纪建筑”

在“指挥塔”里的大会议室完全是根据几何学准则来设计的。“迟到者”从环形会议桌中间走上来，接受别人对他的注目礼。

后墙面是一组由未加工的轧型钢板制成的储藏柜

“拱顶”下的大绘图室，钢结构和波形板都暴露出来

业主的办公室与他的住宅之间形成视觉联系

展览的前言中指出我们不应该局限于后现代的视点。不如说这种理论成功地跃过了，或者更进一步，抛开了建筑的三个基本主题的束缚，即合乎理性、有机联系、传统影响。作为Heinrich.Klotz所说“后现代之母”，“整合的建筑”，在此之后引发了深远的后果。现代主义的教条必然导致后现代主义的教条。因为那些纯粹而又教条主义的反对者始终坚持与后现代主义运动背道而驰，所以这种反对的说服力，在本世纪建筑历史的回顾中也充斥着教条主义的特征。尤其是由解构主义的解放性引起的在传统建筑观点的范围之间的冲击会相当有趣。这种合乎理性的因素，是对技术的敏感性与整体表现力之间比较后得出的。这种理性有时与有机主义的建筑的目标显示出全新的一致性(尽管力学计算已经全部计算机化了)。有机的因素以其最初的形式上的过度夸张来说明它本身与生态相关的环境课题一样，也发生了根本变化。对于空间塑造的原始的个性化追求，必然会遇到城市规划的束缚，建筑外形与环境之间的相互关系已经不再只取决于美学因素。大会议室能看到易北河与港口的全景，每时每刻都有不同的情景。

解构主义本身已经与有机主义和

生态建筑的运动联系在一起了。在对所有的技术可能性充分利用中，生态建筑成功地恢复了理性的视角，而它本身具有进步意义的目标并没有像往常一样被掩饰。是设计的质量而不是风格的纯粹性起决定作用。与过去恰恰相反，借助于这种方式，连传统的内容也被发现是非常现代的组成部分。为了避免教条主义的立场，因此对于建筑历史上对传统观念的探索的分类将更加困难。对此，这一组建筑是一个极佳的例子，它在对于城市规划品质的后现代反思中，在对基于美学的功能主义在技术上的提炼中，同时也在它对于通过形态主题的诠释中作出了完美的回答。

从大会议室能看到易北河与港口的全景，窗前的景色随着季节的变化而魅力无穷。

易北河两岸建筑的对话

陆上的航船：评易北河谷

克里斯蒂安·马库尔特
(Christian Marquart)

建筑，那些建筑师为自己造的建筑，无论何时都不可避免地被看作是他的精华之作，是他当时对能力和意图、理论和实践的观点，是个人特征创造力和"立场"的表达。建筑师的住宅是一种表白，无论它的缔造者是否这么认为。这就使得对这种建筑的评论变得更加棘手，枝蔓与主干密不可分。每一个细节的处理都可能透露了一个小小的宣言，或者甚至是一种哲理；也可能根本什么都没说；或是只有很少的内涵在其中。在设计前后涌现了各式各样想法，可以想像，那些思考会使公众思维混乱。

"我们邀请各位参加易北河谷的新船下水仪式"，邀请卡上如此写道，敬请参加gmp的"设计工作室"的落成典礼。对此有必要首先作简短的相关介绍：关于该建筑中著名的船形主题，经典现代主义形成时期的思想上的调整，以及那些略显幼稚的技术发烧癖引起的公开讨论。尽管如此，这艘易北大道上的轮船，一方面身处美术馆港湾里，另一方面又是正对着"真正"的港口，没有什么比这更能够诙谐的回答这里的场所精神了。非常独特美丽的侧舷窗，对外行而言也是简单易懂的带有地方色彩的。

为什么会这样设计呢？是根据建筑历史的红色线索还是依据实用的建筑构造上的传统作法？如果是这样的话，那这个问题就提错了。"汉堡河谷"

"Le Canard"餐厅的会员区——空间

作为一艘梦想中的船，这个项目在结构和形态上都有许多的元素。另一方面，建筑设计的解答，首先是一致的：通过在城市设计明显占据主导地位的区位中，一个相对低调的范围内进行一种尝试。

这个想法得到了多样化功能的支持。在一块位于坡地上的4000m²的大基地中安排各部分：gmp；一家餐厅（由于控制性规划中规定这里为宾馆餐饮用地）；一座住宅，是建筑师事务所负责人迈因哈德·冯·格康的住所，当然前提是得到了事务所的允许的；最后是一家美术馆，将进驻易北大道上

“Le Ganard”餐厅，会员区陈列柜的造型表达了业主的建筑模数概念

“Le Canard”餐厅里圆形的就餐区

“Le Conard”餐厅同样也需要普通的空间

现存的古典主义塔楼里。对此，迈因哈德·冯·格康作为业主写道：“这几年易北大道上其他新建筑的业主的做法让我心情烦躁，我自己绝不会那样去设计。就像以前的建筑一样，所有这些伪贵族住宅和那些散落之间的精致的私人住宅表现出同样的封闭性。我想尝试做个实验，建造一个向公众开放的私人空间。”格康(Gerkan)不是把它锁起来，而是在舒展的办公室建

盥洗室

白墙上装着瑞士灯泡的十字灯

使人眼前一亮的“日本风格”墙面，形成室内特殊的可识别性

为了适应不同的使用的需要，位于圆环形的办公空间需要一种特殊的家具。因此绘图桌是可以旋转的，墙是可移动的，这样双人办公室的两个小隔间与分隔开的“扇形空间”就可以变成一讨论空间。

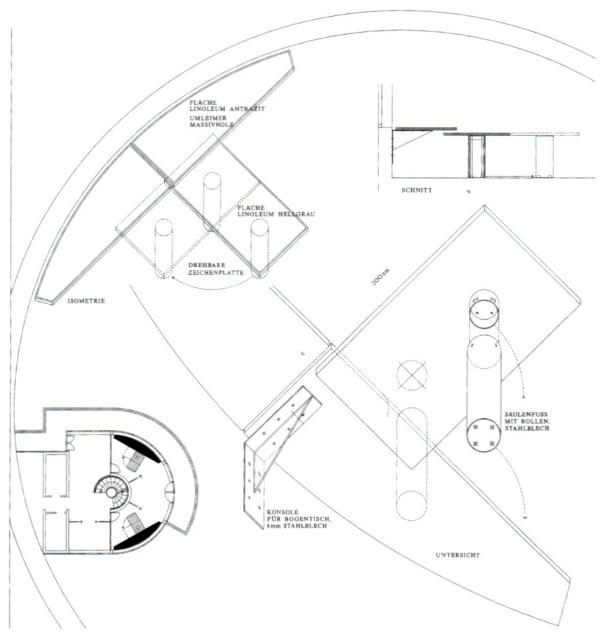

筑——“轮船”和建筑师的自宅之间建造了一个向所有人开放的梯形广场。在这里可以毫无遮挡地看到易北河与港口的景色。在广场下是停车库和餐厅的一部分建筑。

首先要坚持的是：放弃沿着坡地的等高线、沿着易北河建造大体量的建筑的做法是值得高度尊敬的。格康履行了他在一本题为“建筑师的职责”的书中的承诺，即在这种情况下一种对公众的(自我)责任感，同样公众也会成为这个高雅地点的受益者。当然，通过这种高贵的姿态也充分阐述了建筑师推崇的欣赏趣味。不同的建筑体块的设计，决不是争奇斗艳，而是完全实现了业主专业的理想手法，尽管这种理想手法在平时是不会实现的，但它是卓有成效的。“简洁至上”是冯·格康的造型座右铭。对于作为局外人的观察者来说：一切按部就班，但激动人心的东西不会就这样出现。

在这种情况下，这个长长的建筑物的圆柱形的“船头”很自然地是为了与易北大道上古典主义的塔楼的取得呼应而建造的。这个圆形建筑物分为两部分，共有四层，以其白色的金属立面，悬挑的遮阳板，环绕着立面的舷栏构成了易北河侧美丽的体态。它不仅仅是视觉上的，而且是具有功能的指挥塔。在船头后方，船的中部和尾部诙谐地意喻着从航海转到陆地；在这两层楼里密集地安排着 gmp

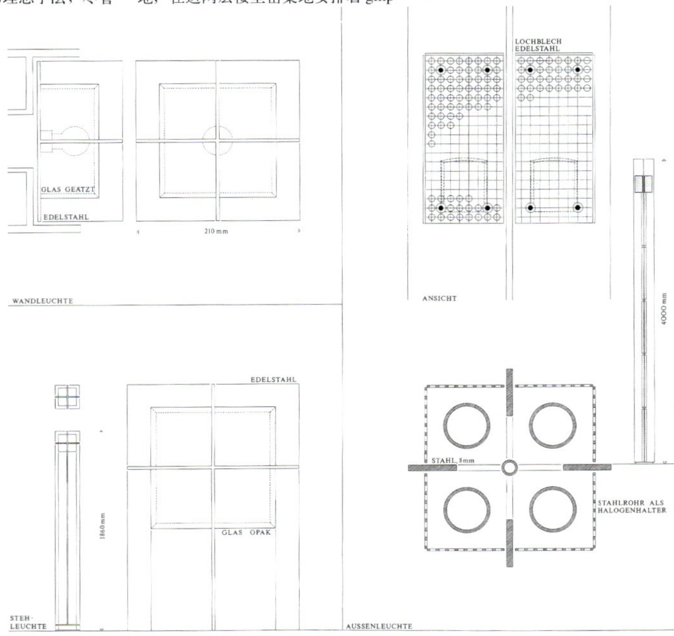

十字灯的母题贯穿在不同的构造中：壁灯、室外灯、落地灯、广场的灯柱。

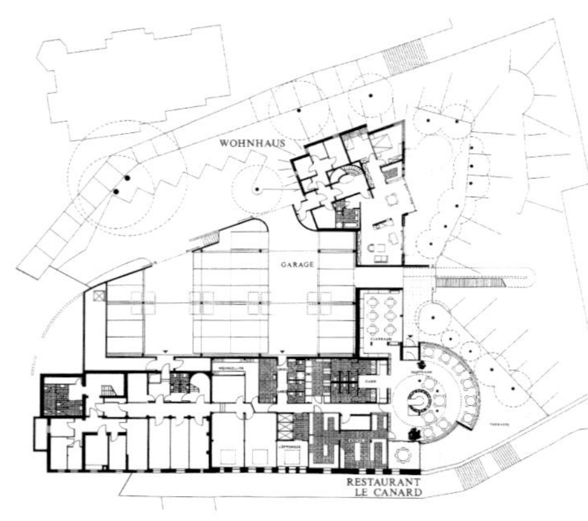

基座层平面图　停车库位于与易北大道标高相同的广场平面之下

底层平面图　所有现存建筑物都得以保留

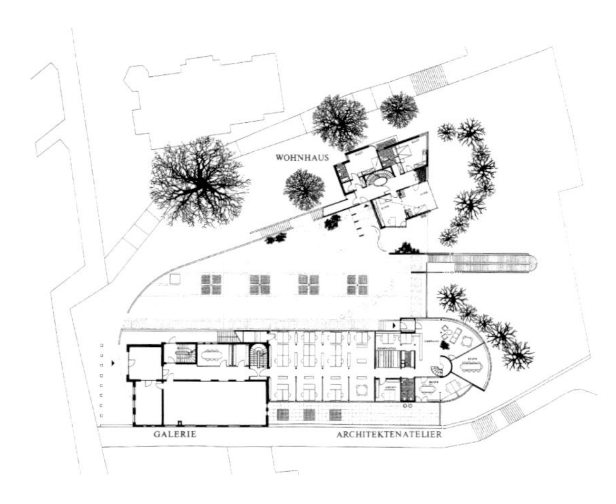

在汉堡的事务所近100名员工像“水手”一样表现出努力工作的状态。

毫无疑问，这艘50m长的巨轮中塑造了切实的等级制度。这设计的精彩部分绝对不仅在于办公场所的质量，而是在于内部布局与外在形态本质上的统一。在易北河侧场地的联系中，这艘建筑师之船找到了令人愉悦的造型，遵循它还不如说是对难以塑造的“经典”的船形母题的全新演绎。功能性和经济性是两个主要考虑因素，所以在新建广场背面的南立面毫不张扬。面对这一“公共”空间，立面相应的处理强调出其重要意义。

住宅的建筑语言有意识地与主体建筑形成鲜明的区别。冯·格康采用一个有浅灰色百叶围绕的立方体，它的轴线与船形的长轴方向旋转了一个角度。理查德·迈耶的矫揉造作中缺乏这种宜人的建筑的客观性，与此相对的是一个带有钢拱门的坡道，从广场通向餐厅，这个坡道明显是受到了Haus-Rucker公司为卡塞尔现代文献展所创作的一个装置的启示。

克里斯蒂安·马库尔特

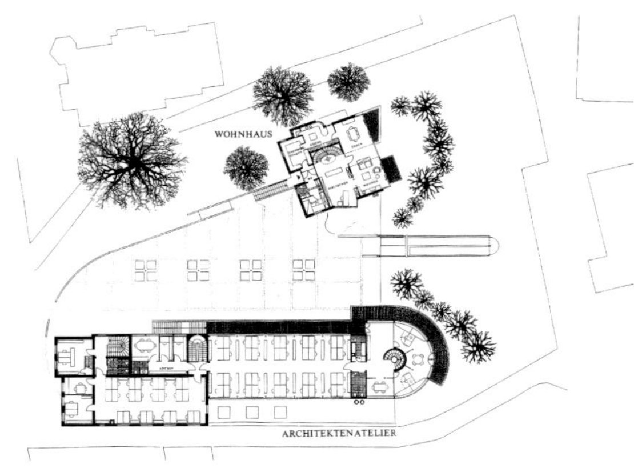
WOHNHAUS
ARCHITEKTENATELIER

一层平面图

二层平面图

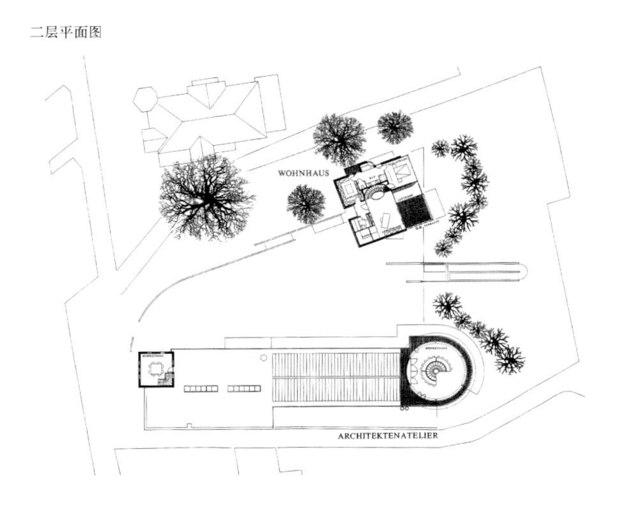
WOHNHAUS
ARCHITEKTENATELIER

东立面图

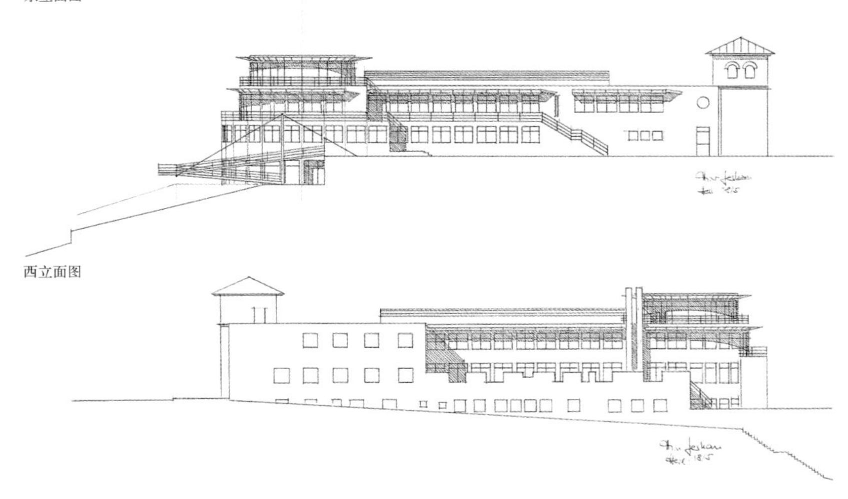

西立面图

纵剖面图

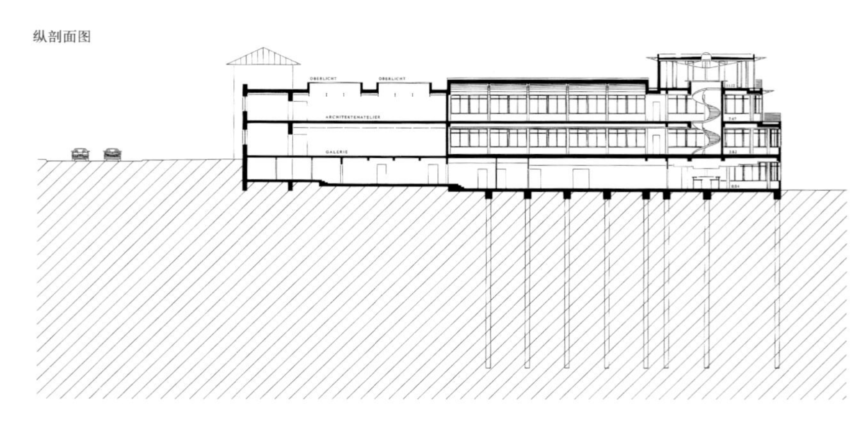

地下车库的照明通过嵌在广场平面上的玻璃砖透射上来，白天的日光通过同样的途径照亮车库。

博览建筑

汉堡市历史博物馆内院屋顶

汉堡市历史博物馆内院屋顶

Innenhofüberdachung des Museums für Hamburgische Geschichte

设计与建造时间：1989 年 1 ~ 8 月
设计者：Volkwin Marg
合作者：Klaus Lübbert
协作单位：Schlaich,Bergermann+Partner
结构工程：J.Schlaich
合作者：Karl Friedrich
项目负责人：Volker Rudolph
业　主：Verein der Freunde des Museums für Hamburgische Geschichte e.V.
玻璃屋顶的钢结构：Helmut Fischer GmbH

汉堡市历史博物馆是汉堡首席建筑师弗里茨·舒马赫(Fritz Schumacher)的作品，设计建造于1914至1923年，这座博物馆是在与博物馆的第一任馆长奥托·劳约弗(Otto Lauffer)的协作下完成的。现在它作为特别重要的建筑作品而被列为文物保护的对象。

如果要研究时间顺序的话，这个将博物馆围绕在一个玻璃顶的内院周围的设想绝对是最后一个想到的方案。这一方案使施穆克内院(Schmuckhof)成为能够对公众开放的空间，院子里的历史建筑构件可以向参观者开放。(展品例如：1604 — 1605 年的佩特里(Petri)大门，来自新旺达拉姆之家(Neuer Wandrahm)的巴洛克式露天大台阶，来自大莱西特大街(Großen Reichenstraße)某建筑的大门等)

玻璃屋顶是可以设想的最薄的，也是视觉上最轻巧的结构。作为内院全天候保护的全透明薄壳结构，玻璃屋顶也是一个建筑结构体系的创新。在这个美丽的建筑文物上加盖的玻璃屋顶，使得长期以来一直遭受到各种气候侵害的室外展品得以保护，并且创造出富有活力的多种可能性用途的汉堡最美丽的内院。

决定采用这一方案，主要是出于对文物保护方面的考虑。这个结构能够在以后的岁月中减少对历史建筑本体损害。这个非常轻薄的、透明的，但还是有相当的抵抗能力和承载能力的屋顶结构是惟一合适的解决方案，它能够提供充分的气候保护，还可以在

带玻璃屋顶的历史建筑的纵剖面图

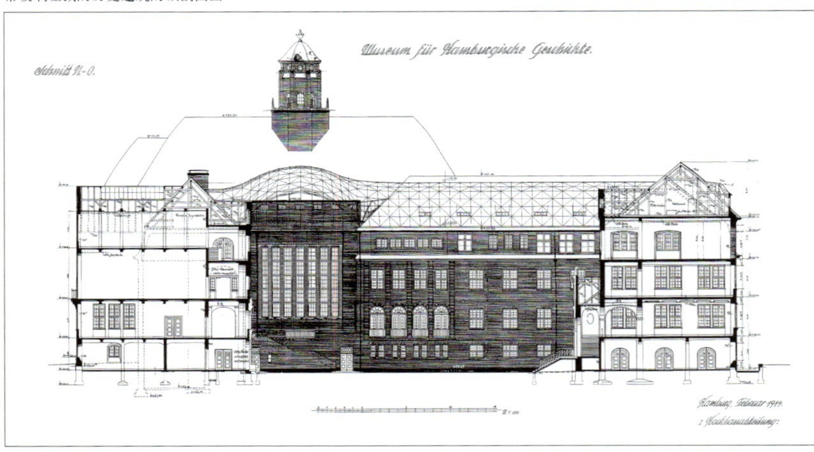

内院里举行各种展览活动。内院平面呈L型，面积约为1000m²。屋顶是网壳结构，由两个筒形壳(拱)和一个过渡的穹顶共同组成。三个主要构件之间流畅的过渡是通过优化计算得出的几何面。屋顶荷载是通过网壳受压薄片来承载，从而避免了对它的受弯的要求。受压薄片的设计带来了结构的简化，这也意味着壳体的截面可以达到最小化。

壳体的支撑结构是由60mm × 40mm的白色镀锌扁钢构成的。它(构件)不再作为玻璃屋顶的最小尺寸的支座型材。这些型材以相同的大小的网眼装配构成正交的网格，可旋转的螺钉在节点处作为连接。矩形的框架结构通过可变的节点变成菱形，通过必要的对角线又将正方形划分成为更小的三角形，以达到坚固的薄壳支撑效果。对角线是用双向的钢索制成的，所以每根对角线都承载拉力。10mm厚的单层钢化玻璃直接放置在扁钢上，节点处用点状圆盘固定。沿着屋顶周边一圈的支撑结构更为坚固，这圈结构高出现存屋面约70～90mm。点状节点也是依靠墙面或是钢筋混凝土楼板来固定支撑的。

由于特别高的单边雪荷载，屋面天沟不能排除积雪，将通过集中放射状的轮辐式构件来增加“更柔和”的筒形壳面的强度。

技术参数：

——内院地面面积：约900m²

——玻璃屋顶总面积(使用特殊的遮阳装置的玻璃，带有吸收紫外线的箔片，作为双面的VSG玻璃)：约1000m²

——支撑结构总重(包括用于搁置檐口横梁的点状结构)：约50t

——网状屋顶所有型材总长度(尺寸为60mm × 40mm)：约2400 Ifdm

——钢索总长度：约6000 Ifdm

——总造价(包括所有)：3450000 DM(德国马克)

每片玻璃都由圆盘来固定，菱形格子尺寸经电脑计算得出

细部节点，支承的扁钢与钢索对角线节点板的交叉点

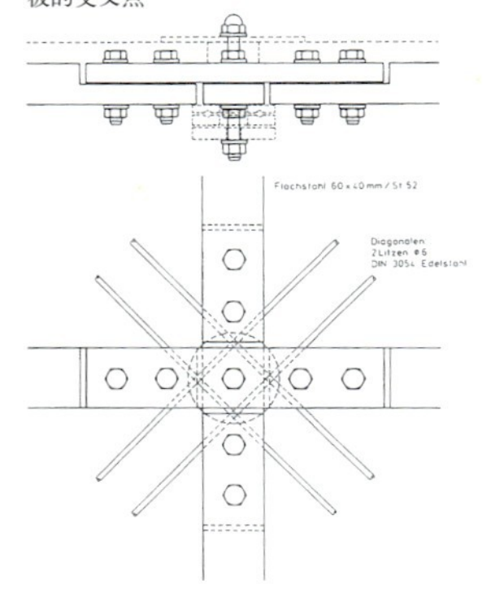

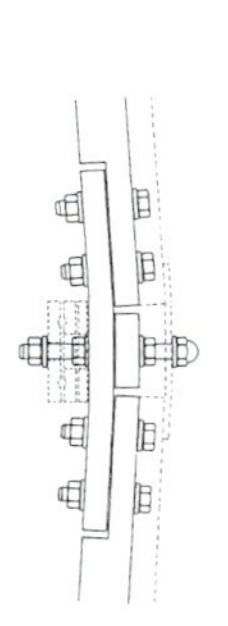

网格壳面与建筑屋顶连接的剖面图与水平投影

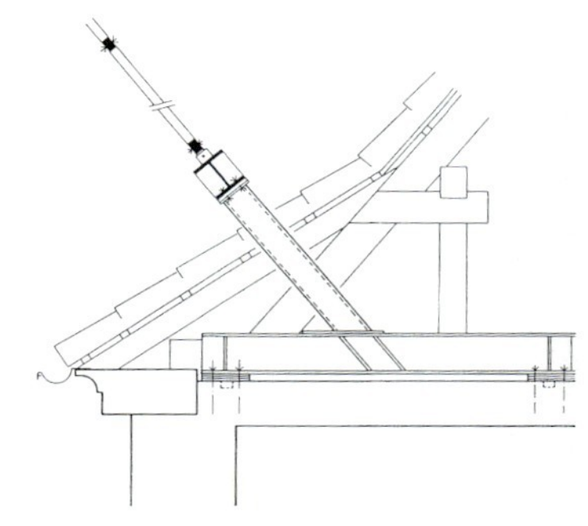

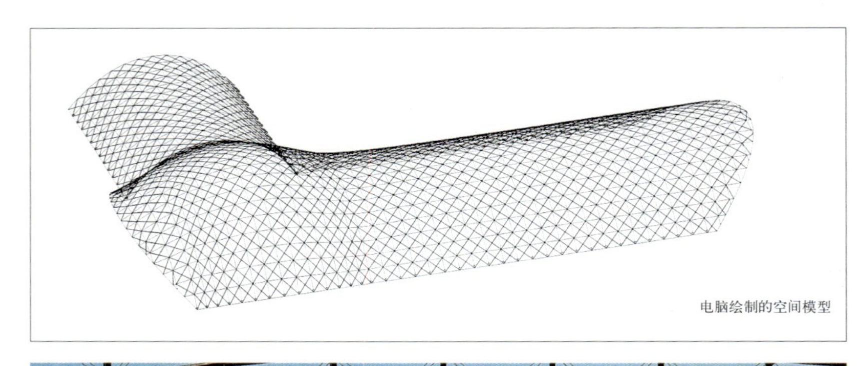
电脑绘制的空间模型

带有放射状的加固轮箍的空间网壳结构

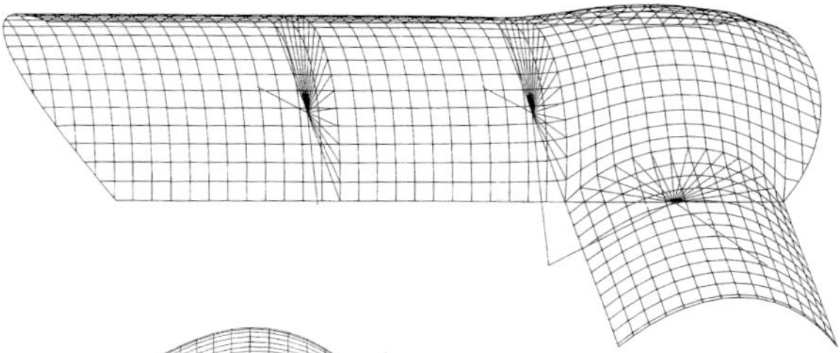

轮箍方向的空间网壳剖面图

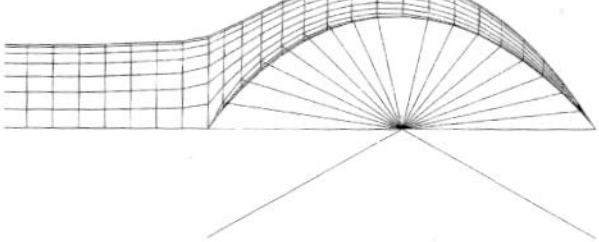

历史建筑屋顶平面图
(覆以玻璃屋顶结构)

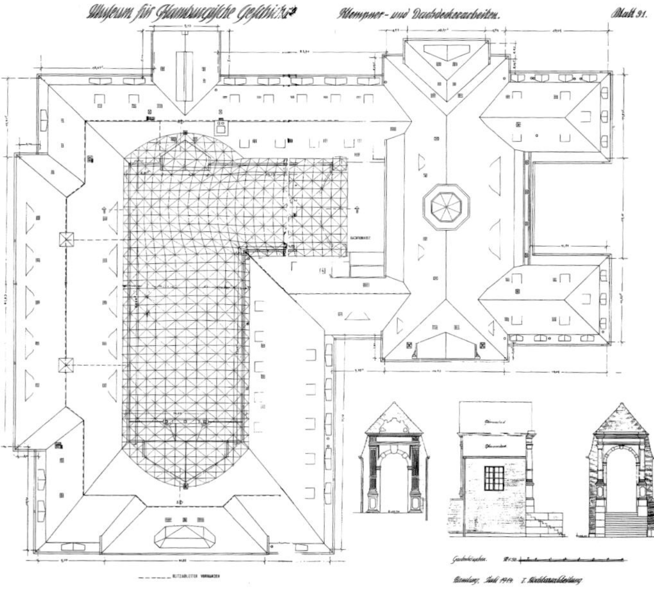

电视博物馆，美茵茨
Fernsehmuseum
Mainz

竞赛：三等奖，1989 年
设计者：Meinhard v. Gerkan
合作者：Hilke Büttner

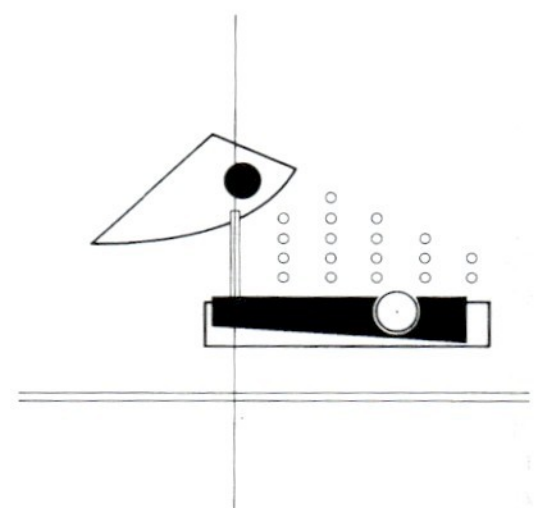

由于基地的面积较大，且被Holzhofstraße大街从中穿过，因此在设计中将电视博物馆分成两组建筑，两部分之间用一座人行天桥联系。Holzhofstraße大街可以被看作老城区的临时边界，北边的建筑体沿着大街展开并与灯厂的老建筑连成一体，南边的建筑是一个平行于火车轨道线的体块。建筑前面设有一个广场，可以作为博物馆将来的扩建用地。

广场地下是一个两层高的有458个车位的地下停车库。虽然在表面上停车库是不可见的，但是外围的一圈灯槽将其勾画出来了。通过这圈灯槽，车库的使用质量和舒适性大为提高，并且可以节省通风设备的昂贵投资和维护费用。当汽车都停到地下之后，作为城市生活的组成部分之一，汽车就在广场上消失不见了。

灯槽还将广场划分为若干独立的使用区域，并勾勒出地下与地上相联系的楼梯。地下停车库上方种了几排

北立面图

建筑整体(从北面看)

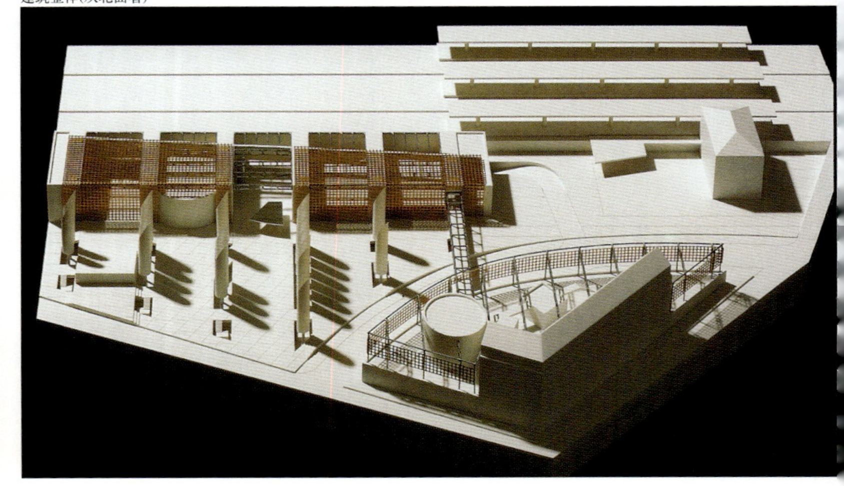

窄窄的树列，这些树列形成一种具有特殊标志性的新颖的绿化设施。

博物馆建筑主体的设计关键点在于建筑的表皮，内部与外观一致，都表达了高技术车间的特征。从这一点出发，建筑主体结构决定了内部空间，同时内部空间的分布和划分是影响设计的次要元素，它们是可变的构件。

报告厅也体现出车间的特征。报告厅的外墙是可移动的，可以时而打开，时而关闭来达到内部空间与外部广场之间的联系，它还可与相邻的工作室和入口大厅都连接起来，或者都遮蔽起来。

一个宽大的台阶通向地上一层的展览空间，也通往报告厅和工作室部分的展廊。

楼上的展览空间中有一座人行天桥，跨过 Holzhofstraße 大街，通往另一组建筑。这部分建筑每层的展示空间更大，北边是原有灯厂的南立面，其余则是可变的多功能展厅。这两组新建筑在主要的外表面上没有用通常立面处理的方式，而是用一个第二层次的外壳，作为“技术表皮”安装在建筑上。“技术表皮”的结构、构造和功能还只是一个想像中东西，目前还没有成熟的建造方案。还可以在建筑上安装一个网格状的结构，通过机械或是电子控制可以显出变化的图案，将电视技术在另一个尺度上传播，也将赋予它独特的标志性外形。可以考虑采用激光技术，给媒体技术艺术家以创作机会，将“建筑上的艺术”作为设计概念的组成部分加以发展。

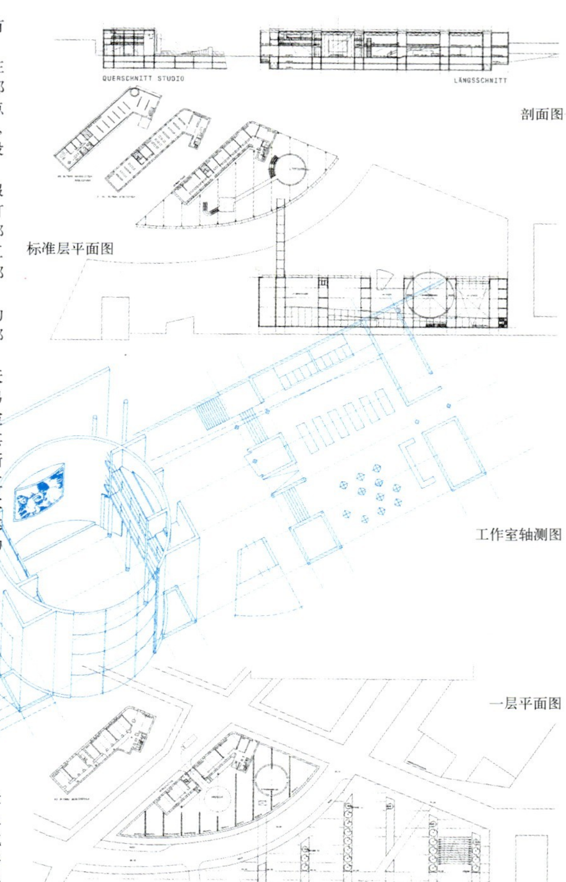

剖面图

标准层平面图

工作室轴测图

一层平面图

国际文献艺术展示厅

Dokumenta
Ausstellungshalle Kassel

竞　赛：第4名，1989年
设计者：Meinhard v. Gerkan
合作者：Volkmar Sievers
　　　　Hilke Büttner
　　　　Christian Weinmann

这一设计方案的最大目标就是将弗里德里希广场(Friedrichsplatz)被Steinweg路分开的两部分结合成一个整体。两者之间高差缓和的过渡表现了这一意图，公路的交叉口放到地下，由此避免了不舒适的人行地道。连接体位于一个比弗里德里希广场标高更低的水平面，这使得广场的两个部分的连接空间更显宽敞，公路就像高架桥一样在上方穿过。

展示厅的建筑沿着“大广场”的行道树一直延续到另一侧的广场，而“行道树”则是钢结构的，覆以波浪形的屋顶。

从这个意义上说，展示厅与其说是一个独立的建筑，不如说是广场上的一个构件。展示厅平面的围合部分是低于广场平面的，同时上部保持透明，视线能够渗透的特点。波浪形的屋顶也是玻璃的，强调光线的渗透性。展示厅看起来就像是奥厄河岸边的桥头堡。

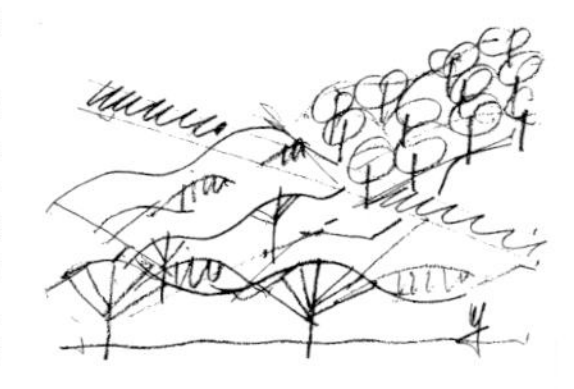

人们通过延伸的入口区域进入展示厅建筑内部，走过一条坡道到达展示平面，坡道起到了与大空间视线交流的作用，大空间使用可旋转的墙可以随意地进行空间分割。只有一个小陈列室是固定空间。

建筑高于广场平面的外墙为了保持开敞的通透性，按“常规案例”做成玻璃的，可以在特定展示用途时通过变暗的装置使其封闭，此外整合在波浪形屋顶上的天窗使得室内光线充足，在这些天窗上也装有可调节的变暗装置，能够防止直射的阳光或按需要将光源完全遮住。

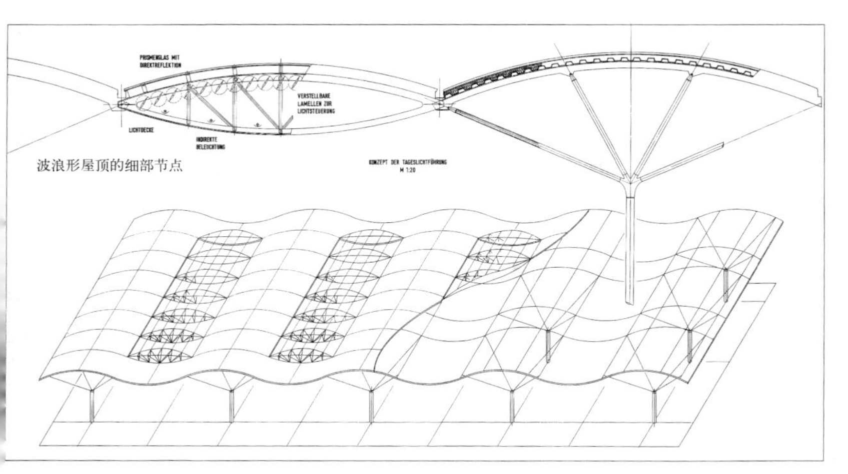

波浪形屋顶的细部节点

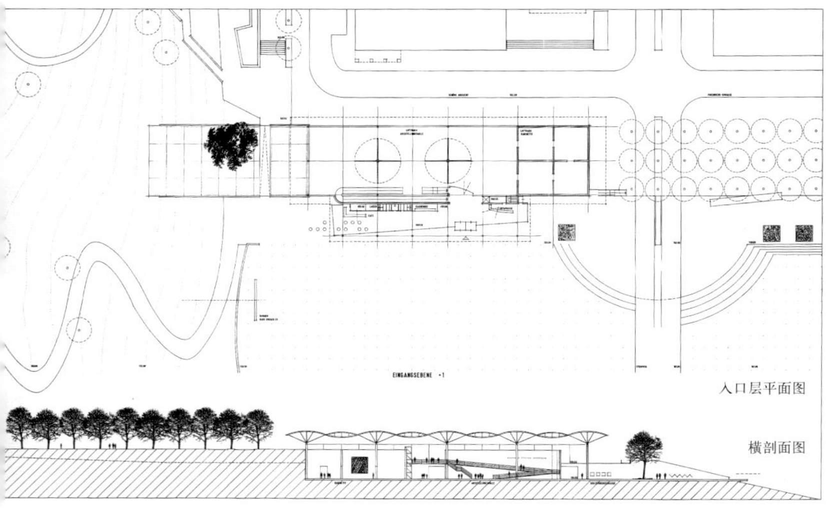

入口层平面图

横剖面图

德意志航空博物馆
慕尼黑
Deutsches Museum
München

位于上施莱斯海姆(Oberschleißheim)的国家航空航天历史中心

竞　赛：1988 年
设计者：Meinhard v. Gerkan
合作者：Michael Zimmermann
Gunther Staack
Marion Ebeling
Tilman Fulda
结构设计：Assmann

包括指挥部、塔台、飞机库综合体在内的历史建筑的遗存，其外观和内部从总体上说都还保持着原来的面貌。为了满足改作为博物馆的使用需要，历史建筑内部所进行的必要的改造必须符合于文物保护的要求。为了保持能够自由发展扩建的总体效果，新建筑的设计有意识地进行分段处理。

另一方面，新建筑的建筑构造表达了与时代相呼应的特征，采用了符合当今建筑结构发展的最新的技术语汇。

轻灵的结构与金属编织物似的特征与20世纪初建造的敦实的建筑体之间形成了引人入胜的对话。屋顶采用的波形曲线使人联想起飞行，其独特的外观造型反映了内在功能。

为了避免破坏指挥部建筑的尺度感，设计中不采用具有实体感的建筑来作为连接体。

参观者从新建综合体的北面一层进入大厅，宽敞的大台阶通向二楼的廊道，从走廊上可以一目了然的看到安装大厅和展示大厅的全景。

新建展示厅(即 2 期工程)建筑的结构是用许多局部构架以相同的结构原理为基础组合而成的。

每个展示大厅的空间主题是一致的，只是在长度上呈阶梯状展开，塔架始终在每一组结构的中心位置，并且根据所悬挑的长度来调整塔架的高度。这样就可以使得每个展示厅的构件保持相同的受力状况，并能减轻构件自重。建筑的整体是由相同的斜拉钢索和一致的波形曲线式屋顶构成，外观可见的逐渐增高的塔架强调出其基本建筑体系。鱼腹式三角屋架作为大厅室内的鱼骨状结构的主要脊椎骨架。上方的压力由位于 A 字形钢架铰节点中心两边的侧翼所平衡。

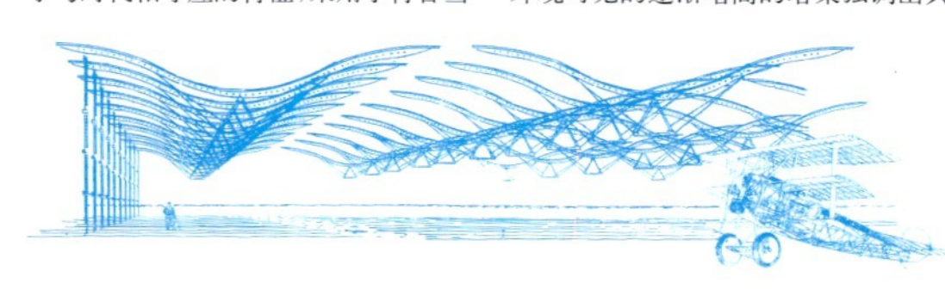

翅形基本构件的端部依靠山墙的门架支撑和固定。立面支撑和垂直方向的联系构件能有效地抵抗风荷载。

轻巧的预制钢构件的上下起伏的振幅约45cm，这些钢结构也是展厅的横向预应力受压构件。V 形展开的钢索位于屋顶结构的几何中心处。

只用简单的工字钢搁置在横向的翼形结构之间，同时它也能作成双层的通风薄钢板屋顶。室内装饰的金属孔板能起到改善声学效果的作用。

通过采用统一体系的连接，由曲梁承载压力、钢索承载拉力的构造设计，这一承重结构大大地节约了材料。高度工业化、高技术的细部节点、空腹型钢、网络状的钢索，这些构件与早年飞机的构造相映成趣。

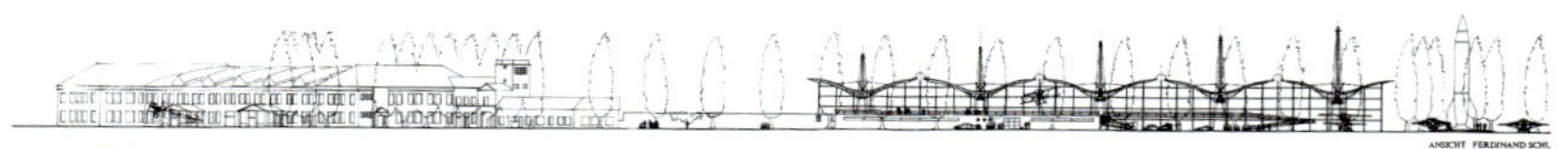

沿街立面图

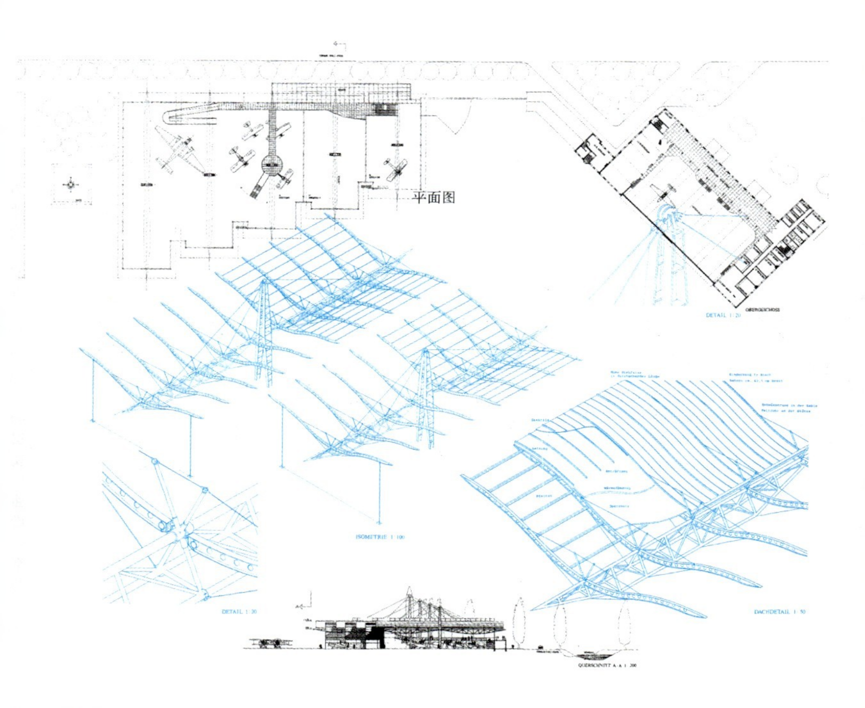

沿飞机场立面图

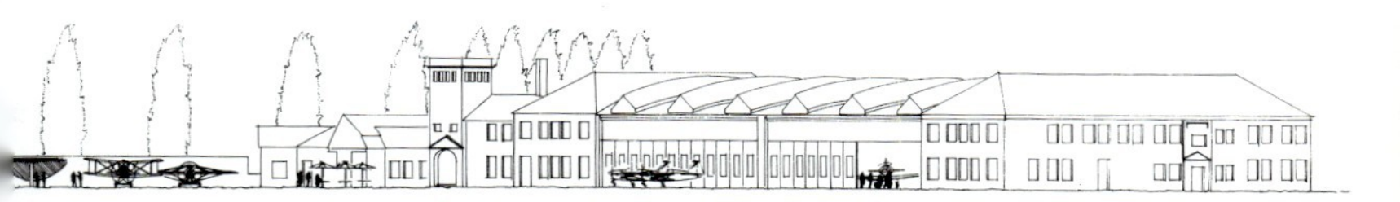

卫城博物馆，雅典
Akropolis-Museum
Athen

竞　赛：二等奖，1990 年
设计者：Meinhard v. Gerkan
合作者：Hilke Büttner
　　　　Kai Voss

三个优先考虑的目标引出了这一设计的概念：

1.作为一处公共设施，博物馆综合体本身应当与开放的城市空间密切结合。

利用本身的地势和建筑体量的叠加，塑造出一条小径，从中能够看到博物馆的风景并激起游客的好奇心。

2.博物馆应当特征鲜明，用象征的手法来阐释其内容——考古学。

用具有象征意义的外观暗示这是一个考古文物发掘现场的范本：类似于考古现场的网格状小径的网状路网，铺满整个基地并把场地切割开，由此形成一个正方形的建筑平面结构。

展览层位于地面之下。由于基地具有坡度，越靠南边的博物馆建筑体块就越凸现出来，于是南边的小径就变成了巷道。

文物挖掘现场采用了正方形平面结构系统，同时在这其中贯穿的场地和叠加的建筑物，复原了希波丹姆式城市平面的组织结构。

3.博物馆应当与卫城取得内在的联系。向地下挖掘的博物馆与作为城市制高点的庄严的卫城遥相呼应。站在卫城上看这一对比更是显得意味深长。

现有“卫城研究中心”的建筑将保持它的主导地位，可通过“地下”的

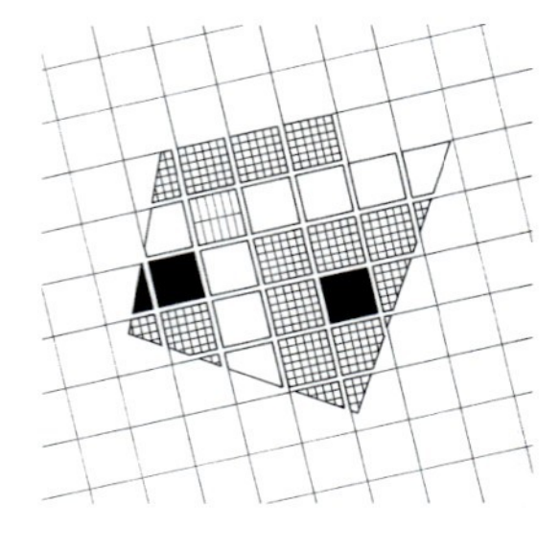

联系将其与博物馆综合体衔接起来。

一个巨大的翘起的屋顶强调出博物馆的入口。在这屋顶之下，一条不对称的坡道引导参观者往下，走到地下的入口内院。入口大厅位于70.50m

博物馆模型。起翘的屋顶引导人们走向坡道，通往位于深处的展示厅主入口

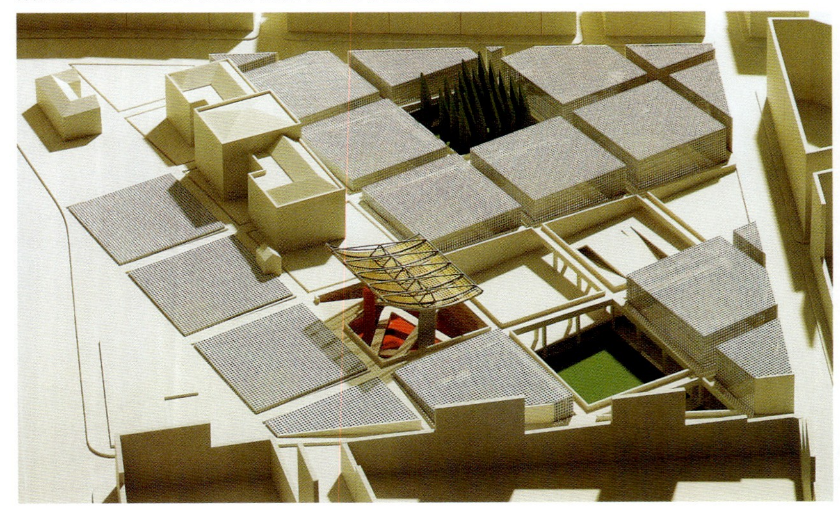

包含卫城和博物馆方案的雅典地图

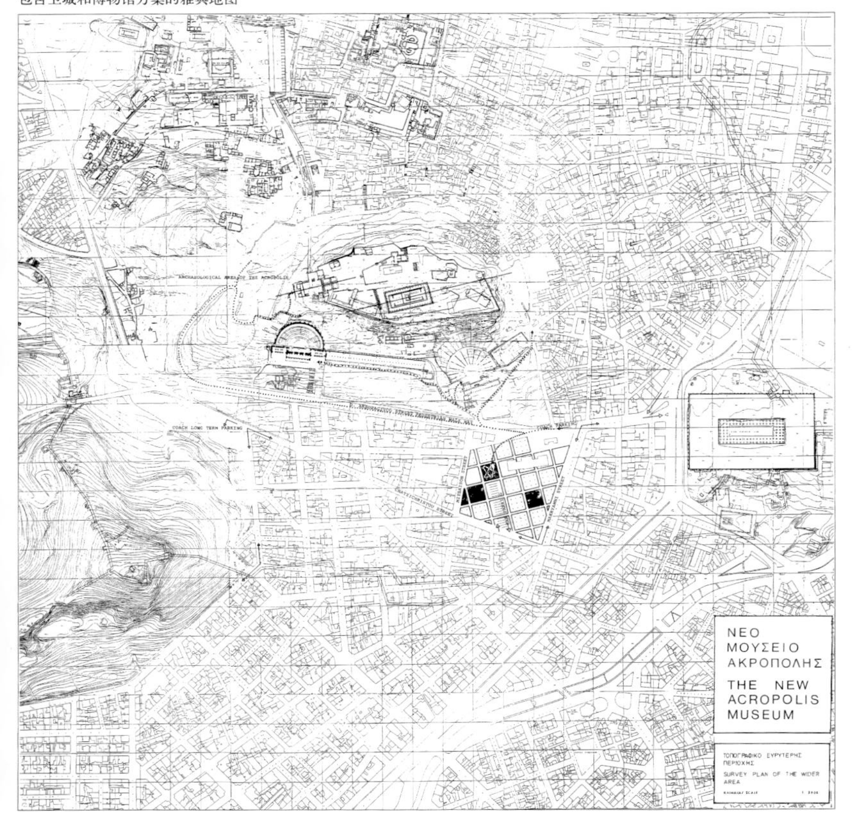

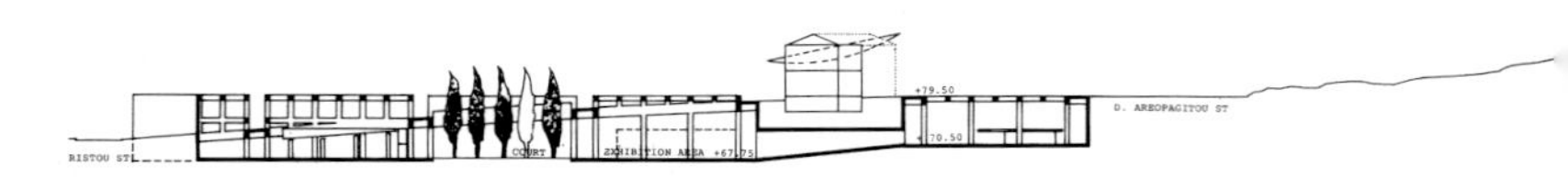

与卫城相连的横剖面图

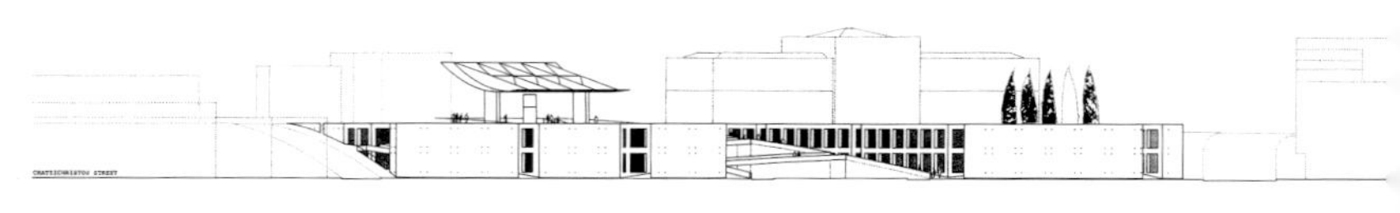

南立面图

1:200

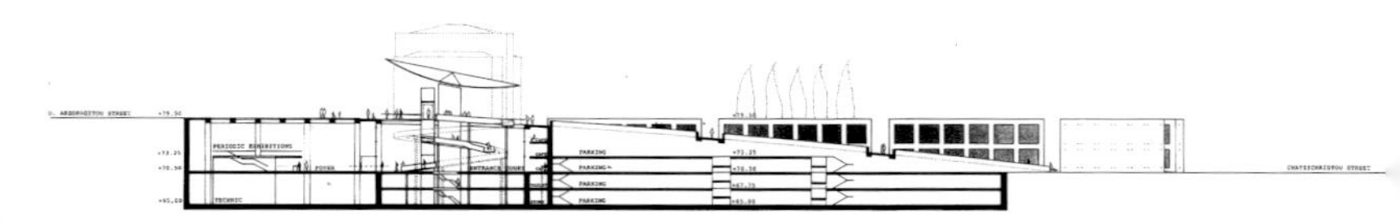

横剖面图

标高处，在这里还可以看见展览空间。类似于地面上的开放式道路系统，网格状的道路组织着展览空间内部流线。

在道路网格之间覆盖以27m × 27m见方、8.5m高的展览空间，展厅内部不设支撑。通过安装多功能的活动隔板，这些展厅可以根据展示内容来安排不同的展示空间。

层高的高度足够在其中设置夹层。通过夹层不仅可以保留展示的形式，同时也可以使展品尽可能开放式布置，而且将来也是可以变化的。

每个展厅的屋顶和侧墙都采用同一种表皮结构，侧窗和采光天窗都安装在这层表皮之中。日光可以进入室内，在室内还可以观察到顶上的小巷子。表皮由两层表面组成，可隔离具有破坏性的太阳热量。

三块正方形的场地是被作为内院来塑造的，在这里通过展览空间的地平面形成一组水平的外部联系。

博物馆附近的一块场地是停车场，同样属于这一建筑体系。总的概念就是博物馆中每个单独的部分在设计上都是可以相互交换的。

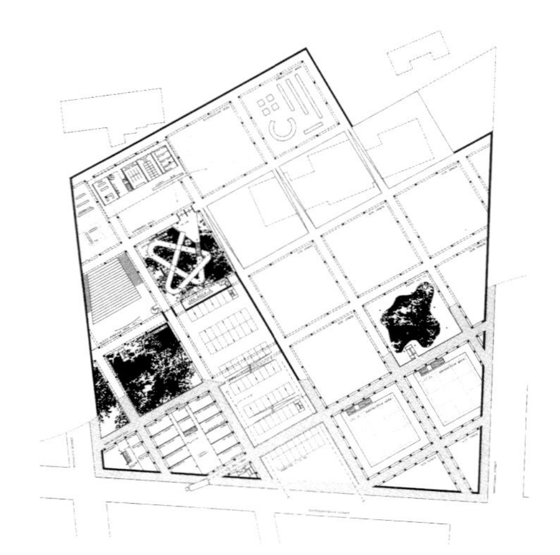

主层平面图

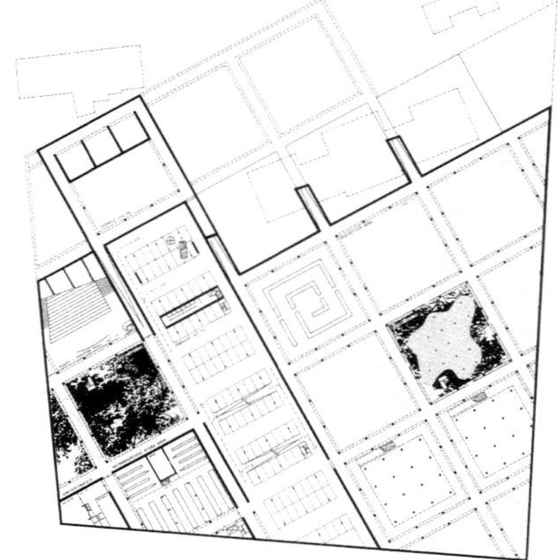

地下二层平面图

方案的设计概念－考古挖掘现场结构

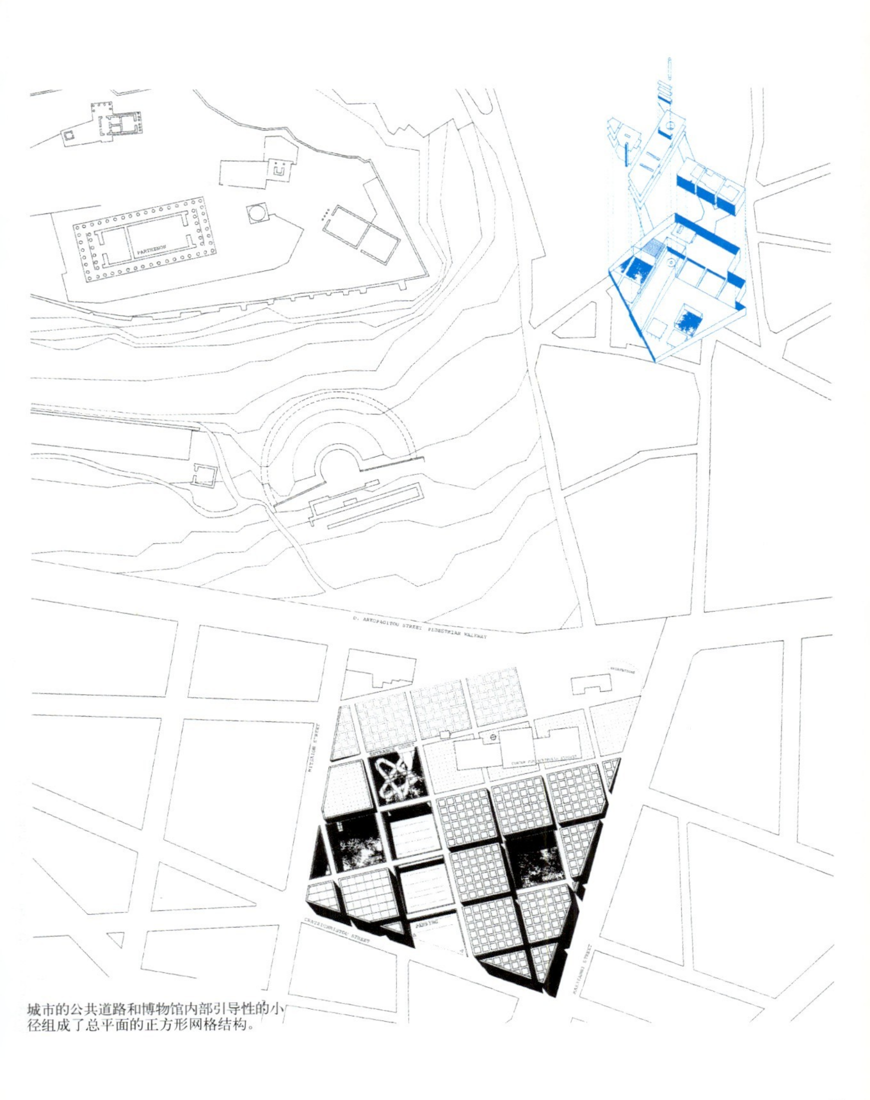

城市的公共道路和博物馆内部引导性的小径组成了总平面的正方形网格结构。

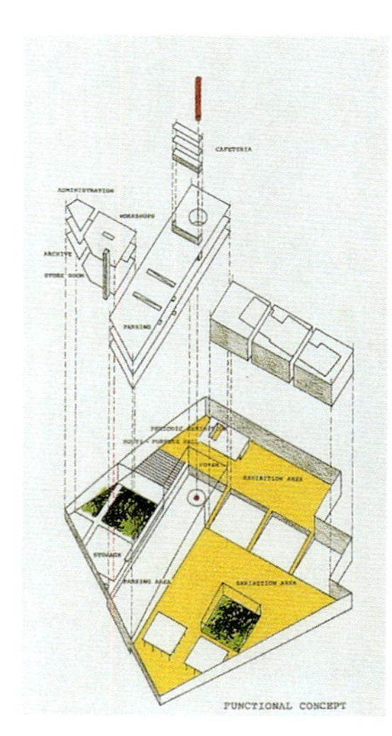

建筑体块功能设想

穿越展览空间的公共通道，从中可看见展品

需经过多次转折的坡道才能到达位于地下二层的入口

展览空间内部以正方形的道路系统划分

德意志历史博物馆，柏林

德意志历史博物馆，柏林

Deutsches Historisches Museum, Berlin

竞　赛：1988 年
设计者：Meinhard v. Gerkan
合作者：Manfred Stanek
Arturo Buchholz-Berger
Gerhard Feldmeyer
Thomas Rinne
Jacob Kierig
Marion Ebeling

整个建筑群规划分成三个建筑体：

1. 博物馆大楼的平面是一个132m × 132m的正方形，这一构思是以柏林老博物馆和慕尼黑雕塑展览馆为蓝本的。

展览空间围绕着中央大厅呈环形布置。

2.理论教学大楼是一座凉亭式的圆形建筑，直接与入口区相联。"儿童博物馆" 的底层空间与周围的公园和施普雷河岸直接相联，游憩空间和剧场作为户外露天剧场的延伸。会议室和电影院位于一层，环形的门厅能够看到河边和城市的景色。楼上是图书馆，还有一个巨大的平台，平台向西南方向敞开。

3.研究和行政大楼强调出摩特克大街(Moltkestraße)的轮廓，大楼西南方向面向施普雷河湾的景色敞开。位于一层的基座层包括了车间的一部分。屋顶上一个大型的屋顶平台表达了行政和研究功能的空间性质。

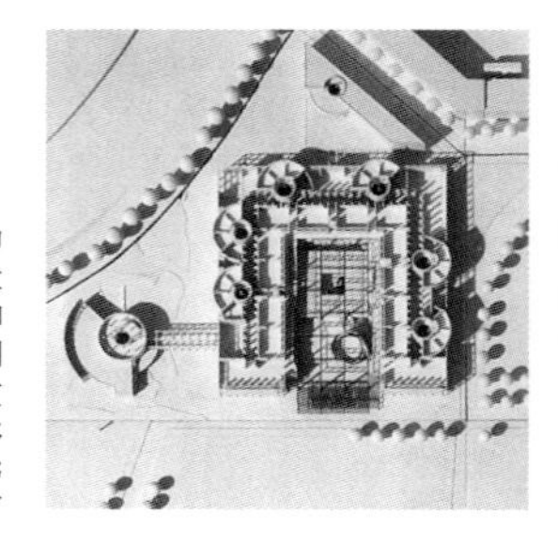

房东的住宅和奖学金获得者的房间，与整体建筑相连，位于基地的西面。

总平面规划的三分式处理使不同用途的建筑物对应不同含义的形体，并赋予其一定的标识性，同样不同的

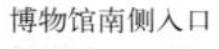
博物馆南侧入口

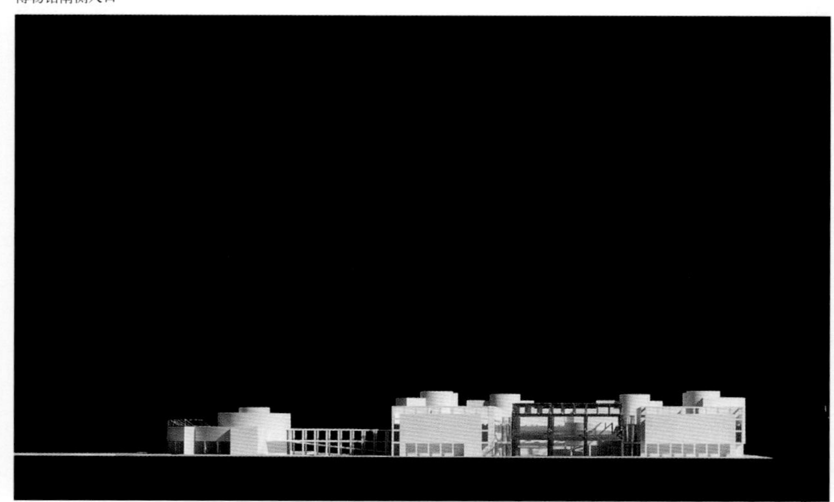

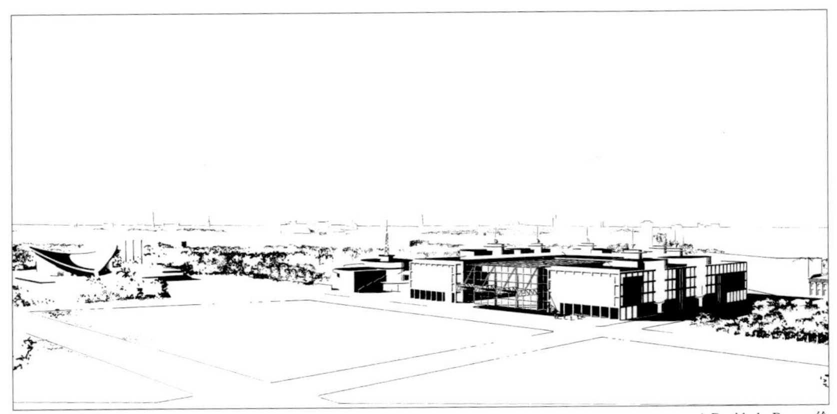

东南方向鸟瞰图　　A.Buchholz-Berger 绘

形体也对应于特殊功能所需要的空间形式和高质量的多用途可变空间。同时这一建筑群对于不同方向的城市设计要求也做出了不同的回应。

城市设计

正如平原上的一棵树那样，国会大厦和议会大楼控制着环境。艾丽森广场(Alsenplatz)平面布局目标规划中规定了街区的结构。历史博物馆在两者之间起协调作用。按照其重要程度的有序排列，博物馆的建筑自身成为独立的整体。同时它与北面附属建筑一起，在东、南、北各个方向达到规划所期望的空间轮廓。"教学楼"坐落在西边施普雷河畔之前，它以圆形凉亭的形态作为与公园景色的过渡。

博物馆的西北角被打开，立面的支架结构强调出建筑角部的处理。转角内嵌着自由活动的平台，它与建筑主体相连。

博物馆主楼

主楼的设计是按以下 6 点为主导目标的:

1.一个立面简洁、轮廓清晰的大建筑。

2.内部空间结构一目了然、分隔明确，同时扩大每个单独的展览厅的空间。结构只做必需的设计，达到尽可能多的自由空间。

3.整个建筑物的宏伟在入口外围处就已经可以明显感受到。两条闭合的环形道路和通向个别展厅的直接通道具有明确的方向性和"不言自明"的导向作用。纪元展示厅和主题展示厅结合封闭的环形道路安排在每一层中。另外可以从大中央展示厅的长廊中达到每一个单独的展览区域。

4.建筑中每部分空间体验到的多样性。首先在大的中央展示厅中，它在空间上与入口区域紧密相联，周边是回绕的游廊和联系上下的坡道。这是一个多功能的空间。玻璃顶装有调光装置，可以实现任何所希望的照明效果。

它也是可改变的展示区域，在中间部分是下沉的玻璃地板。通过 4 ~ 12m 之间的可变高度，通过光源的可变引导和直线或弯曲的房间隔墙来达到空间感受的多样性。

在环绕式布置展厅的中轴线上是一个高敞的美术馆，顶上有直接的天光，它不仅是每一层面的，而且也是整个建筑横剖面上用于定位的"脊柱"。内院、平台与回廊整合在一起。在平面中标出的空间序列还只是一种可能，还应有更多布局可能性。

5.建筑空间和建筑体量的标志性是根据规划大纲的要求得出的。"主题"空间，是从以时间为顺序水平层面游览线路转换为垂直方向历史纪元时期分类空间的转换节点。6个直径为 12m 的塔楼内设有螺旋坡道和电梯，它们将楼上两层与纪元厅联系起来，并且与主体空间形成垂直联系。在塔楼屋顶的中心位置上装有反射天光的装置，使得室内尤其明亮，可以为"主题"展厅内特殊的展品(如教堂的塔楼、提升井架)提供合适的展位。

博物馆空间采用了圆形塔楼，同时具有几何性的圆柱勾画出博物馆立面的雕塑感和特别的屋顶景观。

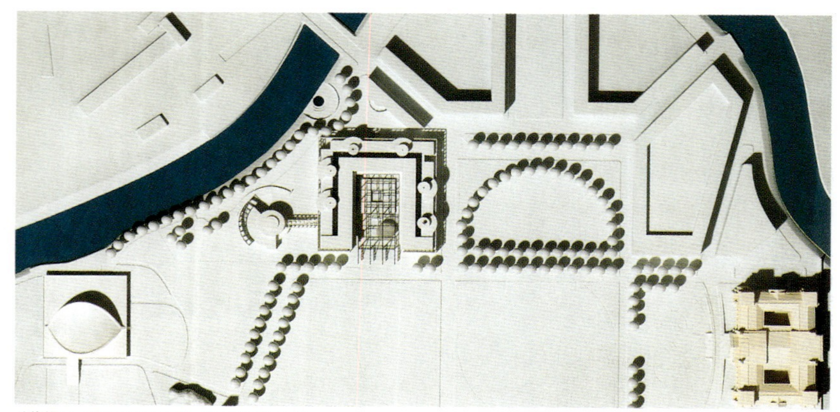

总体模型，左侧为议会大楼，右侧为国会大厦

去除屋顶的模型，显示出博物馆内部的组织结构

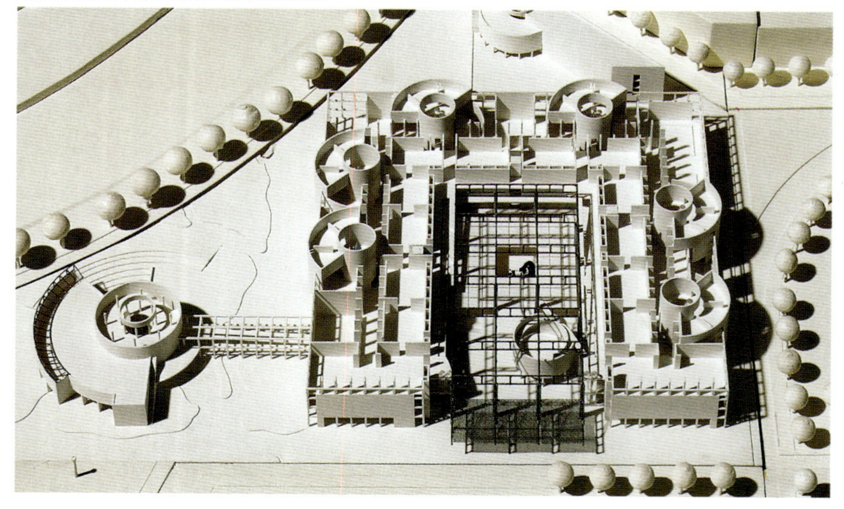

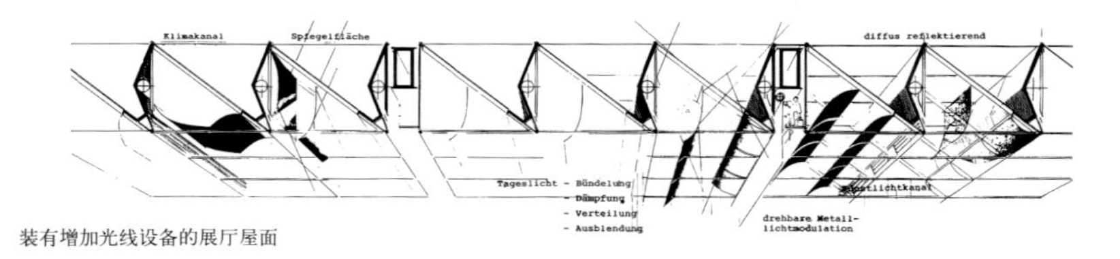

装有增加光线设备的展厅屋面

6.采用双层立面结构，其中建筑实体和灰空间相互交错。这样的处理使得立面具有进深感和立体感。开放空间或封闭空间在平面上的交替出现，这可在统一的整体结构中塑造出多样的变化。从所有立面都能看到建筑内部和其中的活动。南侧入口处的建筑更为开敞，雨篷向外挑出，保护踏步不受雨天影响。

二层展厅

纪元厅回廊内景

底层展厅一瞥

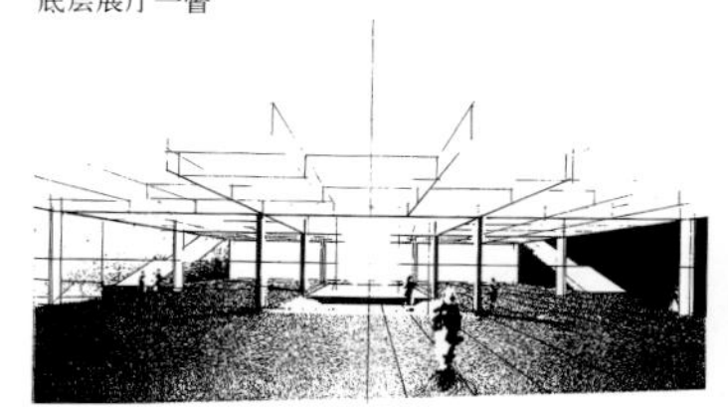

施普雷河侧的立面

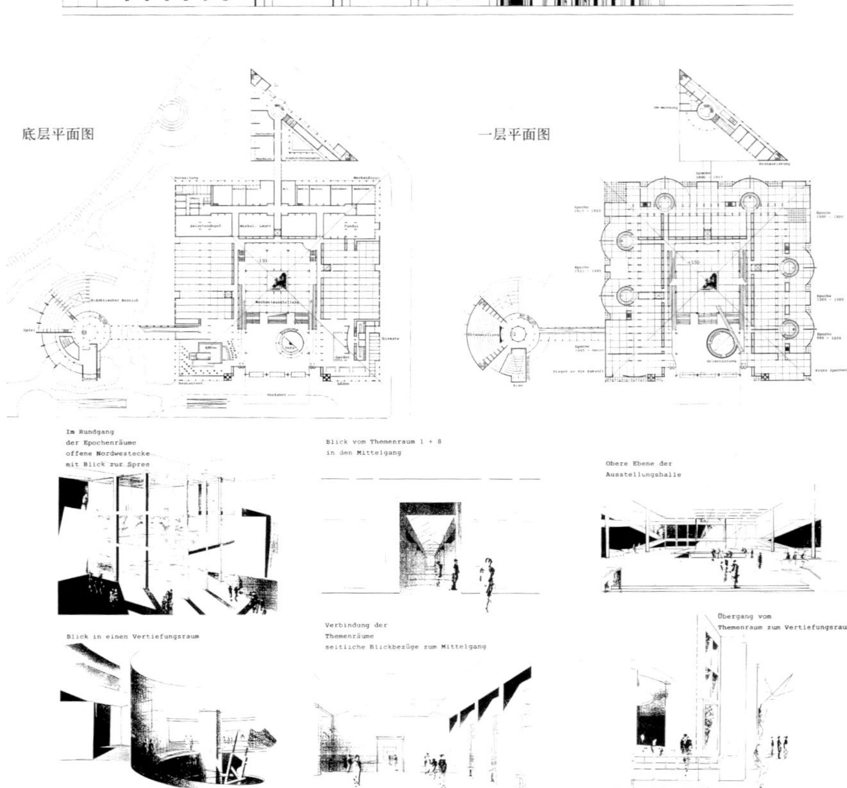

底层平面图
一层平面图
Im Rundgang
der Epochenräume
offene Nordwestecke
mit Blick zur Spree
Blick vom Themenraum 1 + 8
in den Mittelgang
Obere Ebene der
Ausstellungshalle
Blick in einen Vertiefungsraum
Verbindung der
Themenräume
seitliche Blickbezüge zum Mittelgang
Übergang vom
Themenraum zum Vertiefungsraum

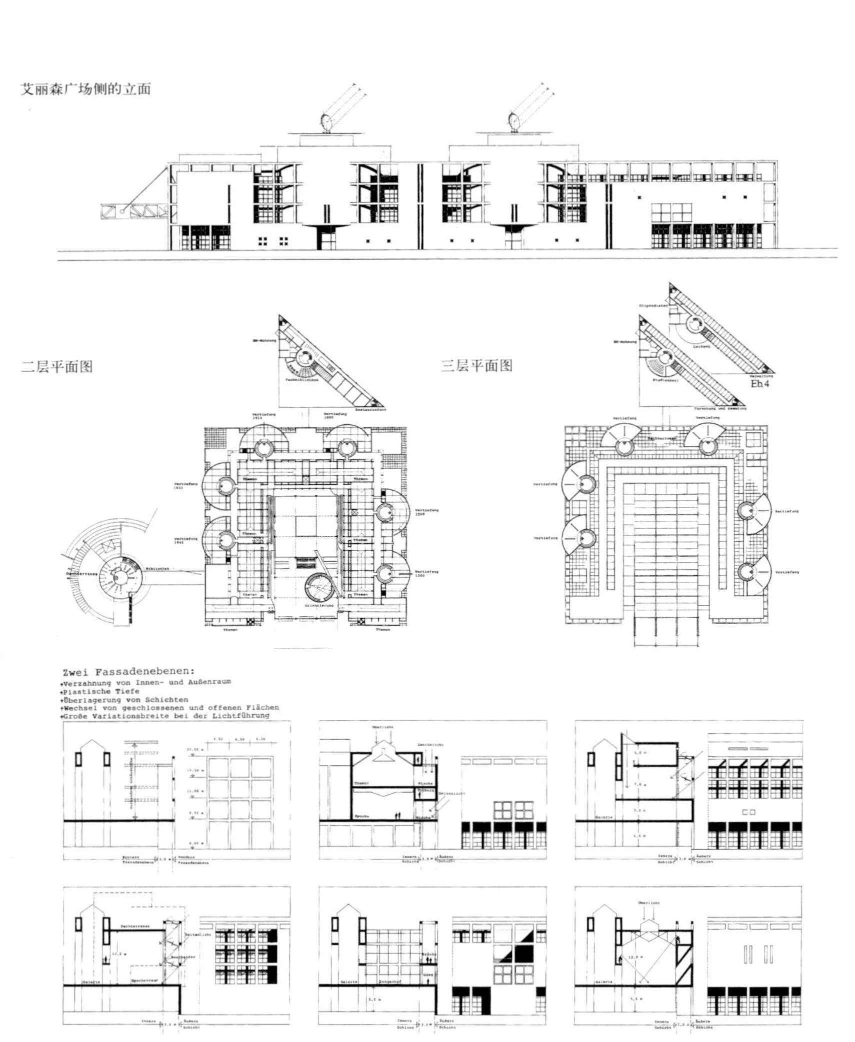
艾丽森广场侧的立面
二层平面图
三层平面图
Eb.4
Zwei Fassadenebenen:
+Verzahnung von Innen- und Außenraum
+Plastische Tiefe
+Überlagerung von Schichten
+Wechsel von geschlossenen und offenen Flächen
+Große Variationsbreite bei der Lichtführung

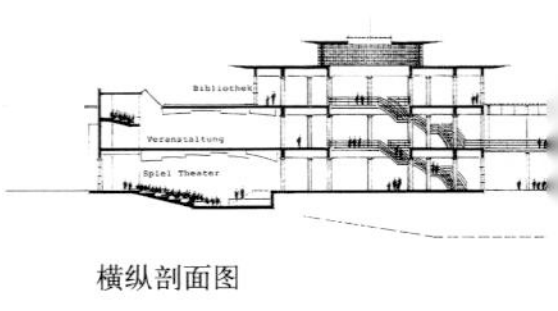

横纵剖面图

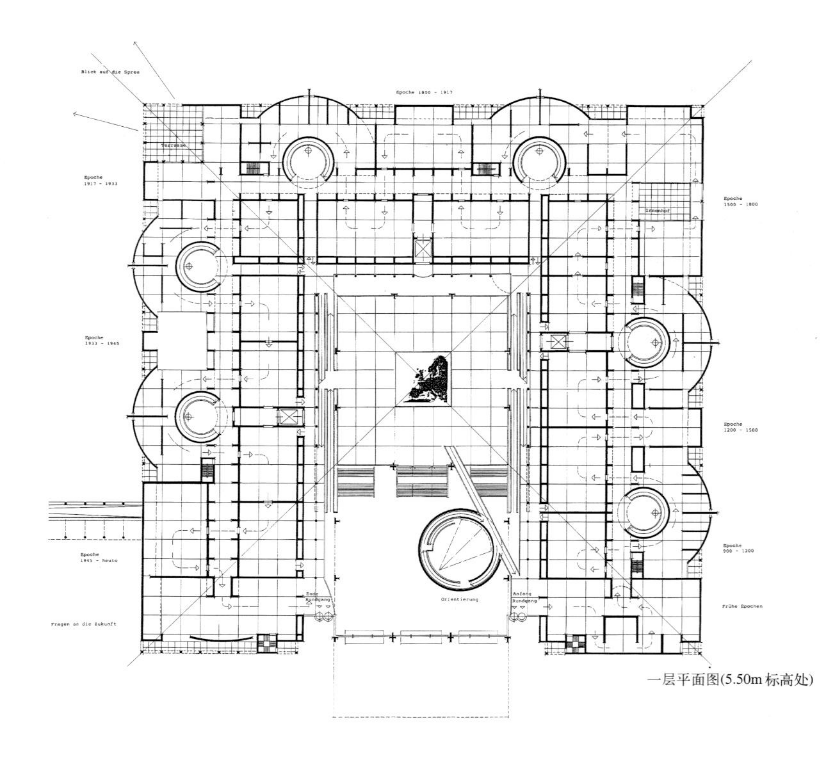

一层平面图(5.50m 标高处)

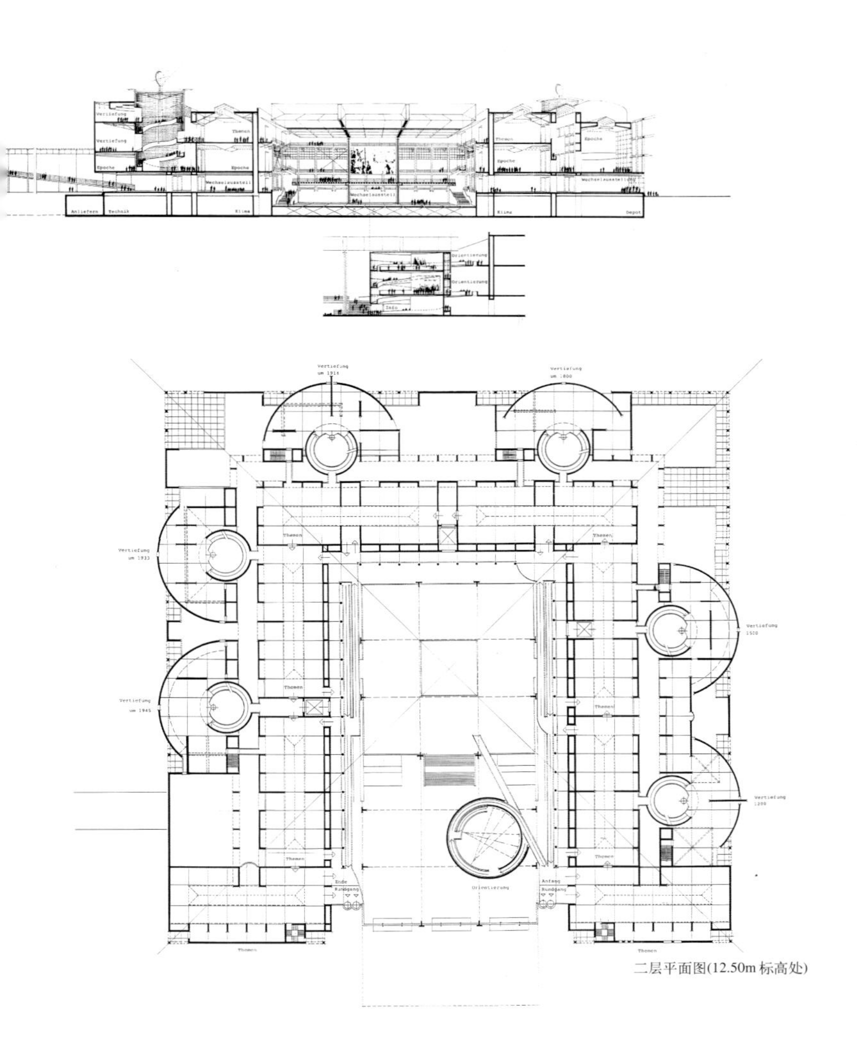

二层平面图(12.50m标高处)

观演建筑

市民活动中心，比勒费尔德 Stadthalle Bielefeld

市民活动中心，比勒费尔德
Stadthalle Bielefeld

竞　赛：一等奖，1980 年
修改时间：1985 年
扩初设计：1986 年
建造时间：1987 — 1990 年
设计者：Meinhard v. Gerkan
项目负责人：Michael Zimmermann
合作者：Marion Ebeling
Frauke Hachmann
Jochen Hohorst
Martina Klostermann
Peter Kropp
Hanns Peter
Detlef Papendick
Stefan Rimpf
Thomas Rinne
Peter Sembritzki
工程负责人：Dieter Tholotowsky
Hans Schröder
结构工程：Assmamn
建筑技术：HL-Technik
声学设计：Ing.-Büro Moll
照明设计：Peter Andres
舞台技术：Zotzmann, Pinck
景观规划：Wehberg, Lange, Eppinger, Schmidtke
总承包商：E.Heitkamp
建筑总体积：133000m³

在1980年举行的一场全德意志联邦共和国建筑师公开竞赛中，我们获得了一等奖。我们的获奖设计是以城市设计为首要出发点的。当时的概念是重塑街道空间和建造一个城市广场，由市民活动中心和比勒费尔德宫的扩建部分围合而成的。根据这个概念目标，我们采用了一个非常大而且满铺的建筑体块。并根据招标文件的要求，设置一大型地下停车库。

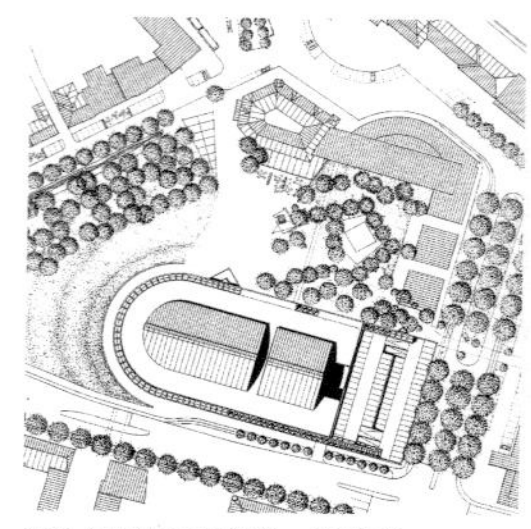
执行方案的总平面图，1987 年

竞赛结束后这一项目并没有真正开始，由于整合在内的旅馆没有投资商而总体建筑预算超过了市政府的财政能力。

5年之后，政府进行了市场化的投

最终方案，1987 年

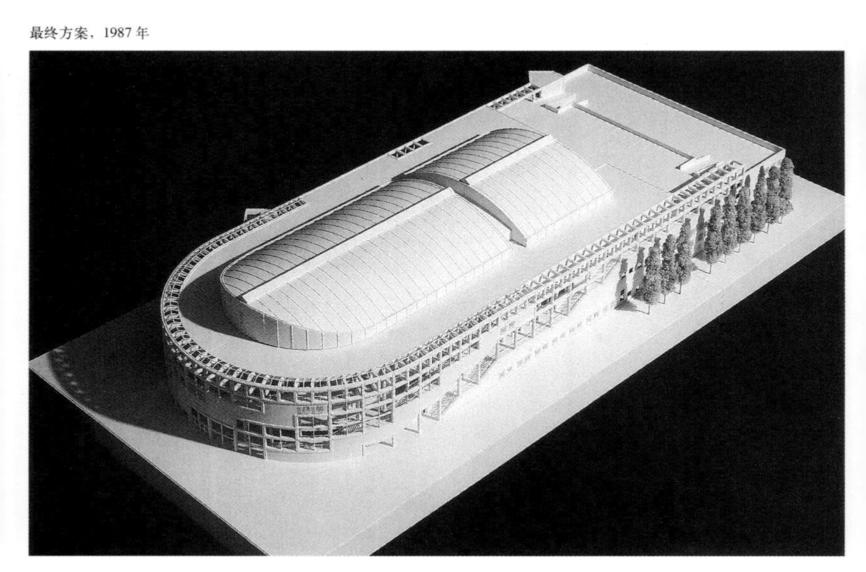

一等奖，竞赛获奖方案，1980 年

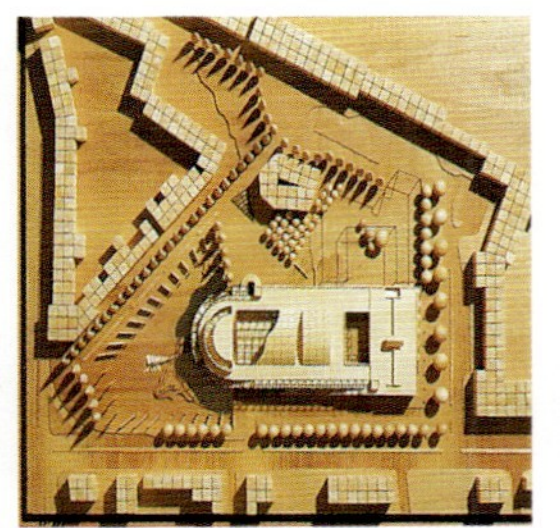

“修改”的新方案，1985 年

施工现场，1989 年

资竞标，仍然没有结果。我们下定决心，又做了一个全新的设计，新设计布局紧凑，包括一个相对独立的旅馆和附属的地面停车库。

与在竞赛中最初的基本概念相反，市立和北威州立建设部都希望，在火车站对面设置一个中心城区内的绿化空间，建筑密度尽可能降低。基于这一调整过的概念原则，我们提出了1986 年的修改方案，一个特征鲜明的单体建筑。市民中心的建筑如同一艘全新的巨轮，驶向构想中的比勒费尔德城市中心的火车站公园，这就是设计想要表达的想法。

站在大街上，从中心区方向看市民活动中心，1991 年

赫尔弗德大街(Herforder Straße)侧立面图

在修改方案中，建筑外立面的网格是根据基本结构和二次结构来共同划分的。

附属配房的水平遮阳板由于过分夸张的安全考虑，而不得不放弃。由于在比勒费尔德允许骑自行车的人站在车座垫上骑车，所以2.40m高的突出部分都会撞到头。

“新”方案第一轮立面研究

火车站侧立面图

比例为1∶1的立面模型，相当写实逼真。多亏了 Wiens+Partner 模型艺术公司，多年来一直是他们为我们制作模型。

安装有外置遮阳设施的玻璃表面

嵌在骑楼空间内的单跑楼梯，通往背面的停车库。

骑楼里的楼梯，通向衣帽间和停车库　　　　玻璃天窗提供休息区的自然采光

能看见城市景观的船头

赫尔弗德大街上的入口

非常明确的概念组织起来。停车库形象鲜明，车位排列有序，与主楼的后墙相联。

礼堂中及观众席的设计同样贯彻了简洁的设计原则，流线清晰、导向明确。在材料选择和色彩设计上，也体现了简洁的原则，白色和浅灰色是为了取得建筑体明亮与柔和的光感，并且作为外墙保持足够的中立，而给予各种活动留出自由变化的多样性。

多样的统一

这个类型单一的大型建筑物应该在与城市周边环境的关联中，建立多样性的统一。一个模数化网格为基础的建筑立面，叠加了具有引导性的楼梯作为功能要素，这种方法也给建筑带来了生气和活力。尽管每个细部节点的设计在功能上都追求卓越，仍不失造型的统一。

在外立面上只有灰色镀锌板屋顶和白色的玻璃薄板。

建筑是轴对称的，半圆形的船头朝向市中心，在波浪形的地面上乘风破浪。环绕着建筑的外立面分为二个层次，在立面的二层之间设有入口楼梯，可直接从底层的衣帽间通向一层的大礼堂和楼座层。封闭的消防楼梯间嵌在这两层立面之间，并且在立面上标志出封闭的楼层。可以从外面看见楼梯的行进方向。沿着赫尔弗德大街的建筑的纵向外立面有一道嵌在骑楼内的室外楼梯，从最高处的停车场屋顶通往下面的入口区域；从中间的平台通往上层的入口处，都是通向室外的逃生路线。

靠停车场一侧建筑的在两层立面之间的中间区域也建造了一道骑楼，它联系着停车库到位于楼梯间挑楼的入口处。

设计构想

本设计是以下4条优先考虑的原则性目标为出发点的。

简洁性

这个建筑的构思来源于它的使用结构和内部组织。建筑内部分成一大一小两座轴对称的观众厅，两个厅的舞台部分能够组合在一起，观众厅外设有环绕式的休息厅。位于一层平面的大礼堂设计不仅考虑了观众流线而且考虑了剧场的后勤流线，将两者以

结构序列

从几何形体来看，该建筑可概括为一个带有圆形船头的巨轮和一个拱形屋顶，这样的构成同时也把建筑结构划分为几个部分。

通过设置圆柱和分段的楼板，入口门厅和衣帽厅强调出圆形的几何形状。

楼上大厅的形式不仅取决于周围环绕着的休息厅而且是由内部空间直接决定的。拱形屋顶的纵向轴线和向后退台的半圆形的礼堂，都强调出建筑结构秩序的清晰性。

标志性

一幢该等级和多用途的公共建筑必须符合以下的要求 一个高标准的、不会混淆的特别标志性。这一建筑本身应当是一个具有可识别性的符号，同时也应当是其特殊的功能的外观反映。从这些原则出发，这也是建筑师不加掩饰的意图，通过造型和用色、灯光和所使用的材料赋予它独特的意义，并达到一个决不会混淆的标志性。

功能

圆形的衣帽大厅配有可移动的衣帽架，这样该空间也可作为展览和节庆之用。

可容纳2300人的大礼堂和较小的700个座位的小礼堂是主体部分，位于中心对称建筑体的头部。将两边剧场的后墙打开就可成为一个打通的大空间，可一起使用。

在两层立面之间的楼梯位于内外部过渡区域，对外部空间采用了大玻璃面和天窗来防止天气的影响，楼梯在面向门厅区和过厅区域是敞开的，这样人们就可以对位于剧场的何处和对位于城市何处进行很好的把握。和室外的行人一样，游客的活动对内部来说也是这个公共建筑一个特征元素。这些发生的活动不是藏在内部的，而是城市生活的组成部分，另一方面，游客在过厅和楼梯上始终与城市发生联系。

池座的家具是可变化的，成排的座位可以变成宴会的凳子，在大会堂的二层座位下设有一个分段的可伸缩的梯段，大、小会堂都有展览的设备。

大会堂的顶棚是一个通透的网格结构，其结构构造和设备是可见的，但可以通过相关的灯光控制装置而消失不见。技术人员和舞台管理人员可以在整个顶棚结构上通行。在短时间内，通过可变的顶棚改变装备，会堂可以成为不同用途空间。

大面积的实墙面上有一些温度调节口，大面积的实墙采用了保温砂浆

“开敞”的楼梯间

停车库楼层通过薄片来进行自然采光

外层的立面延续网格结构

CC
A

D
B

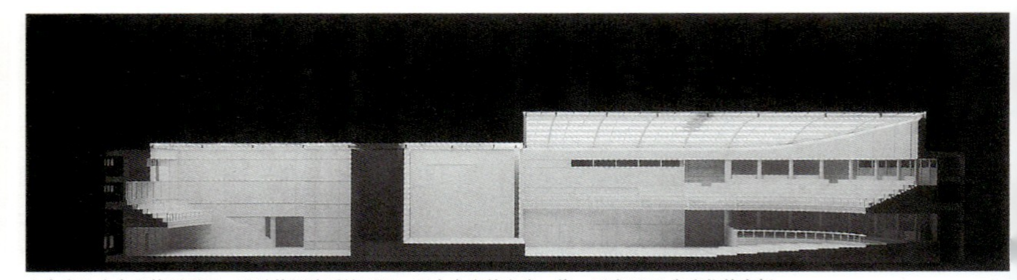

大会堂及小会堂的剖面图，通过使剧院后墙下沉，两个会堂结合成一体，形成3000个座位的空间。

会堂的顶棚是网格结构，其装备是可移动的，通过相关的照明设备调控，顶棚结构可以在视觉上消失。

会堂模型横剖面

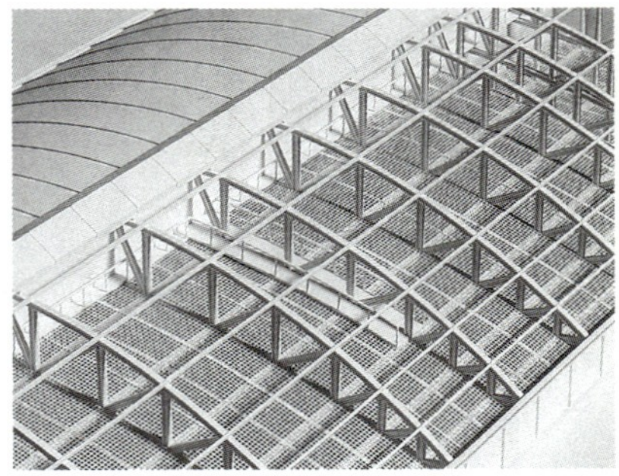
去除“屋面板”的屋顶结构模型

仰视双层立面和间隙，屋顶为玻璃天窗。

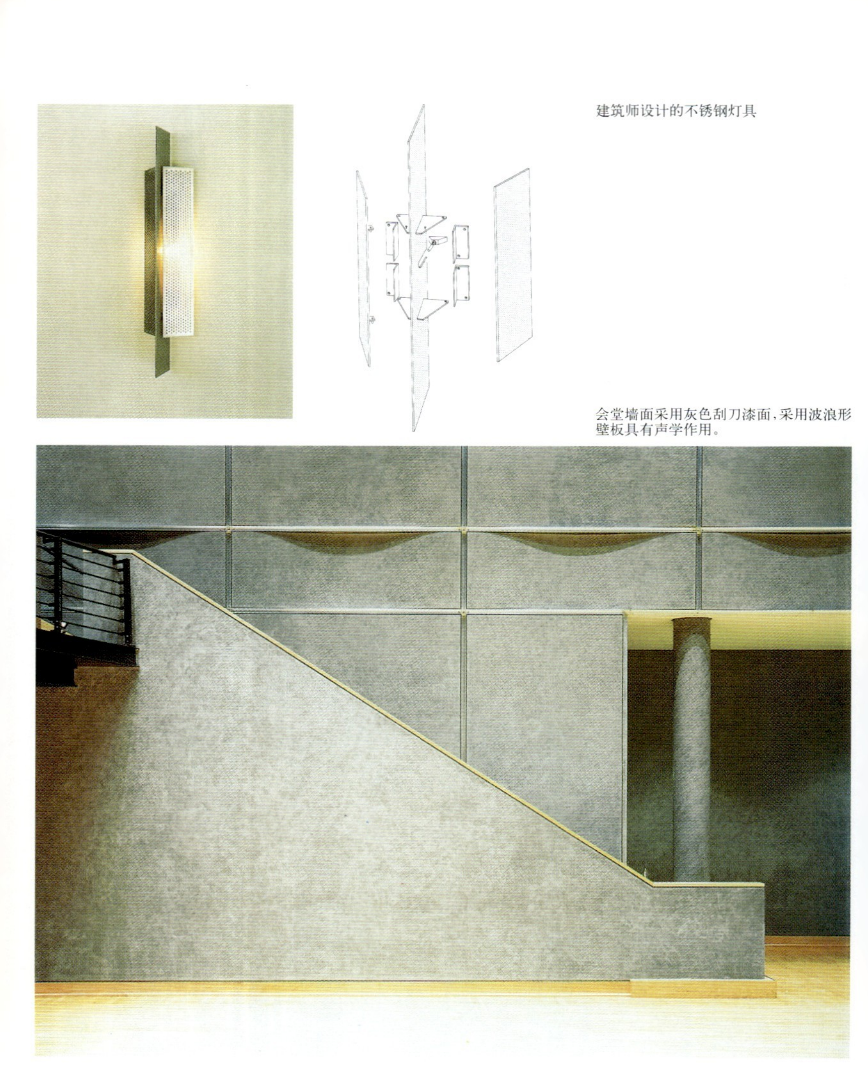

建筑师设计的不锈钢灯具

会堂墙面采用灰色刮刀漆面，采用波浪形壁板具有声学作用。

建筑师的标志

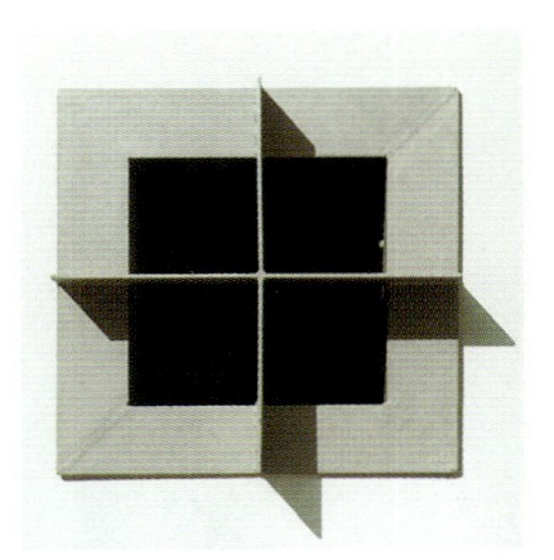

停车库方向的建筑背面

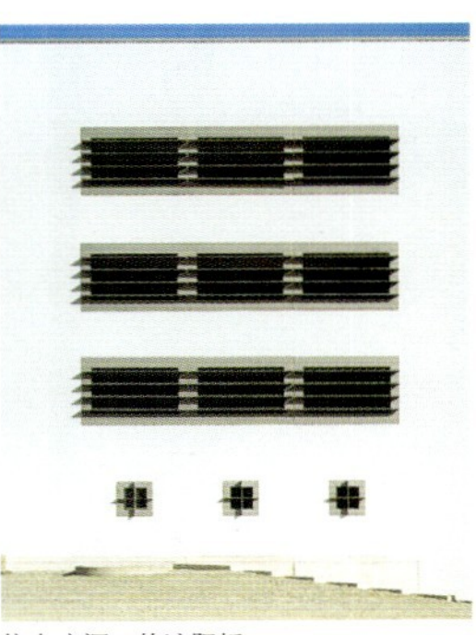

停车库洞口的遮阳板

停车库室内情景

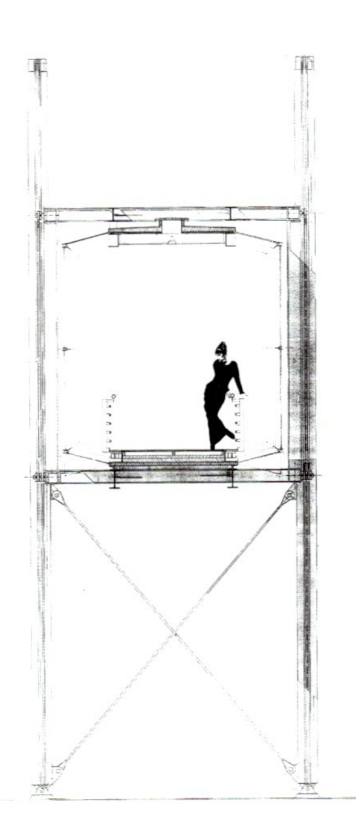

横穿车站公园的风雨天桥联系着旅馆和市民活动中心。它不仅作为餐饮的服务通道,而且也是从旅馆餐厅到会议室的不受雨水影响的通道。

从火车站出来时看到的市民活动中心右侧，是地下城市轨道交通的入口处。

大会堂的横剖面图——环形楼座/
——池座/——门厅

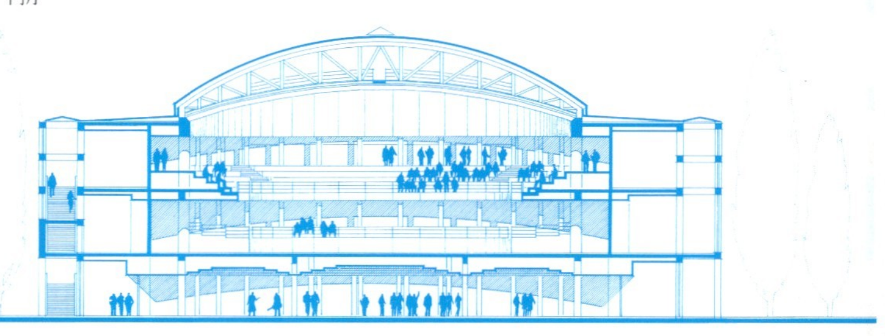

二层环形楼座层

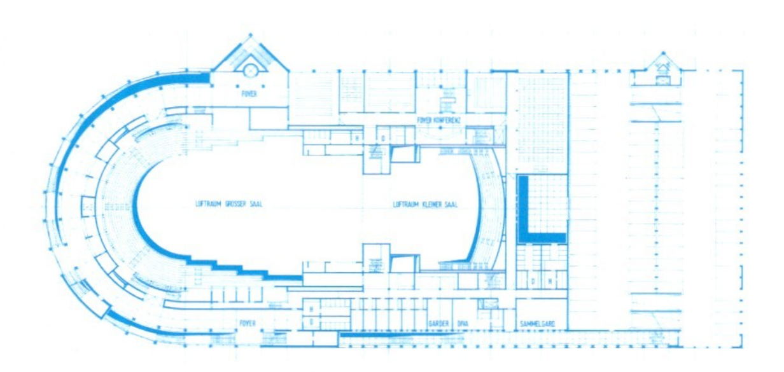

一层池座层

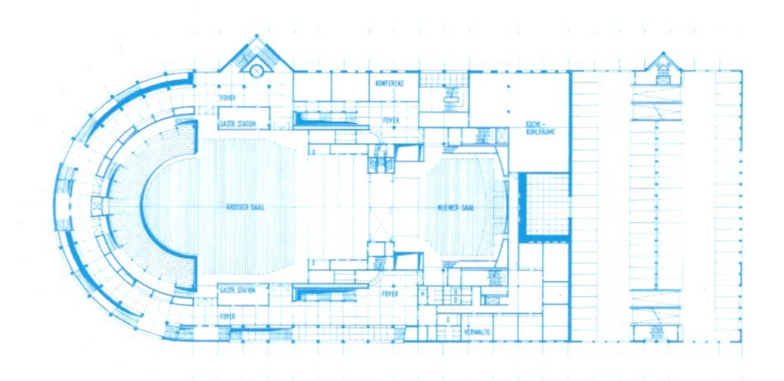

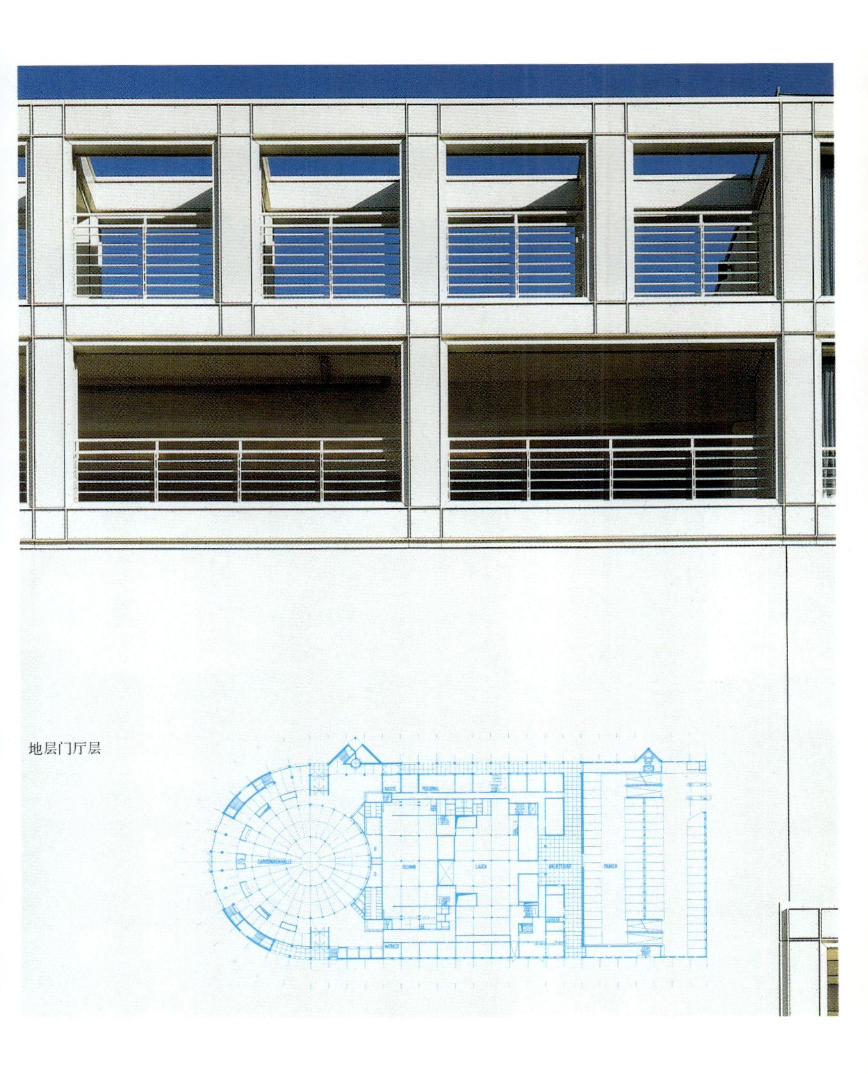

地层门厅层

GH
EMPORE

根据时间的变幻和内部的活动，建筑变换着表情。摄影师 Richard Bryant 对这一观点深信不疑。

“城市联合体”扩建工程，策勒
Erweiterung “Städtische Union” Celle

竞　赛：二等奖，1989 年
设计者：Meinhard V. Gerkan
合作者：Christian Weinmann

城市联合体大楼、碧莲宫(Palais Beaulieu)、市民活动中心新楼，这三个独立的建筑构成了一个建筑群，围合出一个共同的广场空间，这样能够使现存的树丛继续保留不动。建筑底座中安排了设备用房，在平整的底座上有一个出于功能需要的体块，使餐饮后勤有一个单独相连的门厅，减弱它与城市联合体建筑体量的联系。大厅形态是从基本几何形——圆柱形发展而来，与老建筑形成鲜明的对应，建筑高度控制在原有建筑群之下。

内层封闭的薄壳是环形大厅的外墙面，体现了剧场空间所需要的内向性。

外层透明的表皮使得门厅空间和楼梯间得到全天候的遮蔽，并且展示了作为城市空间的外向性。通过这种方式将城市和空间中的庆祝和聚会的活动引入室内。

这个形态鲜明的圆环形大厅塑造出一个独一无二的空间。内部的观众席，沿轴线方向分为池座和楼厢两部分，在池座下方有一个可拉出的伸缩式夹层，分成几段不同高度等级，使得观众厅的楼板有最合理良好的视线升起。

举行大型宴会时可以把池座通过扩大可垂直调节的剧场基座，同时借助可移动的后墙壁把位于 1m 高处的池座扩大到环绕四周的门厅区域里。

中轴线将大厅空间划分成两个半环状的空间。

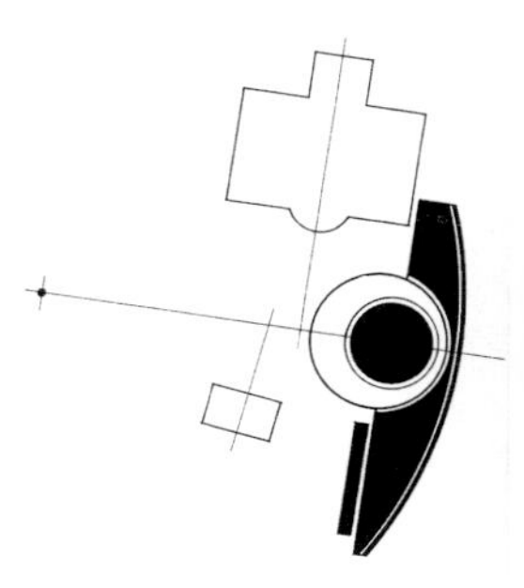

入口大厅同样也是圆环形的，划分成外向的半圆形的空间和一个内向的圆形衣帽厅，入口大厅也可以作为展览和接待处。楼梯引导人们通往礼堂层和楼上的楼座层，同时楼梯在外

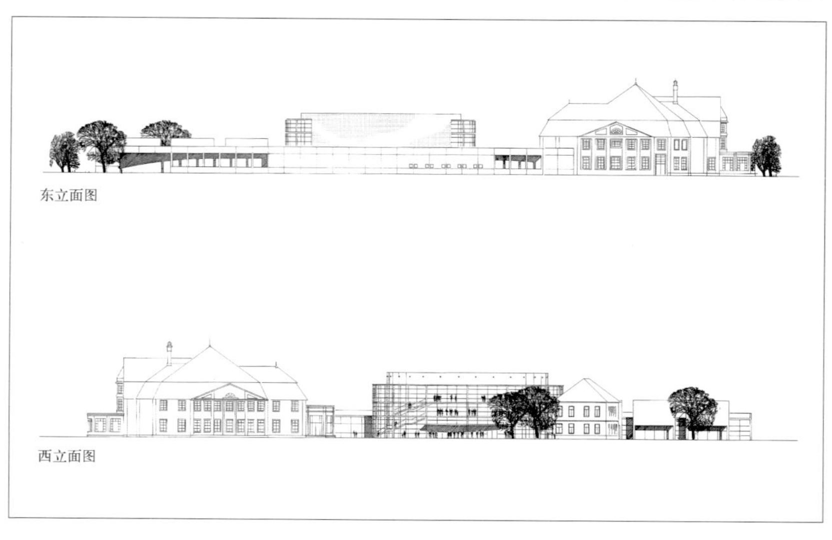

东立面图

西立面图

向的空间中也是可见的。

设备用房都放在了平整的基座屋。基座层沿着现有的道路呈曲线展开，在地下停车库的出入口附近安排货运区域。在平面中划出一块密切联系的区域，布置必要的仓库、剧场的储藏室和厨房，可以通过屋顶天窗来满足这些区域的必要采光。

通过在墙上安装“反射板”来解决嵌在内部的大礼堂的相关声学要求。大礼堂的屋顶是按照视觉上显得平整的圆穹顶来建造的。顶部装有暴露结构的构架，用来安装那些起声学作用的平板。这样大小的可移动夹层同时也可以作为技术装备层，在上面可以随意布置即插即用的照明和点状通风口。

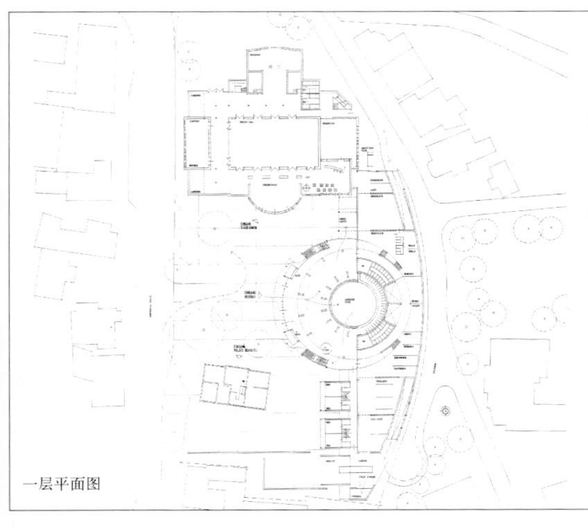

一层平面图

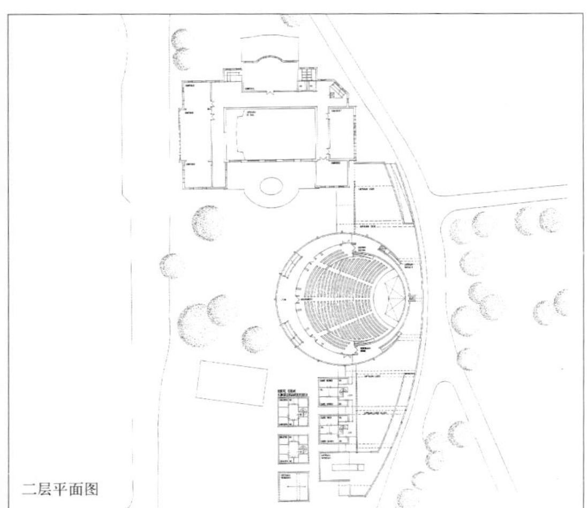

二层平面图

总平面图

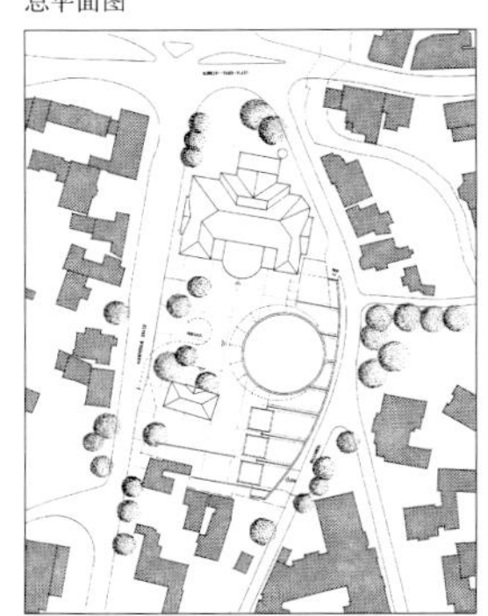

东京国际会议中心

Tokyo International Forum

竞　赛：1989 年
设计者：Meinhard v.Gerkan
合作者：Christian Weinmann
Volkmar Sievers
Hilke Büttner
Arturo Buchholz-Berger

这个项目是作为一个开放式的结构系统而建立的。两块平行的薄板形成一个室内广场，"Forum"，它就像一扇巨大的门，直通向 406 号公路。

薄板的建筑设计采用构架的组织结构，构架的柱子间包含有楼梯间、服务井道和电梯设施。

小尺度和中等尺度的房间单元与 5 ~ 10m 高的"构架隔间"相对应。从阳台上可以通向这些房间单元，并且阳台面向"室内广场"敞开。

透明的网格构架是第二层次的立面。网格构架安装的位置距离建筑体外墙面 3.6m。在两层立面之间的空间设有室外的紧急出口或者是类似于会议室外围的交流空间。双层立面同时也可以用来整合第二层次的建筑元素，例如遮阳系统、技术设备、立面清洁单元、照明、广告等构件。

大尺度的房间设在"室内广场"内台阶式的平台空间中，从底部逐渐向上收分的大楼梯上可以到达这些大空间。这些大平台上既定的功能在原则上都是可以互换的。

在这里所提出的设想与概念并不是为了证明每个房间都在最合适的位置上，而是要创造一个组织结构和三维的秩序与准则，根据这一组织原则使得功能可以自由进行安排，不断变换。只有 A 大厅是一个切开的半圆柱体，它独立于主体结构之外。圆柱形的塔楼里设空调设备和附属的安全楼梯。屋顶上还可以设置一个直升飞机的停机坪。

"室内广场"

最主要的概念就是将Forum(古罗马原先室外的集会论坛)设计为"室内广场"以适应大都市的生活。"室内广场"意味着一片城市的公共空间，对市民和游客完全开敞，不设任何阻拦。广场的公共性随着平台高度的升起而不断降低。东京国际会议中心的所有设施都直接与"室内广场"联系，所有的活动都是这个大尺度建筑的一部分，共同组成了给人以深刻印象的建筑体验，也由此使会议中心内各式各样的活动显得生气勃勃。同时，结构清晰的大尺度的室内结构使建筑的各个部分易于定位和辨认。检票口是表演区域和公共区域的分界点。

模型鸟瞰

东立面图

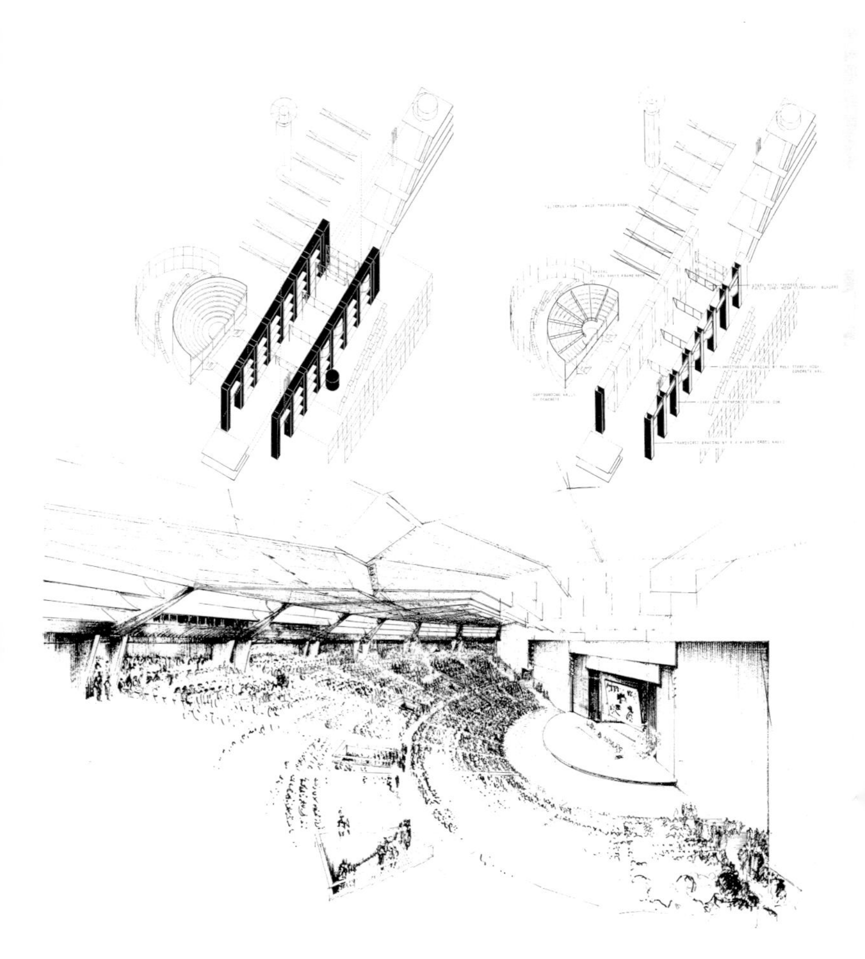

可容纳5000人的A大厅

建筑结构示意图

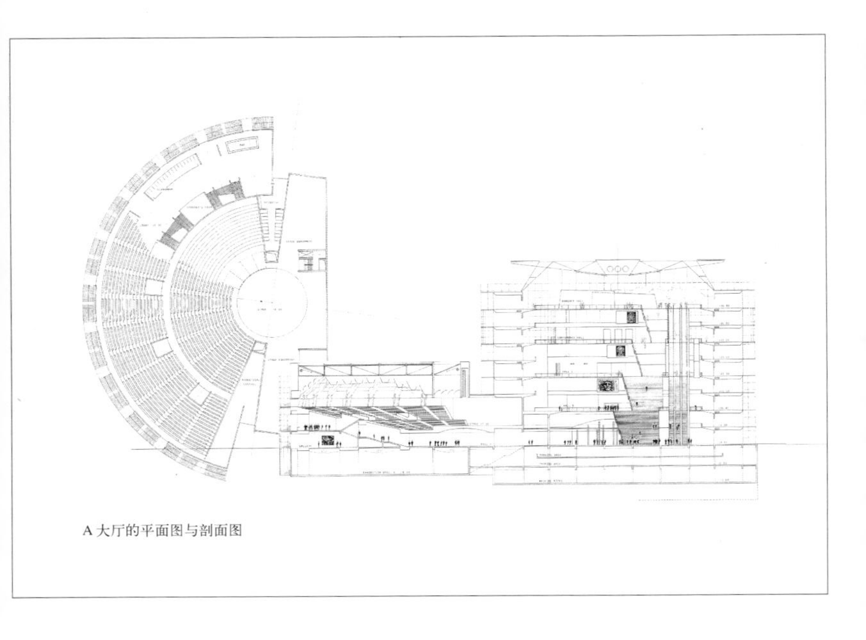

A 大厅的平面图与剖面图

办公建筑与商业建筑

P

不伦瑞克[1]电信局，1号邮局及邮政总局
Fernmeldeamt, Postamt 1, und Oberpostdirektion Braunschweig

设计及建造时间：1982—1990年
业主：汉诺威/不伦瑞克邮政总局
设计者：Meinhard v. Gerkan
项目负责人：Bernhard Albers
合作人：Knut Maass
Uwe Schümann
Antje Lucks
Marion Ebeling
Klaus Lübbert
Marion Mews
Sabrina Pieper
Manfred Stanek
Gerhard Tjarks
Jürgen Friedemann

项目经理：Erich Hartmann
Kurt Kowalzik
Hermann Timpe
静力计算：Harden 工程师事务所
建筑设备：Richers
建筑公司：Arge Schumacher+Eppers
Zeidler & Wimmel
Arge Koller + Kolb

1 译者注：不伦瑞克(Braunschweig)，德国下萨克森州的一座城市。

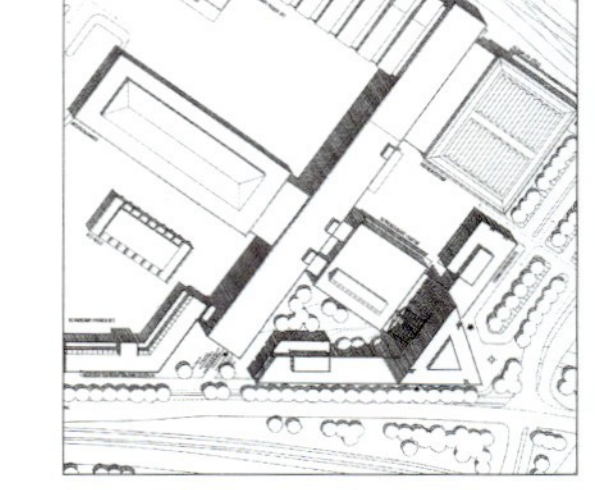

冯·格康绘制的沿柏林环路立面图。立面上的封闭部分是建筑师意向中重要的形式元素；但是业主却坚持认为所有的房间都应当通过外墙进行自然采光。

1991年下萨克森州德国建筑师联盟奖及1991年天然石材奖获奖作品。

周边的城市环境和基地的形状决定了建筑的形态布局。4层高的低矮建筑部分沿着现有广场和街道空间的方向展开。一个与火车站建筑垂直的体量从北侧围合住空旷的柏林广场，同时限定出一个面向柏林环路和Viewegs花园的广场空间。

4层高的体量顺着柏林环路的走向布置，原先面对街道空间含糊不清的建筑布局由此变得明晰起来。

两个4层高的体量以钝角相交，一幢点式的高层建筑在该折点处升起，成为一个重音，与Kurt-Schumacher街沿线的点式建筑相呼应。

低层部分的走向决定了高层建筑三角形的平面形式，其转角如船首一般强调出方向的转折，同时也把建筑的前广场从街道空间中明确的限定出来。建筑的立面划分构成了一大特点：这是一种类似于天然石材洞式立面的形象，极具深度和雕塑感。

形式相同的小窗洞被统一在一个立面划分的结构之中，而建筑物本身的楼层划分则被遮蔽了起来。每个立面结构的基本单元都由上下左右四个窗户和之间的十字形分隔构件组成。

这些基本单元成为立面的主导元素，除此之外，窗洞、骑楼以及横向、竖向的实体部分还构成了一个表层的肌理，使建筑在强烈的外形之外更具通透性。

三角形的高层建筑成为一个城市尺度的转折点，它联结起两个以钝角相交的走向，同时围合起一个面对中央火车站的广场。

为了免于将邮政部门必需的，带有邮政号角[1]的巨大箱形专用“标志符”以构件的形式安装在立面上，高层部分的核心筒以构架的形式升出屋面，企业的标志则被嵌入其中。这同时也使得建筑平面的几何形状得以从远处加以辨识。

1 译者注：Posthorn：邮政号角，德国邮政的标志。

辅助楼梯间位于后侧，其外立面通高覆以玻璃。

高层核心筒中有一个51m通高的楼梯井，梯段则以半圆形的平面围绕着楼梯井上升。

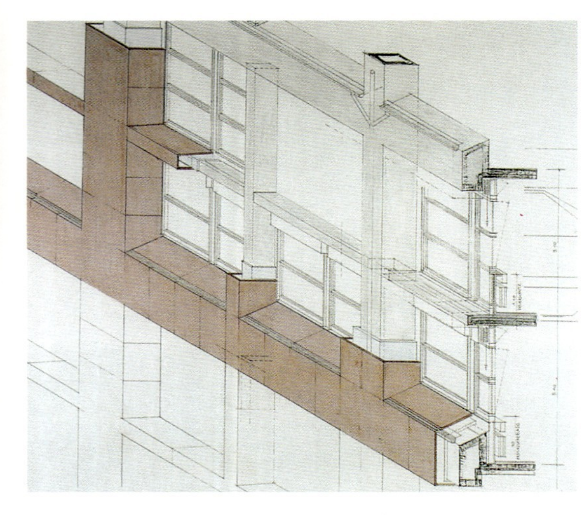

立面的划分没有采用单调的带形窗，而是特意将建筑本身的楼层划分遮蔽起来。每个窗洞都有两层的高度，包含了八扇窗户。金属的十字形构架标示出几何的中心线。同时，石材贴面的栏板和立柱与金属十字的附加构件构成了一个重叠的结构。

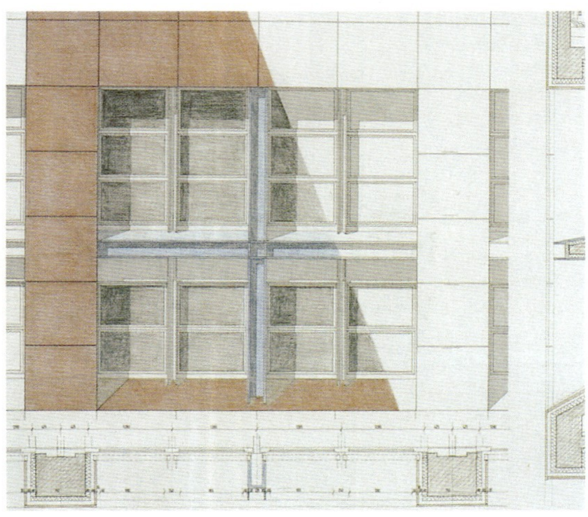

百货公司大楼

Moorbek-Rondeel
Norderstedt

建造时间：1987 — 1990 年
设计者：Meinhard v. Gerkan
以及 Joachim Zais
Uwe Hassels
建筑体积：23,032m³
建筑面积：7,174m²

建筑位于 Norderstedt 市新区的中心，东侧紧邻规划中的地铁站。

这座四层高的建筑以划分规整的砖砌建筑墙面朝向城市空间，有一个抬高的底层区域；在西北侧则以一个由玻璃和钢构成的轻巧通透的四分之一圆柱体朝向 Moorbek 公园。

来自火车站广场方向的人们由转角处进入建筑，经过一条短短的通廊到达内部的光庭；一座弧形的楼梯由此向上，与上部各层的宽敞通道相接。

光庭同时也承担了后部办公区域的交通功能。

24个访客停车位可以直接通往光庭，同时地下车库还提供了79个车位。

通过形体的组织，建筑能以极大

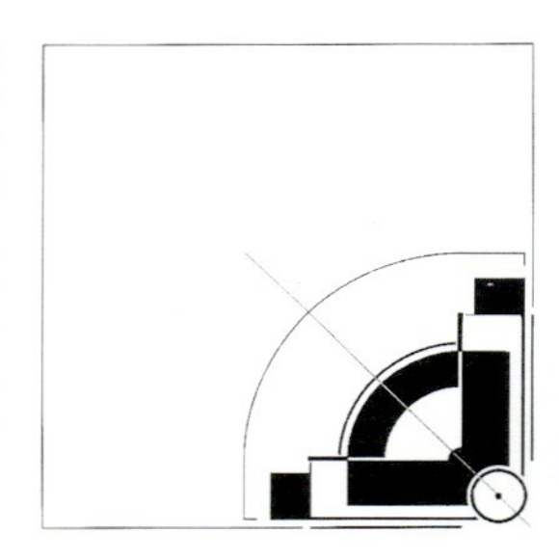

建筑面向城市的景观

建筑面向公园的一角

的适应性来满足对于不同大小使用单元的需求。

建筑底层容纳了一些不同规模的店铺，一家银行分店以及一家餐厅。

每个楼层可以被划分成最多6个办公单元或者是11套左右的住房，顶层则可以容纳6个办公单元或是7套住房。

建筑以红色砖墙开洞的立面形象朝向城市，它作为第二个层面衬托出附加在暖房外的钢和玻璃的构架。面向公园的弧形立面由精巧的钢和玻璃构成，并在外侧安装了遮阳构件。

由多孔钢板固定遮阳构成的建筑顶部以棱角分明的轮廓线强调出建筑的几何形体。

面向公园的弧形立面的细部

由穿孔钢板制成的"墨西哥帽"突出了建筑的转角。

双层立面使得多样性和整体性达到了一种精致的平衡。
大片的砖墙把整个建筑统一起来。
由钢、玻璃和格栅组成的构架则产生了一种看似随意的多样性。

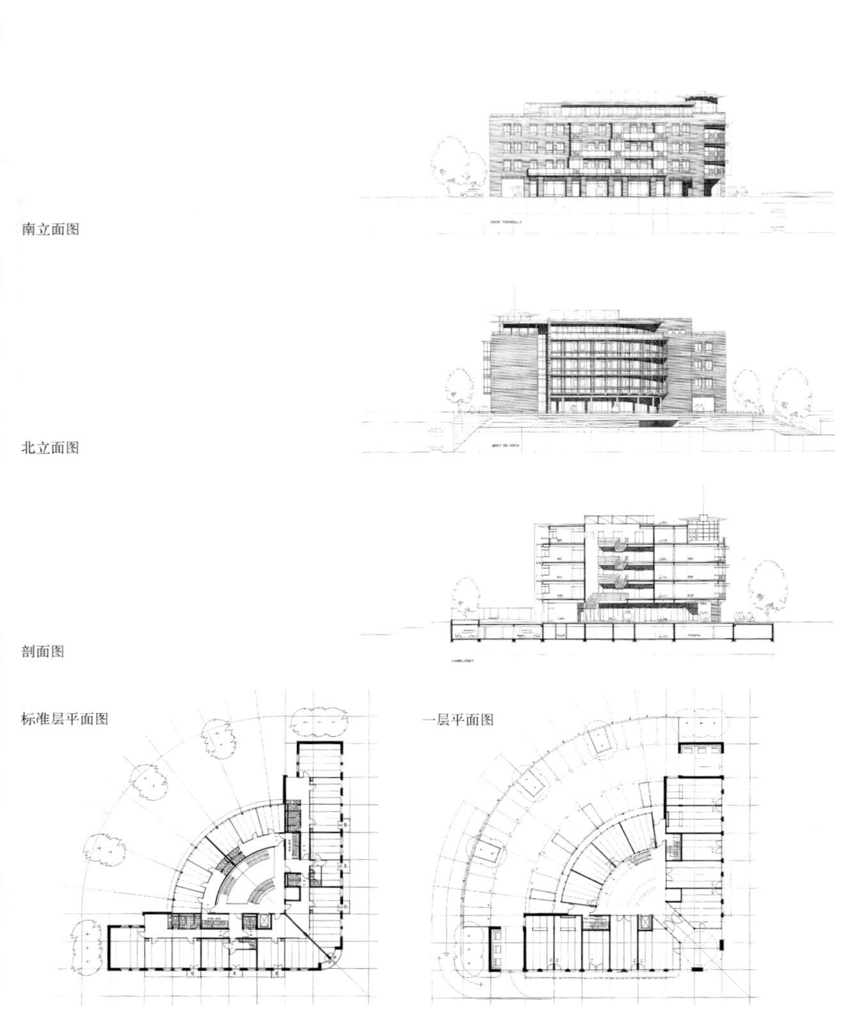

南立面图

北立面图

剖面图

标准层平面图

一层平面图

面向大厅的平台连接起通向各个出租单元的走廊

玻璃的楼梯使大厅内部空间呈现出轻巧通透的形象

大厅的玻璃屋顶以及透明的弧形墙面将公共性引入了建筑内部

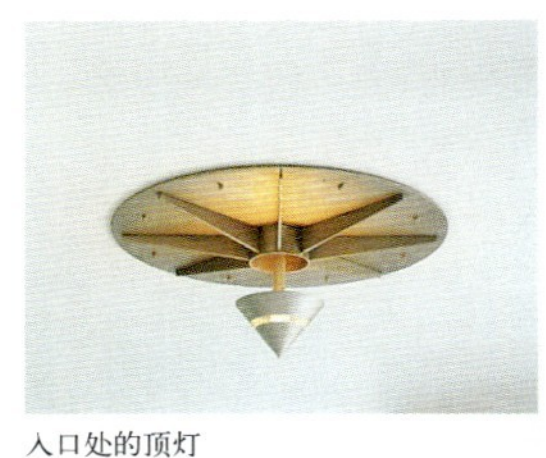
入口处的顶灯

柏林先灵有限公司[1]管理楼
Verwaltungsgebäude Schering AG, Berlin

竞　赛：第4名，1989年
设计者：Meinhard v. Gerkan
合作人：Gerhard Feldmeyer
Marion Mews
Gunther Staack
Christian Weinmann
Gabriele Hagemeister
Antje Lucks
Susanne Schliebitz

根据城市规划的要求，建筑将采用块状的体量形式，从而使Seller街和Mueller街的轮廓更为完整，同时以敞开的U形朝西北方向的公园绿地和运动设施。

建筑由六个标准层以及一个屋顶层组成，在尺度上与环境相协调，并且保持在建筑高度控制线之下。一个塔状的体量强调出门厅。开敞的楼梯间联系起上下各层，成为一个内部的竖向视觉元素。通往先灵的桥也从这里出发。

为了让所有的座位都有良好的视野，内院在经过再三斟酌后被取消了。

建筑内部的楼层平面为双面走廊或双走廊的结构。这样，既可以通过暗区[2]连接起两侧的工作区安排尽可能多的工作座位，以达到最大的经济效益，另一方面以大的进深满足对于多用途空间的要求，使建筑在形态上符合将来自由划分的需要。交通空间将以超过功能需要的尺度向外扩展并沿视线方向进行布置，从而在建筑内部建立起多样的联系方式。

1 译者注：柏林先灵有限公司(Schering AG)，德国一家以科研为基础的医药公司。
2 译者注：暗区(Dunkelraeum)，房间中自然采光条件较差的区域。

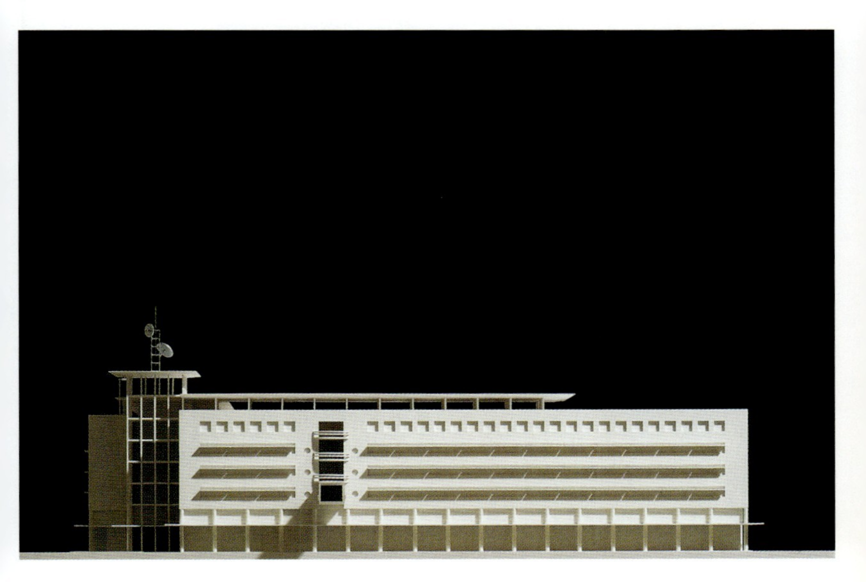

杜伊斯堡通廊
Galeria Duisburg

设计者：Meinhard v. Gerkan
Klaus Staratzke
Otto Dorn
项目合伙人：Klaus Staratzke
合作人：Manfred Stanek
Kerstin Krause
Clemens Zeis
Sibylle Scharbau
Thomas Grotzeck
Jürgen Brandenburg
Christine Mönnich
业　主：IVG 地产管理股份有限公司
Verwaltungs GmbH
Hans Grothe
设计时间：1989 年
建造时间：1991 年

在Steinsche巷、Kuhtor和Untermauer街的围合之中，是杜伊斯堡市中心一块至今尚未被占用的“宝地”。一个城市设计的方案将对这里进行开发。

现有的周边环境不论在城市尺度还是在建筑尺度上，都具有负面的影响；作为解决方案，宜人的城市通道将把现有的重点购物区连接起来。

建筑方案包括了一条宽敞宜人的玻璃通廊以及两座突出的椭圆形玻璃体量。两座鼓起的“塔楼”能在较大范围内产生影响，决定城市空间的走向。它们伫立在Kuh街和被改建成通廊的大学街上，强调出入口形态。通过Wall街的玻璃屋顶和一个位于Wall街和Sonnenwall转角处的广告牌，大学街和Sonnenwall被联系了起来。

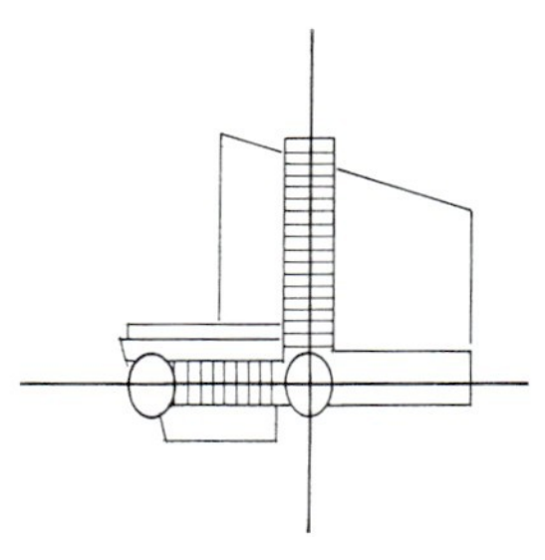

建筑物的高度与周边街道空间的界面尺度相一致，底层为零售业和大面积商业，它们只通过通廊进出。

开敞的钢楼梯、玻璃楼梯间和电梯通往上部的楼层。这里也容纳了零售和大面积商业空间，其中一部分与底层连通。作为功能的补充，悬挑的钢结构体量中容纳了一个餐厅，并且带有底层的出入口。

四层楼面基本上作为办公空间使用，在Kuh街的塔楼中，玻璃的电梯和楼梯通往位于显眼处的餐厅。

所有的屋面都将覆以浓密的绿化。

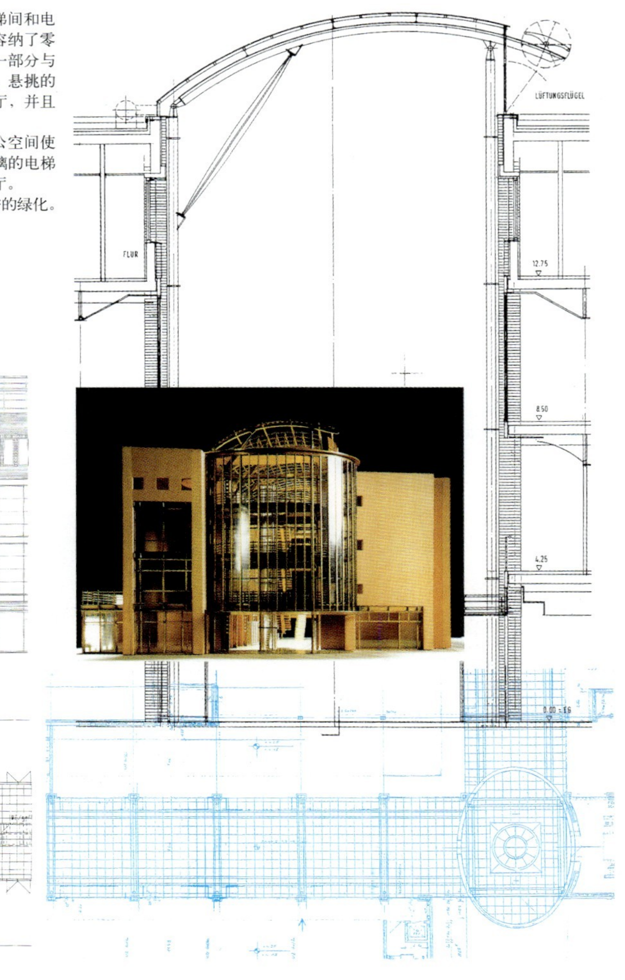

汉堡德意志环路办公楼扩建

Bürohauserweiterung Deutscher Ring, Hamburg

设计时间：1990 年
设计者：Meinhard v. Gerkan
合作者：Nikolaus Goetze
Sibylle Scharbau
Volkmar Sievers
Hilke Büttner

设计方案将满铺于基地中允许建造的范围，同时完全遵照具有法律效力的规划规定。

gmp 曾经在1975年举行的该地块的设计竞赛中获得第一名。

与当年的方案一样，1990 年的方案包括了一个部分轮廓线沿地块边界展开的波浪形体量，它同时以优雅而独立的姿态面对着现有的高层建筑和 Michaelis 教堂，强调出水平向的建筑物。

该建筑将与周边的街道空间产生明确的联系，并进一步增强这些空间。通过这种方式，它以块状的体量把现有非常孤立的高层建筑在空间和形式上容纳进来，同时也反过来使自身的几何形式得以增强。

形态组织的手法是谦虚而简洁的，不仅避免了形式上的激烈冲突，还将不同形式的建筑体量融为一个整体。

因此，现有的天然石材将被用在新楼的裙房部分以及建筑的端部和立面上一些缩进的部分。上层为玻璃立面，并在南侧安装有水平向的双层穿孔铝板遮阳带，机械调控使其具有极高的遮阳效率。

作为高层建筑立面改造的内容，将会产生一个双层立面，其中外层是中性色彩的吸热玻璃。在内外两层之

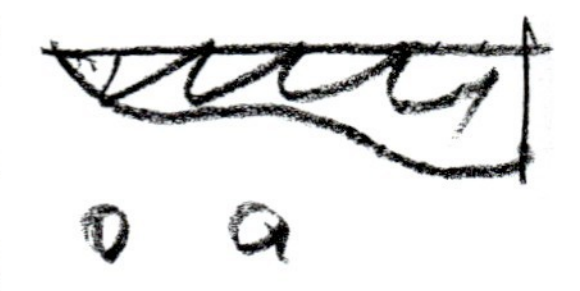

间将会产生一个热量缓冲区，它将具有以下几个优点：

在夏天，外层表皮吸收的大部分热量将会被抵挡在缓冲区中，然后在空气循环的作用下被带走。

在冬天，射入的热量将会以类似于暖房的原理被吸收至建筑的供暖系统之中。这样不论是夏季的制冷还是

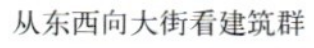

从东西向大街看建筑群

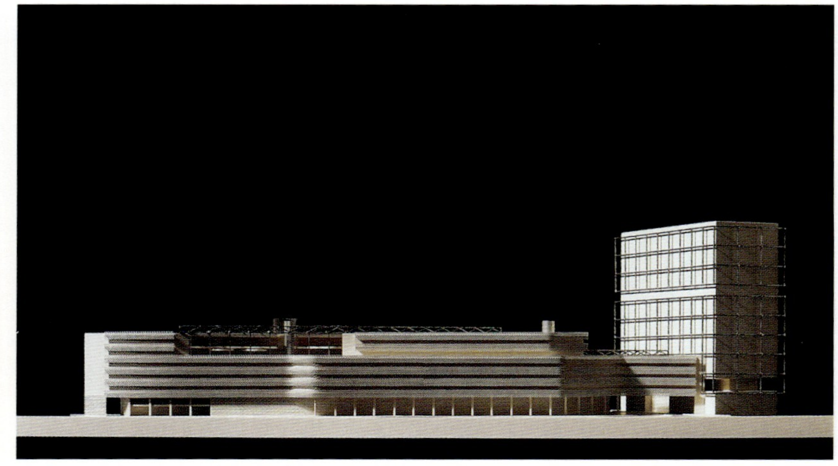

一等奖方案

冬季的取暖的能耗都将因此而降低。

另一个附带的好处是立面的外层大大增强了隔声性能。该方案的立面构造也成为了形式美学上的特点。外层的大片玻璃与内层小块的网形构造相重叠，改善了整个建筑的尺度感，中部缩进的楼层更使这一特点得以增强。

虽然在高度的限制之下建筑只能有七层，其净建筑面积却达到了29168.8m²。能够达到地块面积的高利用率主要缘于以下的做法，即把餐厅等需要在平面上展开的功能空间以及诸如设备中心等尽量安排在建筑平面上自然光难以到达的较深处。

在楼层平面中，建筑围绕一个由台阶状平台组成的交通大厅呈U形展开。办公室沿走道两侧排列，其进深保证了良好的日照条件。

这一台阶状的交通大厅同时也是该设计构思的“心脏”，它将成为这座建筑的重要特征。

大厅安装了玻璃顶，并且种上了一丛丛的竹子，宛如一个带有绿化的暖房。人们沿着大厅的楼梯和自动扶梯可以爬升五层的高度，直到建筑尽端，从这里可以眺望到西城区和码头的天际线。这样，即使是位于六层楼的空间也能有良好的交往性。在每个中间平台上都有通往各个办公组以及餐厅等功能空间的入口。这里还可以放置一些座位和讲台，使整个大厅成为人们在这座大型建筑中进行交往和交流的区域。

新建筑将跨过Neandertal街，与高层之间产生直接的咬合关系。在入口及专用车道区域，该过街楼还包括了一个带有玻璃顶的通高内院，它不仅为入口区遮风挡雨，还能提供良好的自然光照明。

西侧透视图。现有的高层建筑有了一个新的立面。 (P. Wels 绘制)

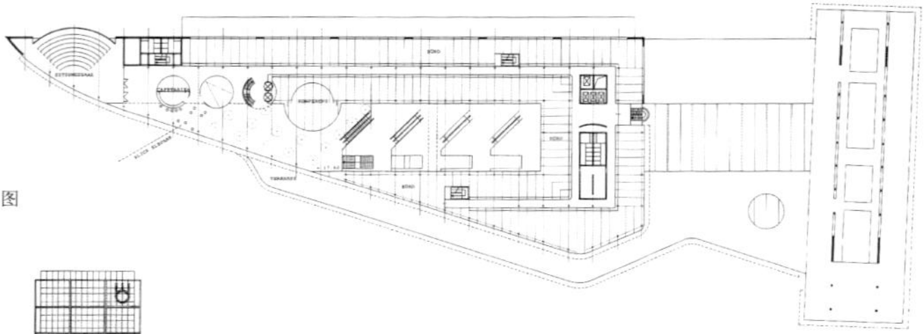

六层平面图

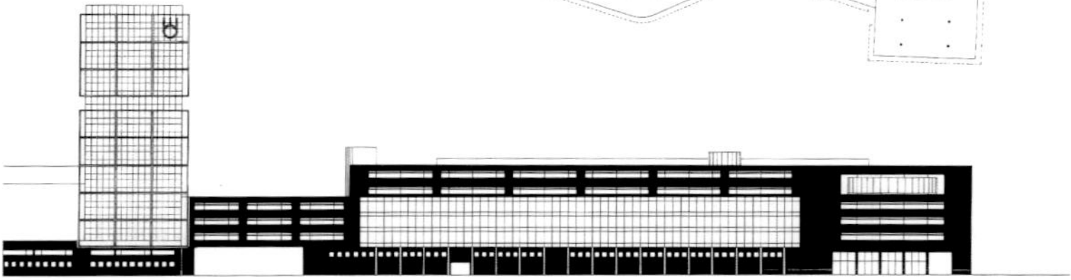

沿 Neuer Steinweg 立面图

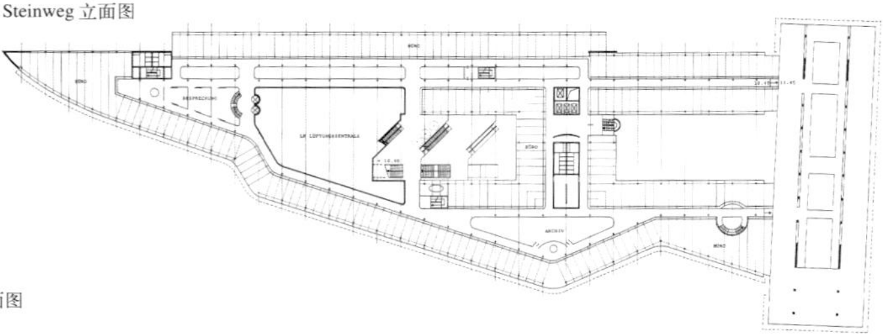

四层平面图

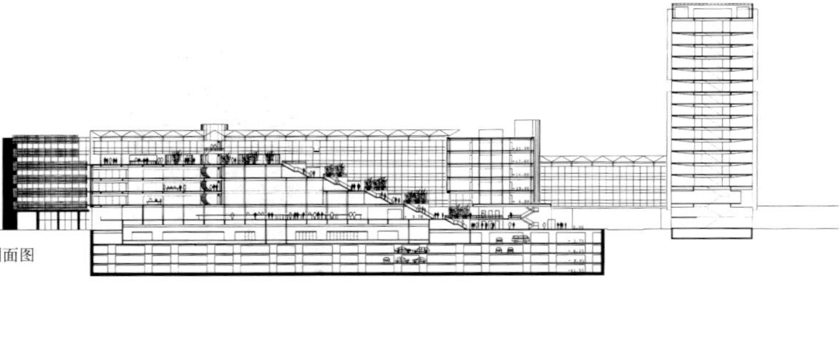

纵向剖面图

建筑的弧形轮廓沿着东西向大街展开

从现有的高层建筑看新楼中带有玻璃屋顶的阶梯状交通大厅

不来梅 Hillmann 大楼
Hillmannhaus Bremen

设计者：Meinhard v. Gerkan
及 Klaus Staratzke
设计时间：1987—1989 年
建造时间：1988 年 7 月
竣工时间：1989 年 11 月
合作人：Claudia Papanikolaou
Sabine Türk
Detlef Papandick
Bernhard Gronemeyer
Susanne Dexling
Adam Szablowski

业主：Hans Grothe
净建筑面积：5717.48m²
净容积：21357.25m³

这座办公楼是 Hillmann 广场最后、最重要的一个项目。继旅馆广场和Hillmann车库竣工后，该办公楼终于使 Hillmann 广场的城市空间变得完整。

与旅馆广场的弧形立面和Hillmann广场周边建筑各种形式的立面不同，这座新建筑采用了严格的墙一般的建筑体量形式，而没有理会详细规划对于广场边界的规定。

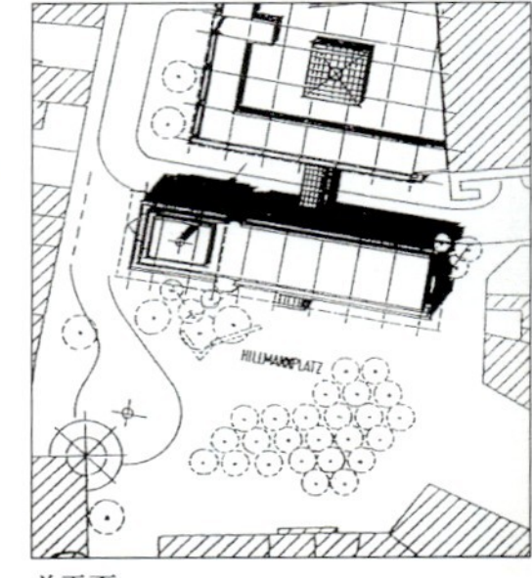

总平面

面向 Hillmann 广场立面

新建筑构成了 Hillmann 广场的空间界面。照片右侧是选用同样石材的停车库

建筑工整的立面沿水平方向进行了划分，形成了一个两层高的裙房部分和一个带有漂浮屋顶的屋顶层。

为了保持整体性，新建筑采用了与旅馆广场和Hillmann广场停车库相同的石材。

底层除了办公之外，还有一些商店和餐馆，顶层则作为住宅使用。

带有雨篷的入口

住宅与旅馆建筑

安卡拉 卡瓦克里特综合体

安卡拉－卡瓦克里特综合体

Ankara Kavaklidere Komplex

设计者：Volkwin Marg 与 Karsten Brauer
项目负责人：Karsten Brauer
合作者：Klaus Lübbert
Wolfgang Haux
Dirk Heller
Yasemin Erkan
Evgenia Werner
Ralph Preuss
Klaus Jungk
Thomas Bieling
结构工程：Windels,Timm,Morgen
建筑技术：HL-Technik
景观规划：Wehberg,Lange, Eppinger, Schmidtke
旅馆室内设计：Robinson,Conn Partnership
贸易中心：(原书无)
项目计划、结构及建筑技术：Seyas Consultants，Istanbul
建造时间：1988 — 1991 年
建筑面积：(BGF)96000m²
建筑体积：(BRI)400000m³

这块3.4公顷大小的土地，过去曾经是属于安卡拉市郊区的卡瓦克里特葡萄园的一块土地。现在要在这里规划一个城市综合体，其中包括一个340间客房的喜来登豪华旅馆，一座建筑面积为4400m²的购物与贸易中心，以及一组92套公寓的住宅建筑。基地从

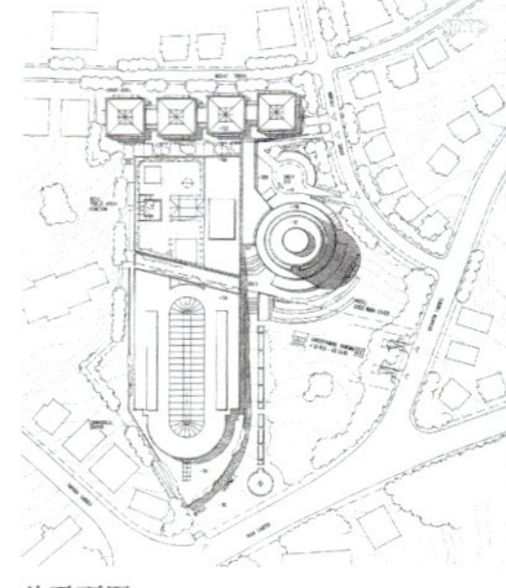
总平面图

主要道路Iran Caddesi到东侧边界大约在30m的高差，北面以住宅群为界，规划中的南面及东面的边界将会是新开辟的居住区道路，在南边的基地上会保留一个大约0.8公顷开放的的公园。

由于在1984年召开了一次专家评审会，这一项目任务再次进行修订，并且对不同的所有者作出了严格的土地分区。

这个24层高的圆柱形旅馆塔楼的设计将会是这一综合体最显著的建筑特征，并且将成为城市中最为引人注目的景观，以环形平面分布的340间旅馆客房之所以这样布置，是因为圆柱形的造型对周围建筑视线的遮挡是最小的。

为了与垂直方向的塔楼取得视觉上的平衡，购物中心建筑群以水平方向展开，在同一的屋顶高度下从位于旅馆区的两层高变化发展到靠近主要道路的七层高。

为了使这个总面积250000m²的建筑综合体体量在视觉上得以减弱，设计师将建筑拆分成两部分。一部分是底下的三层高的基座，另一部分则是位于其上的四层高的办公楼部分，办公建筑部分的立面划分根据基座部分的划分再次细分。从紧邻的市中心方向的主要道路上来看，基座是这个综合体的惟一可见的部分。它看起来像是从土坡上长出来的，并可以作为向后退台的办公部分的室外平台，其上方则逐步过渡为旅馆部分的建筑。

旅馆与贸易中心都面向"卡瓦克里特公园"，两者都从优美的绿地中获益匪浅。贸易中心的圆形立面采用了圆柱形塔楼的造形母题，宏伟的建筑基座从主要道路一直延伸至公园和旅馆，同时，吸引人流走向购物中心在上方的边门和通往旅馆的停车入口。

(上)旅馆车行入口
(下)一道伴随着瀑布的连续台阶一直通向旅馆入口

带游泳池的屋顶平台

会议室前的休息厅

对页:
(上)旅馆的接待处
(左下)两层的入口大厅
(右下)家具也是由室内设计事务所所设计的

旅馆裙房屋顶俯视图

通过一个逐渐升起的，富有代表性的沿着购物中心立面台阶式散步大道和一道“水墙”，这个城市设计的姿态将会强调出在公园的起伏的地形，发源于上边高处旅馆的小河，并最终流向主要街道的喷泉设施。

喜来登旅馆

旅馆建筑布置成两个明确分开的部分。客房塔楼，楼下各层安排有接待处，休息厅和餐厅等对外服务的建筑功能。裙房部分，包括大宴会厅和会议室小卖部，赌场，游泳池和健身房等对内服务的建筑功能。

两层高的入口大厅是这两部分的连接体，同时它的东面是旅馆下的客车处，并且面对公园开放。旅馆的后勤部分，包括厨房，仓库，送货和技术用房位于地下室，这些在建筑外形上都没有显示出来。

4层以上开始安排客房，每间客房都能够看见令人印象深刻的城市全景，塔楼立面按比例划分，每两层客房用一个两层高的窗元素统合起来。

13、14层作为服务于塔楼建筑的技术中心，也形成了高度上的分段，如网状的立面主题在塔楼的底部楼层重复出现，在底部楼层还有一层技术用房和两个管理用房也是用有规律的立面概括的。

在圆柱塔楼后的屋顶上掩藏着冷却塔及其他一些技术用房。两个向上的圆柱体的核心筒突出屋面，通过塔顶上的无线设备形成了非常明显的针尖造型。立面的材质是上过漆的混凝土预制板，或者更精确的说法是上过漆的素混凝土，塔楼底部是被打开的环形休息厅和通往深处餐厅的坡道，餐厅位于面向公园的基座层内，基地层呈扇形。两层高的入口大厅是塔楼和裙房的连接体。

它位于从主要道路向上延伸的大台阶的延伸部分，形成连续的公共空间。轻巧的钢结构屋顶以及立面强调出它作为塔楼和裙房之间连接部分的功能。

作为安卡拉卡拉姆购物中心的基座层之上是四层高的办公部分

裙房一侧内安排有商店，咖啡厅，通向会议区域的门厅，以及通向休闲活动区的台阶。在入口大厅的另一侧则是休息厅和接待处，通往客房区域的电梯、钢琴酒吧，在这里能看到一览无遗的城市景象。

玻璃电梯和一个具有表现力的楼梯(台阶)把餐厅、露天平台与门厅、休息厅连接了起来，舞厅和各会议室围绕在一个高大宽敞的带有玻璃顶的休息厅周围。

屋顶花园分为游泳池和可以用来举行舞会的花园两部分。三边带有凉亭的围墙，环绕着这个透光的天井，塑造出极强的私密性。院子的第四边是健身中心，设有蒸汽浴室，桑拿，壁球和体操房以及酒吧等设施。

安卡拉，卡拉姆
商业及购物中心

设计任务书中要求有一幢建筑，此建筑中只安排有公共空间和开发区，并且为将来扩建成商铺和办公区域及其出租和出售加以考虑。针对截然不同的可能使用者，设计师采用灵活多变的自由空间的设计方法。由于项目的任务内容无法被精确的定义，因此应该从设计过程中得出确定的目标——一个“最佳”的商务办公部分的使用方式。在这点上是与业主达成一致的，即在沿着主要街道有价值的地皮上，出租和出售的面积最大化并不意味着是“最佳”的方案。

设计以一个矮胖的建筑体块为主体，建筑内部有一个巨大的、带有玻璃屋顶的中庭。这个7层楼高的中庭构成了一个公共空间，仅是中庭本身就已经长达85m，宽20m，它开创了土耳其百货商店的新类型。通常一个百货商店会有街道的特征，顾客从一个明确的入口进入，从一个明确的出口离开。

但这种处理手法并不适合于安卡拉卡拉姆。这个商场从本质上来说可以看作为一个封闭性的空间，一个从任何一处都可以进入的能够遮风挡雨的广场。巨大的中庭本身也是公众的

立面全部由白色预制板或现浇混凝土构成

玻璃天窗，楼梯，电梯井和栏杆形成一种对比，除了钢之外占主导地位的是混凝土结构。

办公部分面向中庭的内立面

目标，对于全部的购物与办公的综合体而言，它是设计的概念核心。

根据这样的逻辑，导致在外立面上没有商店开门，除了一些位于主要大街上的店铺和在几个入口处的地方有商店对外开门，购物层面上的办公室不仅开有面向中庭的窗户，其布置也是围绕着中庭展开的。这个中庭可以被看作为一个巨大的、热闹的、具有强烈吸引力的院子，区别仅在于玻璃屋顶使它免于受天气的影响。

购物中心位于底下的三层建筑里，位于主要街道的地面标高处的底层是中庭空间的主要基础，楼上两层是围绕着中庭布置的各家店铺。

台阶、玻璃电梯和天桥使得中央的空间变得活跃，并把两边的建筑互相连接起来了，中庭周边的商铺的开发也将是有利可图的。然而现在只有很少的店铺租售良好，更多的商铺因为太深租不出去，因此，设计师引入第二层次的通道，把底层平面分成许多小面积的店面，并使每层平面的店铺围绕着中庭布置。这些附加的通道是3m或5m的狭小的小巷子，如同一个平常的土耳其集市，每隔一段距离，次要通道将环形主要通道与中庭联系起来，各条通道的终点处有7个开放的楼梯间，它们位于中庭的楼梯附近，将3层商业楼面互相联系起来。

通过与中庭空间多样、便捷的联系，每一层的平面设计都避免了客流行进中不可接受的死路问题。

综合体建筑的楼上4层是办公室间。中庭的内立面和外立面一样都明确的表达了使用功能的变化。

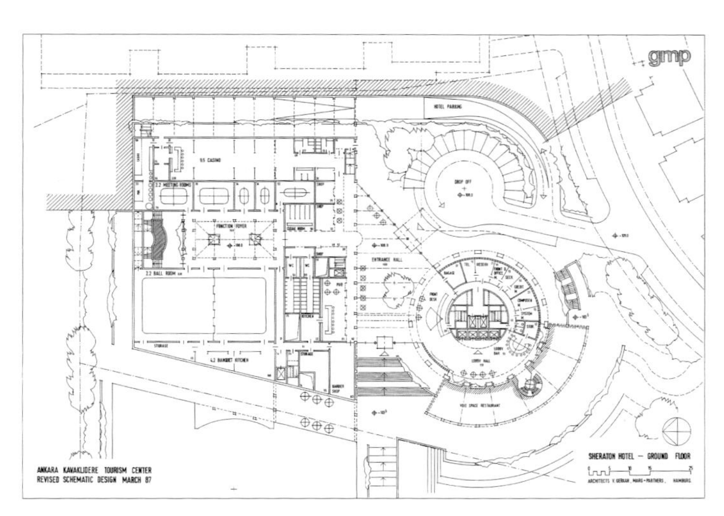

底层平面图

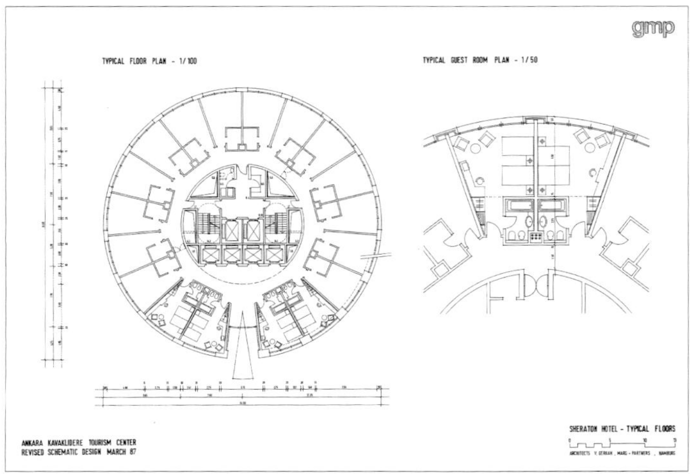

圆柱塔楼旅馆的
标准层平面图

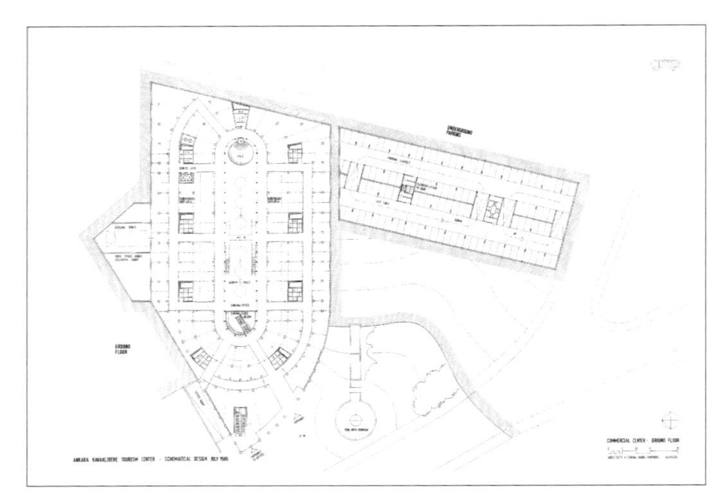

购物中心的底层平面图

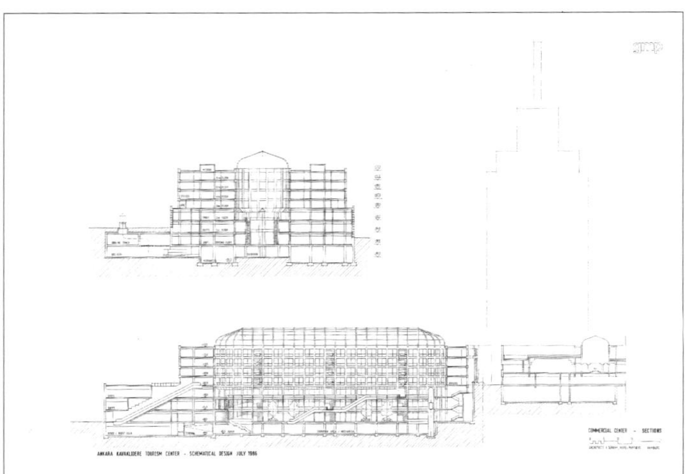

对页:
黄昏时的旅馆, Heiner Leiska摄。同样大多数的建筑和模型也是由他所摄。

购物中心的纵横剖面图

奥莱克皇宫旅馆，卢加诺

Hotel Palace au Lac, Lugano

设计者：Meinhard v. Gerkan
合作者：Hilke Büttner
Kai Voss
设计时间：1990 年

经过20多年的时光，过去金碧辉煌的建筑逐渐衰败成为摇摇欲坠的危房。位于卢加诺的奥莱克皇宫豪华旅馆应该获得新生。

根据其历史的轮廓和有关文物建筑外立面修复的法规，旧建筑部分将会被重建。

功能安排上，在底层只布置了接待处和门厅。一座宏伟壮观的大楼梯和几部电梯通往楼上各层。楼上三层共安排有36套豪华客房。所有的房间都能够直接看到卢加诺湖的风光。甚至连走道空间也像大堂那样，开有能够看见内院风景的窗户，一点也不会使人联想起通常的旅馆中那种狭窄和纯粹功能性的走道空间。

房间的分隔根据个人要求而各不相同，同时也对应了历史立面上的不规则的窗洞。

然而老建筑现在只是这家旅馆的一部分。

其余的空间位于皇宫旅馆的二期建筑——正如建筑法规所规定的那样，二期建筑完全与背面的山坡整合在了一起。

在II期建筑的设计手法上，绝不能再在奥莱克皇宫旅馆的老建筑上插进一个新的“盒子”，而应该通过二期建筑的设计，塑造出一片绿化的坡地，强调其园林式的背景。这样既可以增加它在城市设计中的优势，又可以烘托出老建筑的富丽堂皇。

可惜将II期建筑分散成若干个条状建筑的提议不符合建筑法规的要求。法规所允许的建筑密度只有40%。这两种处理方法的区别显而易见，正如前面所说的那样，一个带有许多露台、由普通“盒子建筑”所组成的充满绿化的台阶式建筑，能够更好的满足美化城市的要求。

台阶式建筑共有9层，在基本层中设有餐饮空间，在这里人们能够看见湖面景观和前方的露台。

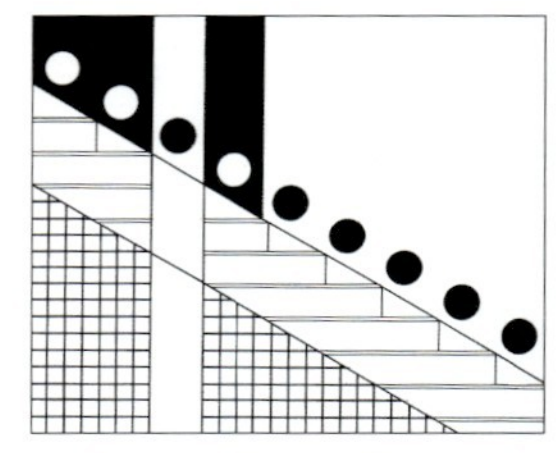

在台阶式建筑的上方，有一个2层、架空的建筑，其中也安排有客房。底层架空使得远处的Via Clemente Moraini 和 Lago di Lugani 之间形成连续的视线通道。通往皇宫旅馆二期的客人流线是从一期主入口开始的。在一道贯穿2层的螺旋楼梯的指引下，一座玻璃天桥插进台阶式建筑之中，在一个大进深的门厅中，天桥变宽了。这个大厅里倾斜的玻璃天窗和天桥构成了一种极其惊险的空间体验。台阶联系着瀑布般逐渐升起的楼层，每个地方都能够看到湖面的景色。在建筑的侧面是游泳池和活动室，这些设施能够提供更加丰富的活动和体验。

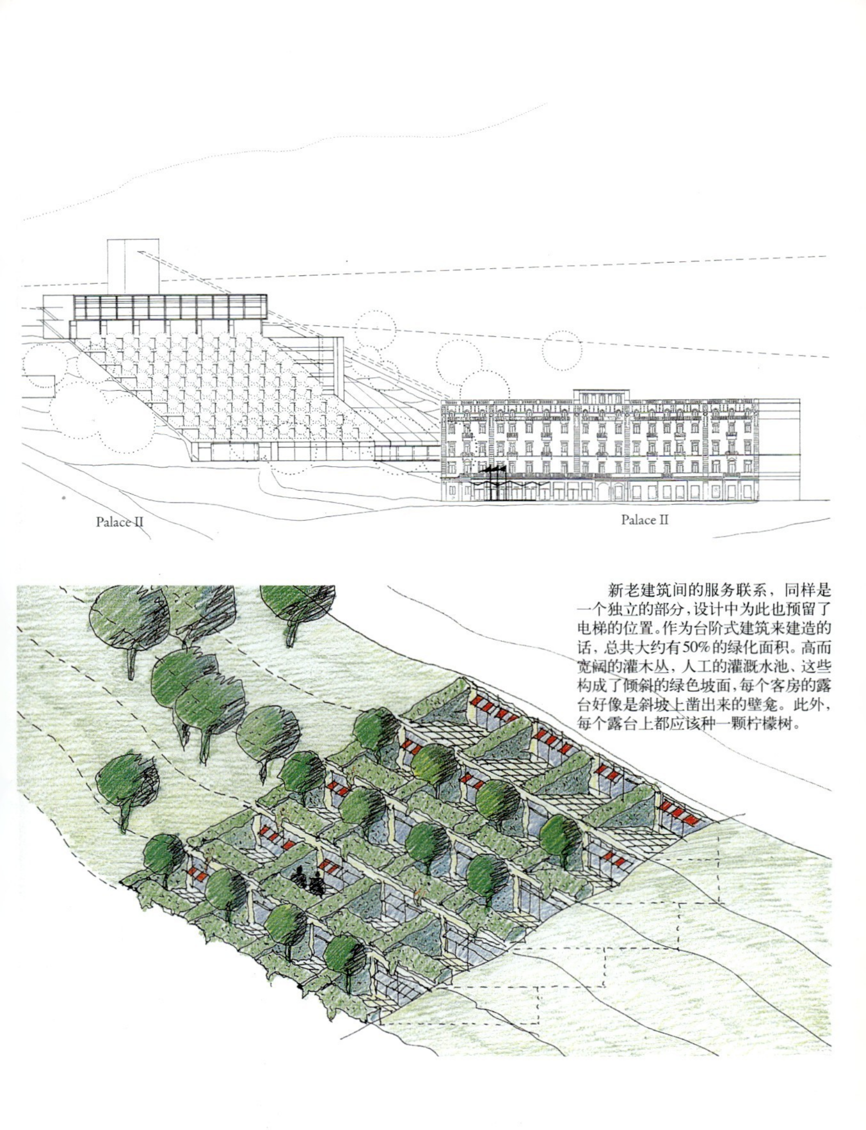

新老建筑间的服务联系，同样是一个独立的部分，设计中为此也预留了电梯的位置。作为台阶式建筑来建造的话，总共大约有50%的绿化面积。高而宽阔的灌木丛，人工的灌溉水池、这些构成了倾斜的绿色坡面，每个客房的露台好像是斜坡上凿出来的壁龛。此外，每个露台上都应该种一颗柠檬树。

鱼市广场住宅群

Wohnbebauung am Fischmarkt, Hamburg

设计及建造时间：1983 — 1989 年
设计者：Volkwin Marg
合作者：Marion Mews
　　　　Wolfgang Haux
业　主：阿尔托纳地区经济与建筑委员会
施工负责人：Volker Rudolph
结构工程：Metke
施工公司：Max Hoffmann
61 套居住单元：45 ~ 85m²

鱼市广场建筑群西侧建筑物从根本上符合了最初的建筑意图。战争期间，鱼市广场上的5-9号住宅和25-29号建筑物全部被摧毁了。

由于城市设计上希望达到的封闭式的环形广场的效果，所以在布特大街(Buttstraße)上采用了过街楼的手法。

通过转角的悬挑角楼和预制混凝土板的水平线条，新建建筑的立面造型在形式上达到了与老建筑之间的和谐。

全部建筑计划包括老建筑的整修以及鱼市广场地面的改造，完成于1989年5月。

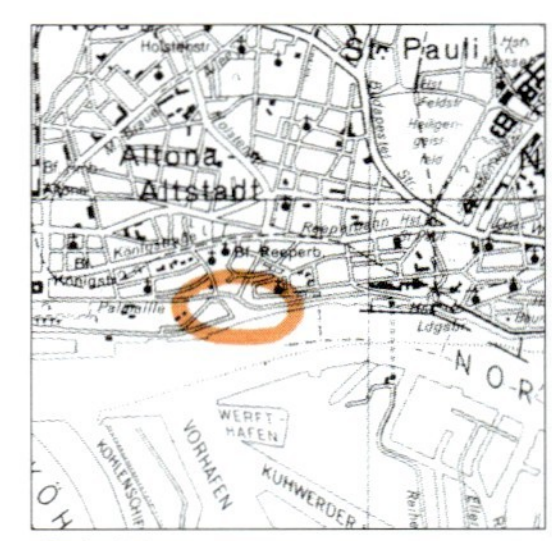

总平面图

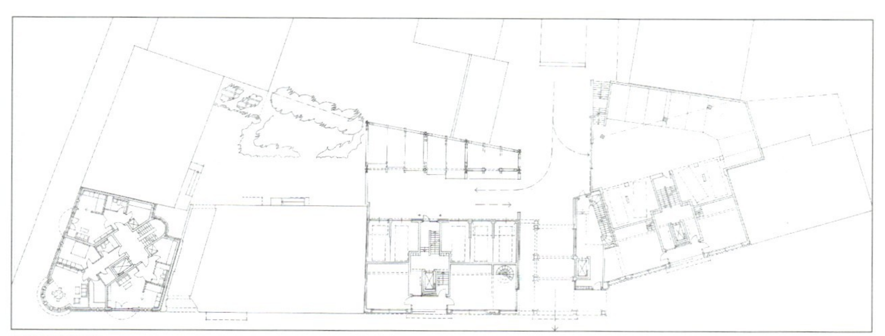
标准层平面图

星期日清晨的鱼市广场

疗养院与护理所建筑

巴特美茵堡的罗斯风湿病诊所综合体

巴特美茵堡[1]的罗斯风湿病诊所综合体

Komplex Rose Rheumaklinik in Bad Meinberg

竞　赛：一等奖，1981 年
设计者：Meinhard v. Gerkan
合作者：Peter Römer
设计时间：1986 年
建造时间：1987 年
竣工时间：1989 年
项目负责人：Karsten Brauer
参与者：Hans-Rüdiger Franke
Helmut Ritzki
Barbara Dziewonska
Regina Sander
业　主：Landesverband Lippe vertreten durch Hurrle GmbH
工程师事务所：
Riekehof + Partner GmbH
Ing-Büo Hoffmann
Ing-Büo Minati

建筑面积：17054m²
建筑体积：71424m³

方案继承了1981年设计竞赛得奖作品的基本理念。与原先的竞标要求不同，作为文物加以保存的罗斯住宅和邻近的游泳馆被重新投入使用；其房间的配置也将完全根据人们现今的需要来进行安排。

设计根据巴洛克式的城市轴线发展而来，这一轴线穿过了疗养地公园的中心点连接起Stern疗养院与罗斯住宅。疗养公园的轴线在诊所综合体内部的交通系统中得以体现和延伸，从而决定了建于罗斯住宅背后新建筑的U形对称形式。轴线不仅是建筑物布局和交通组织的主导因素，还穿过建

1 译者注：巴特美茵堡(Bad Meinberg)，北莱茵威斯特法伦州利普区的一座城市，是疗养胜地。

内院。前景为带有玻璃天窗的屋顶平台，裙房部分的治疗空间通过这些天窗采光。

筑物的南入口在室外活动场地中延伸，然后越过Hamelner街以公共步道的形式继续在南边的疗养地上延续。

考虑到新老建筑在功能上的联系，综合体向北与现有建筑物形相接；由此在地块南侧形成了大片相互连接的空地，可作为诊所花园和停车位使用。

新建筑包括一个三层高的病房部分以及位于其下，容纳着医疗设备的宽大的裙房部分。一层的裙房与老建筑底层在同一标高相连接；另一方面，由于地形坡度导致南侧地面升高了大约5m，侧翼之下的这部分被完全埋在了土壤之中。

由此，新建筑从南、西、东三个方向看均为三层，只有在U形的两端外角处才成为三层半。

裙房一端为游泳池，在西面则与

新与旧的相遇

新楼南侧的空地

新楼主楼梯厅位于巴洛克式的中轴线上，从这里可以看到罗斯住宅。

位于底层治疗区的运动浴池，照片尽头是嵌入底层提供新鲜空气的内院。

罗斯住宅的正面相接。罗斯住宅之前形成了一个内院，它被一条通往新建筑的玻璃通廊一分为二，之后继续向南延伸，在二层标高成为医疗部分的屋顶平台，并处于病房部分的环抱之中。

罗斯住宅西侧的两幢加建建筑已被拆除，取而代之的将是建于裙房之上带有独立四坡屋顶的两层高的建筑，从而与公园大街旁紧密排列的独立式住宅在尺度上相统一。

为了与罗斯住宅及巴特美茵堡当地典型的房屋形式相呼应，病房部分也采取了鞍形屋顶的形式。在U形屋顶的两个阴角处及端头部分都有突出的玻璃天窗，85m长的南立面被位于中部的玻璃屋分成两段。阳台是立面的活跃元素，同时又与罗斯住宅的外露木构架的母题相呼应，并以一种新的方式加以演绎。阳台构架、窗框和屋顶均为深色，墙面则被粉刷成白色。

车辆从南侧的Hamelner街跨过Hermanns小道进入诊所。

另外有一条坡道从Hermanns小道分出，通往诊所的地下车库，厨房、洗衣房以及垃圾的货运也由此出入。

泥沼理疗区及建筑设备的通道紧贴地块的东侧边界，同时作为消防通道使用。通道向南穿过停车场与城市道路相接。

与罗斯住宅一样，风湿病诊所也采用北侧的公园大街的门牌号。

诊所病人和工作人员的车辆入口位于新楼的南侧，北侧的步行入口则面对着疗养地公园和城市空间。

被作为文物加以保存的罗斯住宅将恢复原有的外露木构架立面，也就是说，后来增建的入口构筑物将被拆除。

为了凸显这座建筑的价值，朝向公园大街的入口将以缩进约80cm的方式得以强调。

诊所共有248个病房，266个床位，分为9个病区。

病房部分的上面两层均被分为三个普通病区，分别有30、30、27个单间，在西侧一翼的二层还设有一个残疾人病区，其中包括一个17单间和一个22个单间护理单元。

此外，还有更多的病房被安排在罗斯住宅的楼上。

诊所的每个病区都包括一个医生护士办公室、一间茶水间和一间杂务间。

每个病房都带有独立的卫生间。标准单人间的轴线宽度为3.35m，面积为11.7m²(包括卫生间和入口前厅在内)。新楼的每个标准病房还带有一个外阳台，底层的残疾人病房则可以直接通向花园，即内院抬高而形成的屋顶平台部分。

南侧的入口玻璃屋

入院部和床位调度位于二层的南入口处，几乎所有的病人都乘坐小汽车、出租车或公共汽车从这里进入诊所；与其相邻的是病区药房、行政办公室、财会室及其附属的文印室。

东侧一翼的二层靠近诊所入口处为医务办公室和就诊室，包括住院登记部、功能检查、X光室、检验室和治疗室等。紧挨就诊室的还有一间两床的观察室。

游泳池的医疗设施可供各病区的住院病人及门诊病人共同使用。

医疗设施被放排在诊所的底层，

罗斯住宅增建的玻璃楼梯间，其中一个联系通道指向新楼

通过现代的材料再现出罗斯住宅传统的外露木构架的立面特征。在粉刷成白色的墙面之外，敞廊及阳台精巧的金属栏板成为第二层表皮。

使来自病房和现有游泳馆的人们都可以方便的到达。游泳池的一部分仍位于原游泳馆之中，为此还对其进行了全面的改建，这里同时也作为门诊病人的入口使用。泥疗区(盆浴及热敷)被安排在了游泳馆与病房的连接部分。运动治疗区朝向底层的内院，使内院也由此成为体操和游戏的场地。

体操房和运动浴池位于底层中心十字交叉的通道旁，底层层高4.5m，以满足这些功能以及其他部分设备的通行要求。

这两个大厅都通过顶部的天窗采光。在上面的屋顶平台上，这些天窗与走道交叉点顶部的玻璃金字塔一起，构成了有雕塑感的结构造型。横向的走道与游泳池和体操房之间用玻璃墙体分隔，从而产生更为宽敞明亮的视觉效果。

一个小内院插入建筑底层之中，以提供新鲜空气。朝向内院的是与运动泳池相连的一个练习泳池、一个桑拿房以及另外两个体操间。

餐厅位于底层西侧部分靠近罗斯住宅的地方，一侧朝向内院，另一侧朝向公园大街。厨房位于病房部分之下，其货运和垃圾清运都借助于地下车库完成。

一个独立于主厨房的咖啡馆位于罗斯住宅底层，把公园入口和餐厅连接起来。与咖啡馆相呼应，门厅的另一侧是一个面向内院的休息室兼吸烟室，以及一个为诊所病人供应日常生活用品的小商店。

在罗斯住宅的二层还为病人安排了各种娱乐设施和集体活动室：阅览室、游艺音乐室、工作间、特种饮食及教学厨房。这些房间有着很高的品质，它们一方面有面对公共空间的良好朝向，紧临公园，另一方面又身处富于历史特色的外露木构架建筑之中。

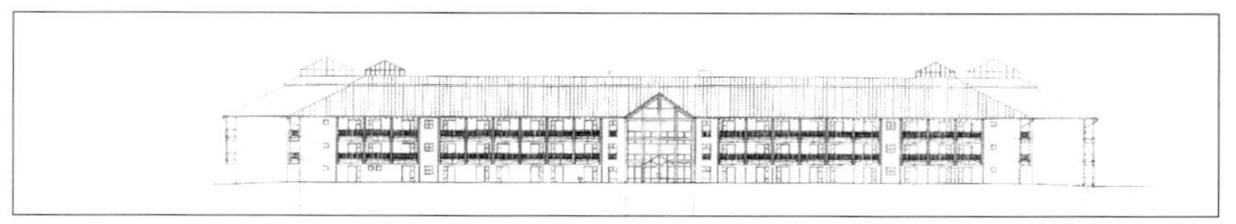
南立面图

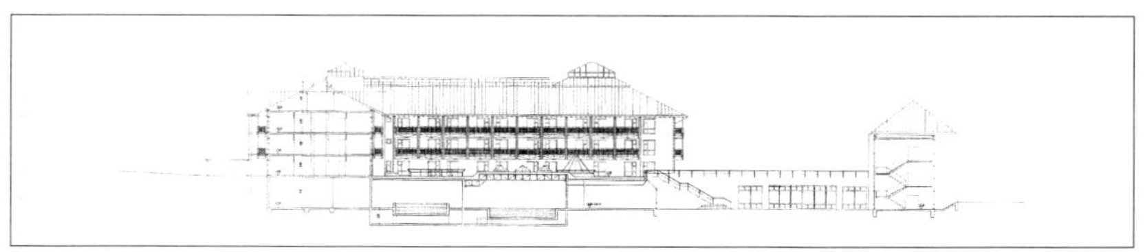
剖面图

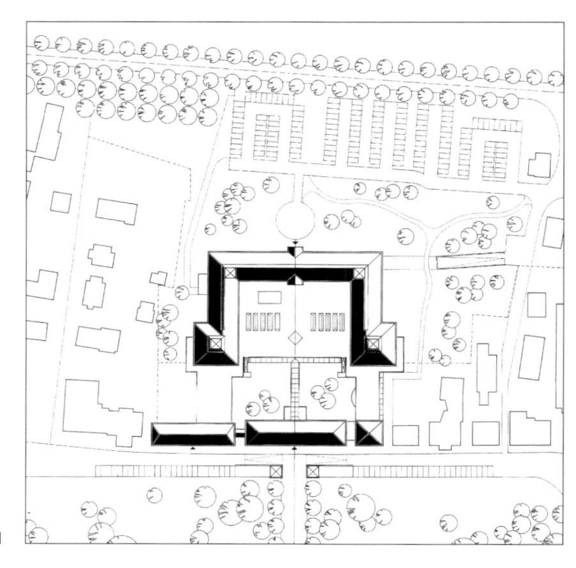
总平面图

柏林野战军疗养院

Lazarus Krankenheim
Berlin

事务所曾经在为这一地块中的一座医院举行的设计竞赛中获得头奖，因而得到了这项委托。

设计及建造时间：1986—1990年
业主：野战军疗养院及基督教会护理院
设计：Meinhard v. Gerkan
项目负责人：Peter Römer
合作人：Joachim Zais
Hildegard Müller
Frank Bräutigam
Karl Baumgarten
项目经理：Uwe Grahl
Christian Walther
Rolf Kühl
Otto Herzog
Klaus Schimke
Jürgen Kant
结构设计：Nicklisch + Hornfeldt
建筑设备：KMG-Klöckner,
Metternich, Gisella

疗养院的基地紧临Bernauer街，在设计开始的时候，这里正是西柏林最为偏僻的地区之一。大批来自东德的难民曾经在这里艰难的生存，使Bernauer街成为远近闻名的悲惨之地。原先柏林墙的一段构成了基地南侧和东侧的边界。在距离工程开工差不多还有整整一年时，柏林墙被拆除了；但是为了纪念德国历史上这段令人心酸的岁月，基地正对的那一部分墙体作为遗迹，以一种纪念碑的方式被保留了下来。

总平面图

疗养院的新建部分是一座五层楼的建筑，其中容纳了护理部和理疗区，

作为前景，柏林墙的一段以一种纪念碑的方式被保留了下来

它与原有建筑脱离开来，并以玻璃通廊与其相连。设计方案还包括供老人和残疾人居住的增建项目，与北侧现有的Alexandra基金会住宅相接。由此，保证了街道立面的完整，同时带有一个朝向野战军公园的开口。建筑主体以正方形的平面强调出了街区的西南角。

位于顶层的天窗突出了这座建筑物，并为室内大厅提供了照明。大厅是楼内居民共享的"公共"空间。其中除了环绕大厅的楼梯之外，还有一部玻璃电梯联系起各个楼层。在每个楼层位于中庭四角的位置上，都设有休息平台供人小坐。通过这种方式，在其中生活的人们虽然大都因为身体条件的限制而无法离开这所房子，却至少能够在室内进行一些相互的交流。

遗憾的是，由于建筑监理不肯让步，环形走道与朝向大厅的休息平台之间不得不用防火板分隔开来。

建筑底层是带有一个咖啡馆的公共空间以及下降半层的物理治疗的部分。运动治疗、理发、足部护理、活动

沿Bernauer街立面图

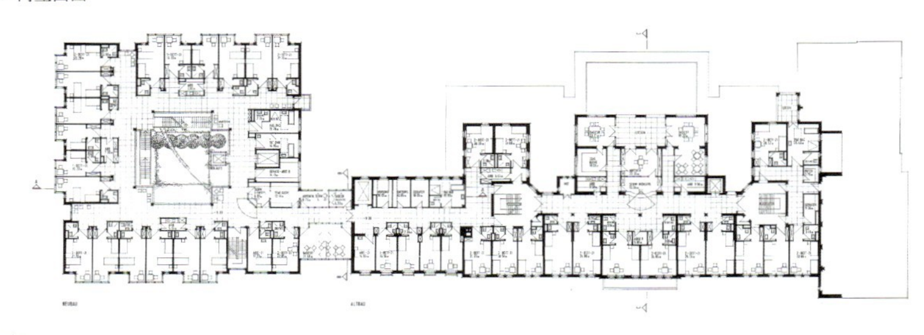

标准层平面图

天光穿过玻璃金字塔屋顶进入中央大厅

楼梯围绕大厅螺旋上升

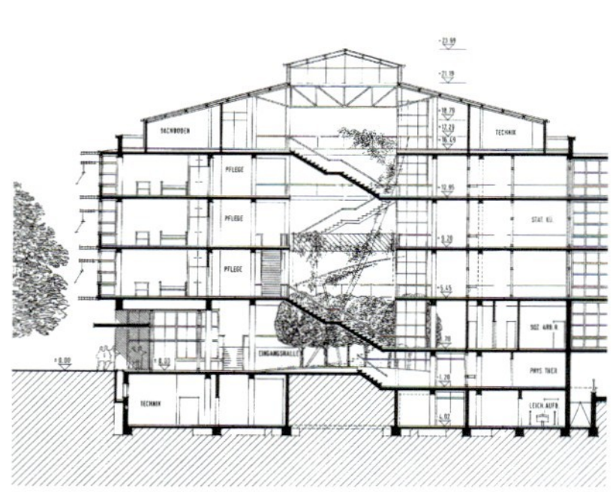

横切大厅的剖面图

大厅因此更能吸引人们在此停留，并显出几分小广场的特质

建筑师的“名片”：十字灯

室、图书馆和聚会室等空间都位于底层夹层，并有朝向街道和病人花园的窗户，裙房之上的三层都是护理部分，它们围绕着带有楼梯的大厅展开，并有着相同的平面布置。

在设计方案中，每个房间的面积都完全相同，且包含了一个小小的玻璃凸窗作为休息区域，使它们具有不同于常见病房的特质。

同时，这些玻璃凸窗也成为了建筑立面上的典型特征。除此之外，立面上还有一些点窗、其窗套由天然石材砌筑而成。

条状的天然石材划分了光滑的抹灰墙面，并强调出建筑物的底座部分。

屋顶和顶层外墙覆以镀锌铁皮，只在中庭上方的部分采用了玻璃屋顶。

左：
每个房间在标准平面之外都有玻璃和木材构成的凸窗，并在外面安装了遮阳篷。

建筑基座部分的固定遮阳板

教育及科研设施

居特斯洛卡尔·贝塔斯曼基金会建筑

居特斯洛[1] 卡尔·贝塔斯曼基金会建筑

Carl Bertelsmann Stiftung Gütersloh

竞　赛：第一名，1989 年
设计者：Volkwin Marg
建造时间：1990 年 4 月
竣工时间：1991 年 3 月
项目负责人：Hans Schröder
　　Michael Zimmermann
参与者：Hakki Akyol
　　Stephanie Jöbsch
　　Reiner Schröder
　　Jörg Schulte
景园建筑师：Wehberg, Lange, Eppinger, Schmidtke

这座卡尔·贝塔斯曼基金会建筑被看作是主管大楼长期扩建计划的奠基石。

在之前为这个联合企业的建造计划提供整体理念的城市层面的概念设计竞赛中，我们的方案获得了第一名。原因是我们在公园一般的办公环境中设计了一个中心湖面，这很好的反映出了贝塔斯曼股份公司的“团结精神”。

这片位于低洼地中央的圆形湖面由人工开挖而成，其人工特点也通过石质的岸线和具有几何感的圆形平面得以反映。

围绕着新建公园中的圆形湖面，应当是一些台阶状的小建筑，它们虽然没有主管大楼的体量，却仍然以严

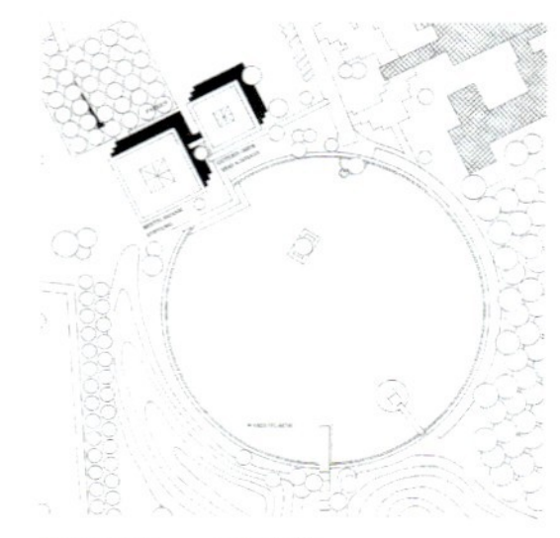

总平面图——工程 I 期

1 译者注：居特斯洛(Guetersloh)，梅克伦堡—前波莫瑞州的一座城市。

圆形人工湖面的水岸

格、正交的形式体现出理性的特点。基金会大楼连同公园和湖面将在短短一年的时间内建成并交付使用。

建筑主体朴实、轻巧、通透，且朝向公园的景色开放。玻璃的楼梯厅及其回廊将成为人们随意交往的空间。入口大厅带有一个临湖的平台，一个可以灵活分隔的会议室位于大厅的一侧，其地面略低于室外地坪，使人们宛如置身于郊外的一片低洼地中。办公空间的隔墙上部和面对湖面的整个立面都使用了玻璃，由此使室内空间更具通透感，更为轻巧，也使对外的视野变得更加开阔、宜人。

这座建筑在技术上和建构上都极为简约。没有使用空调和吊顶。精确、简约、通透本身就成为其美学上的特点。

连接两座建筑的通道

接待台

湖面映衬下的休息厅

左页：
建筑形象力求达到精确、轻巧和视觉上的通透性。
可以被分隔成三部分的会议厅，其标高略低于室外地坪。

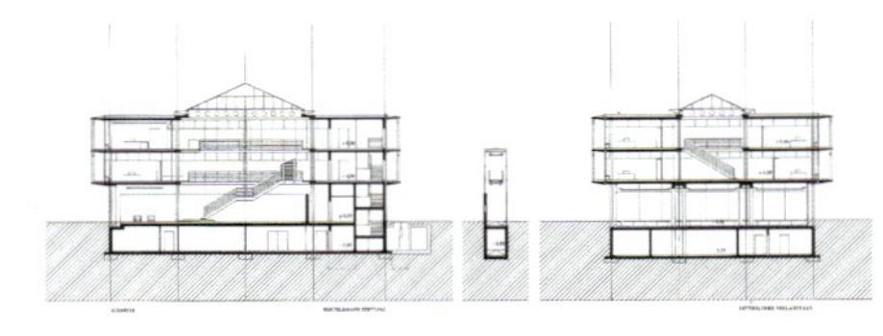
剖面图

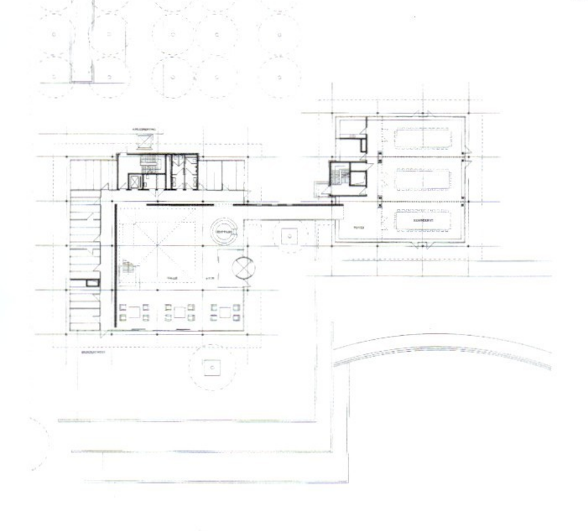
一层平面图

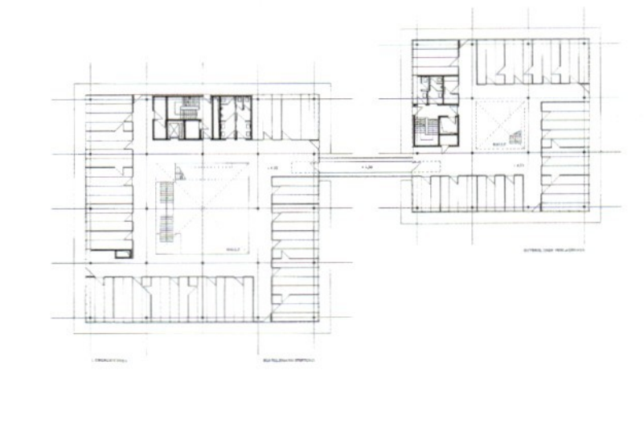
二层平面图

不来梅马克斯·普朗克微生物生态研究所

Max-Planck-Institut für mikrobielle Ökologie Bremen

竞　赛：1991年
设计者：Meinhard v. Gerkan
合作者：Karen Schroeder
　　　　Klaus Lenz

位于地块东侧和南侧L形的建筑体量，进一步加强了这两侧的现有街道空间。

浓密的绿化从地块的北侧和西侧逐渐向内扩散。地块的中心是根据地形布置的草地，其中只是分散种植了几棵大树，以尽可能达到一种自然的效果。人工开挖的水面是建筑的一个组成部分，因此采用了几何的形式。在这个事先给定的方整的地块中，东侧和南侧L形的建筑物于北侧和西侧L形的绿化构成了人工与自然的对话，它们围合而成的内部空间则成为员工们休息的场所。客房被单独置于地块的中部。

整个建筑给人的第一印象是一个简单的直角形，但几个经过精心安排被插入其中的圆形体量使空间变化呈现出多样性。

主入口位于L形的转角处，也就是整个建筑体量重心的位置。入口大厅为二层通高，只有一座天桥穿过其中。人们在进入门厅之后，立即就能看见那片在建筑物庇护之中与世无争的空地。

每个层面按照双面走道或双走道的形式进行布局，辅助用房都位于暗区，同时在交通空间中产生丰富的变化。圆形体量的中心也将成为人们在这座直角形的建筑物中相互交往的核心空间。

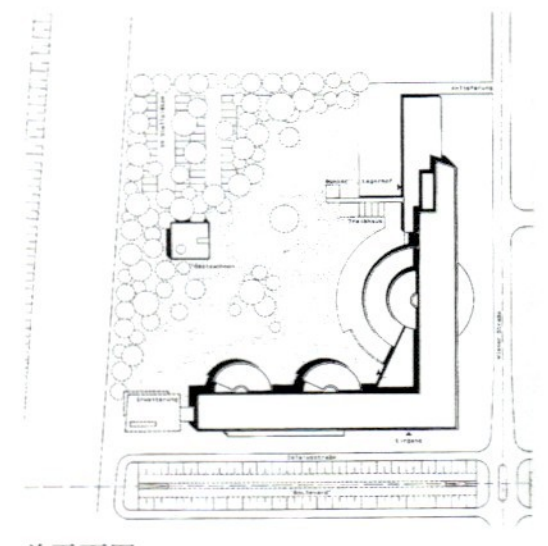

总平面图

西立面图

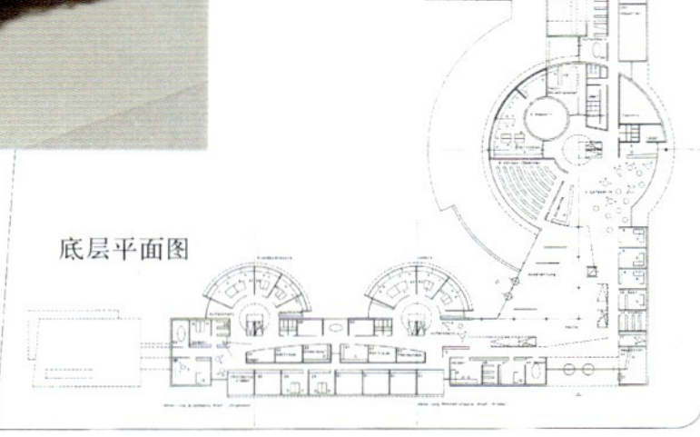

底层平面图

汉堡电力股份公司培训中心

汉堡电力股份公司培训中心

Ausbildungszentrum HEW Hamburg

建造时间：1987 年
竣工时间：1990 年
设计者：Volkwin Marg
合作者：Hauke Huusmann
Petra Zacharias
Marion Ebeling
Christian Kreusler
静力计算：Schwarz + Dr. Weber
场地设计：Wehberg, Lange, Eppinger, Schmidtke

新建的职业培训中心是现有继续教育中心的补充部分，并以一条通道与之相连。

基地西侧部分为将来可能建造的职工之家和运动设施预留了空间。

车辆由现在的 Moosrosen 小道进入。为了使汉堡电力股份公司大楼更为完整，应当取消街道的急转弯，而按

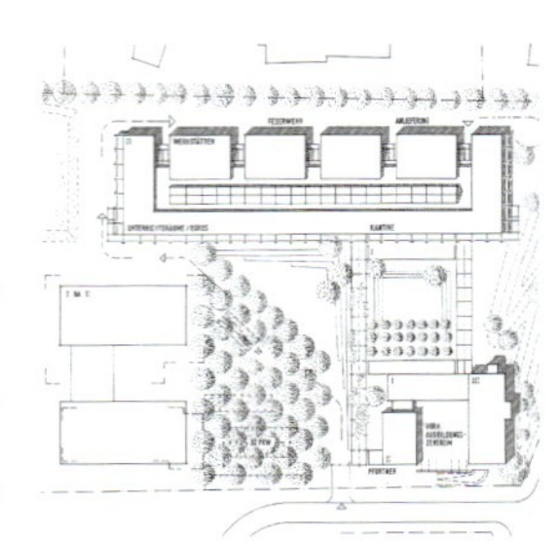

总平面图

藤架回廊环抱之中的前广场

照39号详细规划，建立起与Bramfelder大道的联系。

汉堡电力股份公司大楼基地中将新设100个小汽车停车位，其中68个位于新建筑的地下层，另外32个则是位于入口附近的地面临时停车位。

工作间、教室、办公室和食堂分布在休息展示厅周围的上下两层。这个大厅具有巨大的展示空间，除了关于生态学的建筑方式的常设展览和展示橱窗之外，还容纳了一个咖啡厅。E技术(E-Technik)工作室和教室都集中于上层，M技术(M-Technik)工作室和电焊间则因为其较重的荷载以及对货运便捷的要求而被安排在底层。食堂、模型间和办公室位于入口附近，从这里可以直接通往原来的继续教育中心。地下层设有更衣间、库房以及小汽车停车位。车库还为将来可能的改建工程预留了空间。

钢构架与黄色墙面砖相结合形成了一种氛围，将职业培训中心的技术世界与现有继续教育大楼的砖材融合了起来。装有玻璃的休息展示厅将成为人们交往的中心。

两幢建筑物的入口都朝向前广场，在藤架和回廊的环绕之中，这里也将在天气晴朗的时候成为人们户外休息的场所。

基于生态学和生物学的附加措施

建筑材料：

广泛采用自然的、健康的、生产过程低能耗且环保的材料，以创造出健康的室内环境。外墙面采用砖材，内墙面采用砌体材料，钢窗，木门，大厅、走道、食堂和卫生间等铺设陶质地砖，教室的地面为松木，金属车间的地面则采用横断木料。

通风、室内气候：

工作间和教室全部通过活动窗扇自然通风。

只有在暗厕所、食堂、位于地下层的车库和活动室等特殊空间才使用强制通风。

南立面上，太阳能发电机同时也是固定的遮阳板。

教学楼间隔处开敞的室外楼梯

一个螺旋楼梯通向南立面悬挑的外阳台

建筑的北面

玻璃穹顶下的热空气将被回收利用，以降低为地下层的活动室供暖的空调设备的能耗。

热能储存:

以固定构架储存太阳能，同时在室内，尤其在玻璃大厅部分和南立面上，使用季节性的移动遮阳板。南立面安装有遮阳构件。夏天，它们与阔叶植物一道遮挡着阳光；到了冬天，当树叶落下之后，房间则能得到更多的热量。

绿化:

适当的布置绿地以达到生态上的协调，使建筑融入环境之中。同时将多余的雨水汇入食堂前面的水池之中，形成一个生物、树木的潮湿的群落生物环境。

室内绿化:

在整座建筑中布置盆栽植物，不仅仅作为装饰，更是为了利用植物的生态价值来提高室内的空气质量。

街道、小径、停车场:

街道和小径的路面采用渗水材料，即以铺石路面取代封闭的黑色路面，以保持地下水位的平衡。此外，作为生态学的协调手段，还将在停车场上种植树木。

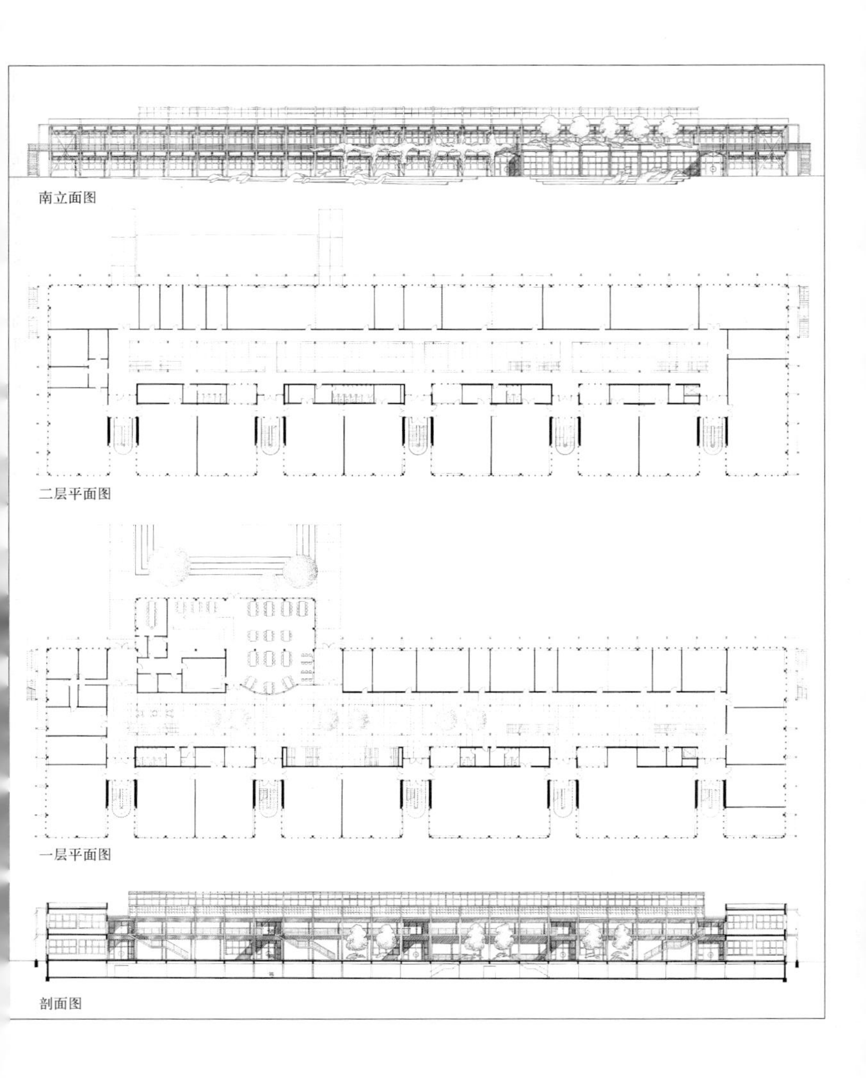
南立面图

二层平面图

一层平面图

剖面图

城市设计

德累斯顿老市场

德累斯顿老市场
Dresden Altmarkt

第一阶段竞赛：第 2 名，1991 年
第二阶段竞赛： 一等奖，1991 年
设计者：Meinhard v. Gerkan
合作者：Hilke Büttner
Kai Voss

设想中的新建筑以形态学的方式与其历史性的环境相联系：由五个单体组成的建筑群以一种与历史情形相似的方式限定出了街道、小巷和广场。

十字教堂从南侧和西侧被围合起来，从而形成了一系列激动人心的小广场，同时恢复了与巨大的老市场的斜交关系。Schreiber 小巷几乎完全按照原来的走向得以重建，它与一条横向通道一起，构成了十字形的、带有玻璃顶的通道，引导人们进入周边的街道、广场、外廊。

建筑的高度以周边环境作为参照，并与历史上的情形保持一致。

改建后的老市场之前的空地，除了中间的一个喷泉之外，将全部为铺地所覆盖；其图案是两个交叉重叠的轴线方向和空间走向的衍生。

为了将老市场的广场与宽阔的 Ernst — Thaelmann 大街在空间上分隔开来，将建造一排柱廊，这样，即区

分了两个城市空间，又保持了空间结构和视线在广场平面上的连续性。

此外，方案建议增建位于Ernst—Thaelmann大街北侧的文化宫，使其入口朝向街道，同时以这种方式来限定此处的街道空间，将人们的注意力从笔直的Ernst—Thaelmann大街转移到与其垂直的老市场上。

通廊连接起四个建筑单体，其中三个都带有满铺基地的、两层高的裙房。南侧的两部分将容纳零售商业。西北角的建筑为德累斯顿银行。在二层营业厅上，将有一个宽敞的、带有玻璃天窗的室内大厅。只有东北角文化馆的裙房为一层高，一段开敞的大台阶与其相接。在玻璃大厅内，除了活动大厅之外，还在各层都安排了展示空间。文化馆的这个玻璃大厅就如同剧院中的观众席，对面的十字教堂入口则相当于舞台的布景。清晨和黄昏时分，照在十字教堂的亮光将使这种戏剧化的效果更为强烈。

一部分办公室朝向半开放的庭院，另一部分则朝向带玻璃顶的通廊。楼梯、天桥和骑楼可以随意的安置其中，以满足整个综合体在功能上的要求，同时以一种与莫斯科GUM百货大楼[1]类似的方式，使通廊的上部空间也充满了动感和活力。

位于玻璃天顶上部的楼层是带有屋顶平台的艺术家工作室。

南侧两个单体半开放的内院中也都将建造六层高的住宅。

一座方形的旅馆建筑将座落在Pfarr巷和Schul巷之间的地块上，其主入口朝向十字教堂处的通廊出口与Pfarr巷的交角处。这座大楼的裙房部分也为两层；上部的旅馆客房层围合出一个巨大的、镰刀状的玻璃大厅。旅馆设有174个客房，72个小型套房和24个套房。

设计者试图让整个综合体表现得更为谦逊，因而放弃了自我表现的姿态以及历史语汇的引用。

统一感与多样性在此处于一种极为紧张的平衡状态。这主要是以双层立面的方式实现的。而位于内外两层立面之间的空间基本上都得到了利用。

另一方面，双层立面把综合体在垂直方向进行了划分：裙房大都采用柱廊的形式，以区别于重复叠合的立面的上部。

除了老市场空地之下的一个独立的车库之外，在通廊综合体的下面也将有两层地下车库，其中间的净高满足货运车辆的通行要求，周边二层则是小汽车的停车位。出口和入口的车道都与Dr.-Kuelz环路相接。

1 译者注：莫斯科GUM百货大楼，由A.Pomeranzew设计，建于1888—1893年间，位于莫斯科红场，是俄罗斯最大的百货大楼。

东立面图

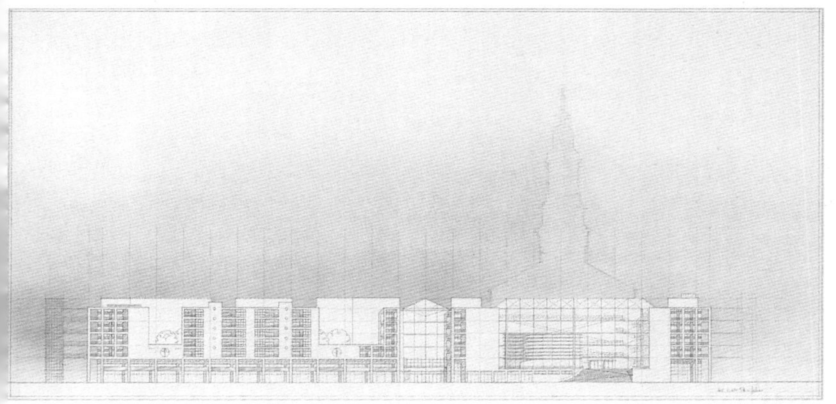

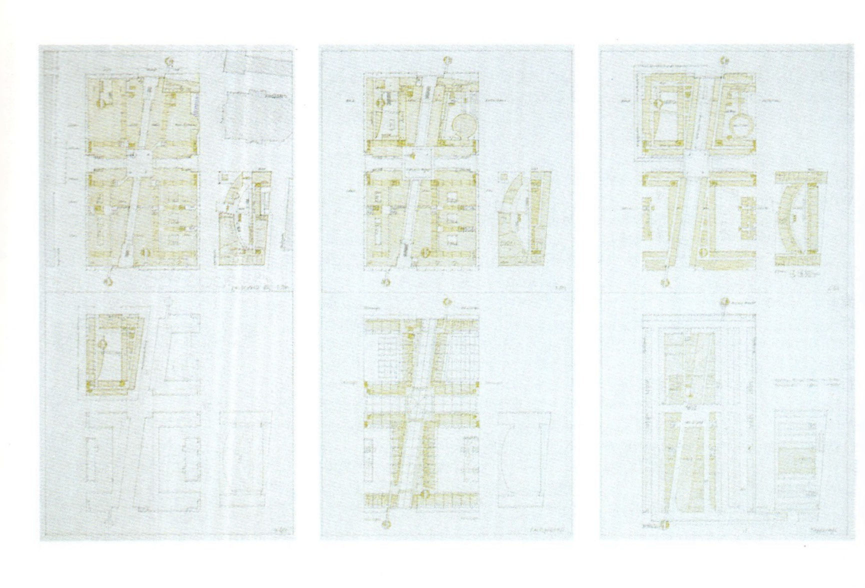

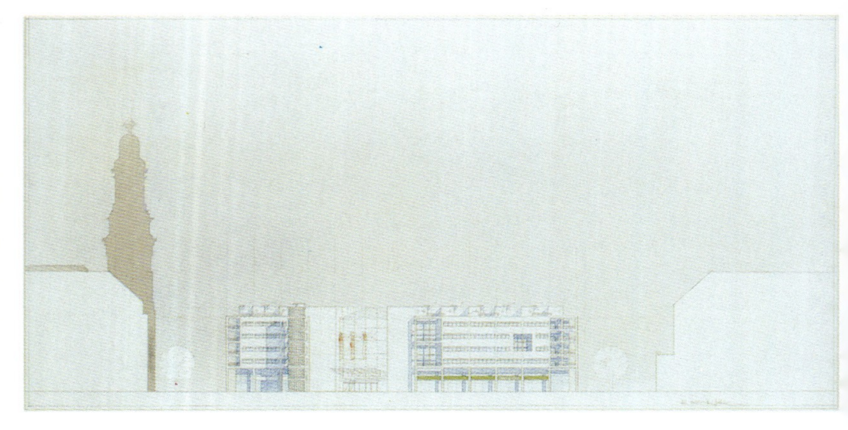

Langenhorn 市场购物中心
Einkaufszentrum Langenhorn-Markt

竞赛：一等奖，1991 年
设计者：Meinhard v. Gerkan
合作者：Volkmar Sievers
Karen Schroeder
Klaus Lenz

Krohnstieg 街南北两侧的建造方案是分别根据完全不同的前提条件而产生的。

北部是一条带有玻璃顶的购物街，它以地铁车站和地下通道为起点，平行于Krohnstieg街设置。购物街的端头是一个方形的购物广场，它可以是露天的，也可以同样被覆以玻璃天顶。在寒冷的季节，这个广场也可以用来容纳各种各样的功能。

综合体将在城市尺度呈现出鲜明的几何特征，位于其重心的是一座点状的建筑。

购物广场的一部分朝向Krohnstieg街开放。一条微微倾斜的坡道将人们从这里引向一座天桥。天桥之下是四条交通繁忙的车道。

可以认为，通过坡道与起点的设置解决了步行桥的根本问题；它在南侧又伸入沿着 Krohnstieg 街的购物骑楼之中，形成一条通往地铁车站的封闭的环路。

南侧的建筑物紧贴 Krohnstieg 街呈镰刀形，构成这把“镰刀”的是几幢点式的办公楼。

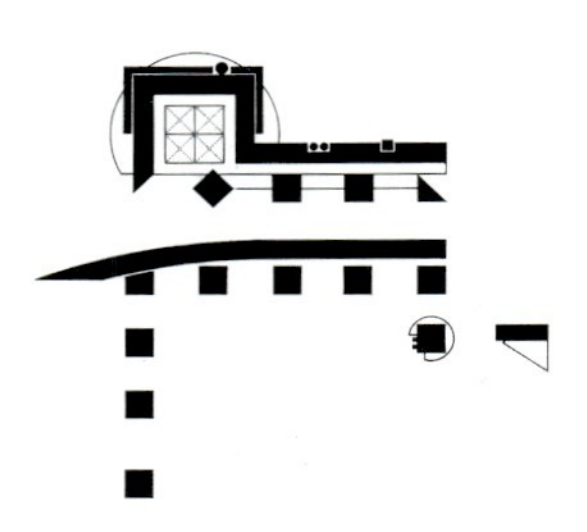

从西侧看模型

“星形基地” - 伯明翰国际商务中心

“Star Site” Birmingham International Business Exchange

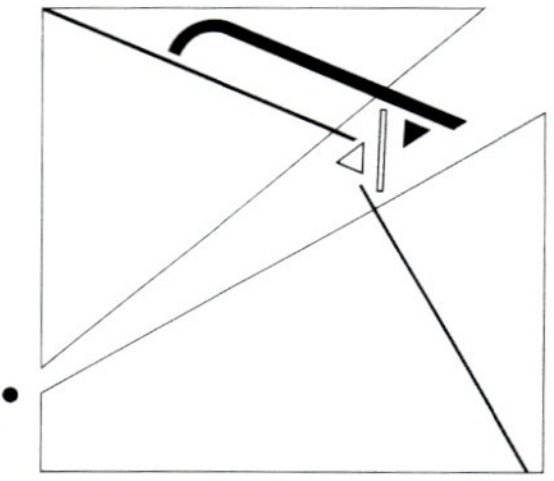

专家意见[1]：1988 年
设计者：Meinhard v. Gerkan
合作者：Hans-Jörg Peter

综合体的骨干是两条玻璃通廊。这组位于二层的步行轴线把综合体的中心和焦点部分与南边计划中的新不列颠铁路车站、Lichtfield 路以及北边的Stafford公园连接起来。通廊两侧排列着各种类型的办公建筑，其中间隔着绿地和水面。两条通廊的交点是位于综合体中心的广场；广场同样带有玻璃顶，并且被两座塔楼强调出来。

现存的长条形的电力开关站建筑将在原址予以保留，并作为技术博物馆嵌入综合体的中部和广场之中。

沿着 M6 高速公路是一座 8 — 10 层，可容纳 7500 辆小汽车的停车库，它同时能将来自高速公路的噪音隔离开来。

综合体中部广场处有一座大型公园，里面布置有水面、山体和树木，它也可以作为雕塑园使用。

基地自身具有一定的地形特征——坡地、水流和一组小径——所有这些都创造出一种“场所精神”，其影响应当通过城市和建筑层面的设计得到反映。同样，电力开关站、基地不规则的形状以及运河的走向，都为新的城

1 译者注：专家意见(Gutachten)，设计开始之前对于各方面情况作出的评估。

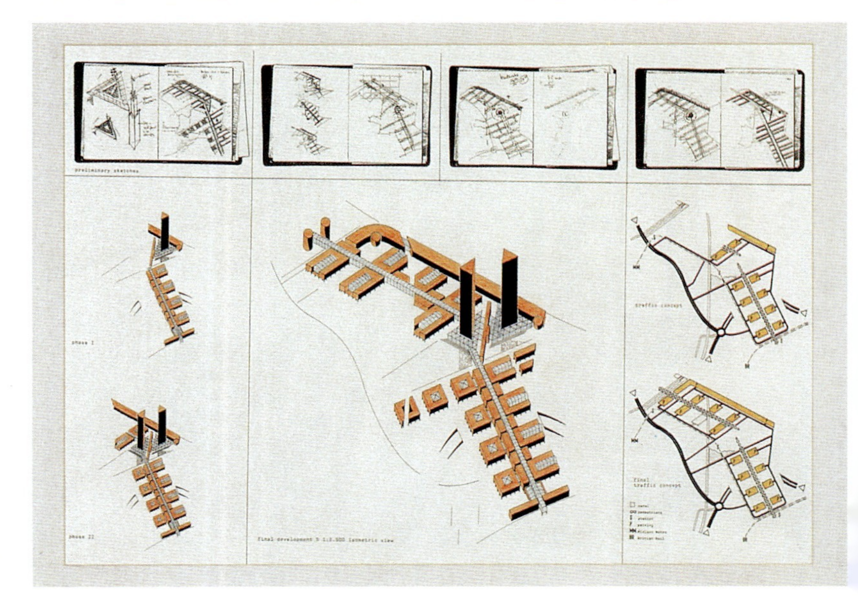

市构筑物创造出了特别的情境。

由此，整个建筑综合体应当统一采用5—6层的高度，并且都以砖为主要的建筑材料。只有两座塔楼冲破这一高度控制，作为地标为整个方案带来了张力。

这对三棱柱形的塔楼组合以其典雅、简洁的姿态成为举世首创。150—170m的高度使它们成为统领大片区域的地标。

在方案中，与两座塔楼相对的是一组六层高的、形态各异的巨型建筑物，其中以围廊式建筑为主，内院将覆上玻璃顶以阻挡恶劣的天气。地下层是停车库和服务空间，而主入口设在二层，与通廊处于同一平面。

干道沿着并不宜人的河床布置，路面一部分将在地面之下。

所有的建筑都与道路有直接的联系。行人流线则沿着通廊中间单独设置。几乎所有的建筑都与其相通。大部分的小汽车(约7500辆)停放在多层车库中，其余的停车场位于底层或是直接位于某幢建筑的地下车库中。服务通道和相关的停车空间在玻璃通廊之下。

联合大运河的走向保持不变，生硬的插入建筑群中。这一安排是为了保持基地的历史特征，并由此提出一个城市空间的新概念，即新旧两组城市结构的对峙。

其余的小运河和水道与新的建筑开发项目并存，以提高室外空间的城市品质。

二层平面主要是沿着通廊布置的购物空间。办公空间位于上部的几层，顶楼则是一些带有屋顶花园的跃层公寓。两座塔楼主要作为办公空间，较高的楼层上将会有一个旅馆。电力开关站的建筑将被保留并改建成为技术博物馆。广场周围的区域也可以容纳一些博物馆设施。

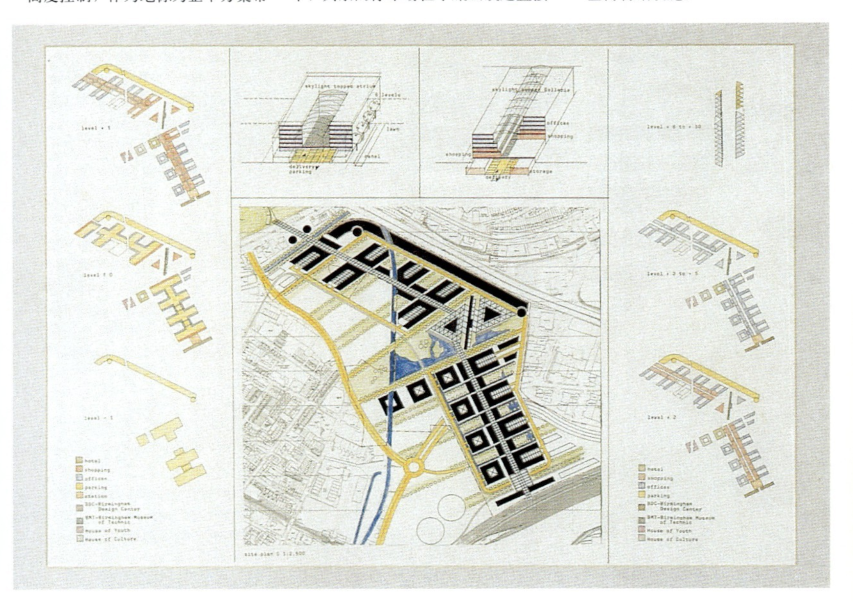

紧邻斯图加特中央火车站的银行及行政中心

Bank-und Verwaltungszentrum
am Hauptbahnhof Stuttgart

竞　赛：1989 年
设计者：Meinhard v. Gerkan
合作者：Manfred Stanek
Christian Weinmann
Susanne Schliebitz

两条玻璃通廊构成的十字建立起与相邻城市空间的联系。一条通廊由火车站前广场向北延伸，穿过这一区域，贯通其内部，并将它与相邻的地区连接起来。另一条通廊与它正交，连接起 Heilbronner 街另一侧的城市空间，然后一直延伸到东南方向的城际停车场、火车站台最终到达车站另一侧的皇家花园。这个十字同时也反映出该中心内部的交通组织。

一组五层楼的综合体容纳了大部分的使用面积，为了不超出高度的限制，它几乎占满了南端的地块。主要的交通和公共空间都位于地上一层，并且直接由通廊进出。在块状的建筑体量之上，十座小型的圆柱形办公塔楼分布在南北向的轴线两侧。它们有着特别的空间品质和良好的视野，同时也成为该地区不可替代的辨识标志。这些塔楼有着不同的、自由变化的高度和层数，加上平面布局的节奏变化，将创造出一种剪影的天际线效果。这种层叠和立体的形象将成为该地区特有的品质。

以这种方式，可以产生不同大小、不同形式的办公空间：从大面积的大办公区到精心划分的成组的办公室，从双面走道的小办公室布局到动人的空间分隔，都可以在圆柱形的塔楼中找到。

整个综合体具有低矮的体量，只有几座瘦小的塔楼突出在上。这保证了Heilbronner大街面向城市和对面斜坡的视野。同样，由于没有采用巨大的建筑体量，也保证了河谷地区的空气流通。方案在北侧的地块中设置了一座城市尺度的构筑物，其内部为大面积的绿色开放空间，其中包括一片节庆绿地。沿着Heilbronner街可以设置两个行政广场，使Heilbronner街另一侧的坡地延伸到中心的绿色空间。沿着铁路设施也以同样的方式在银行区设置了方形的“城市别墅”，以容纳小型的服务业。

建成已久的运输公司大楼可以作为典型的文物建筑向公众开放，同时将背后的小型工商业用地围合起来。

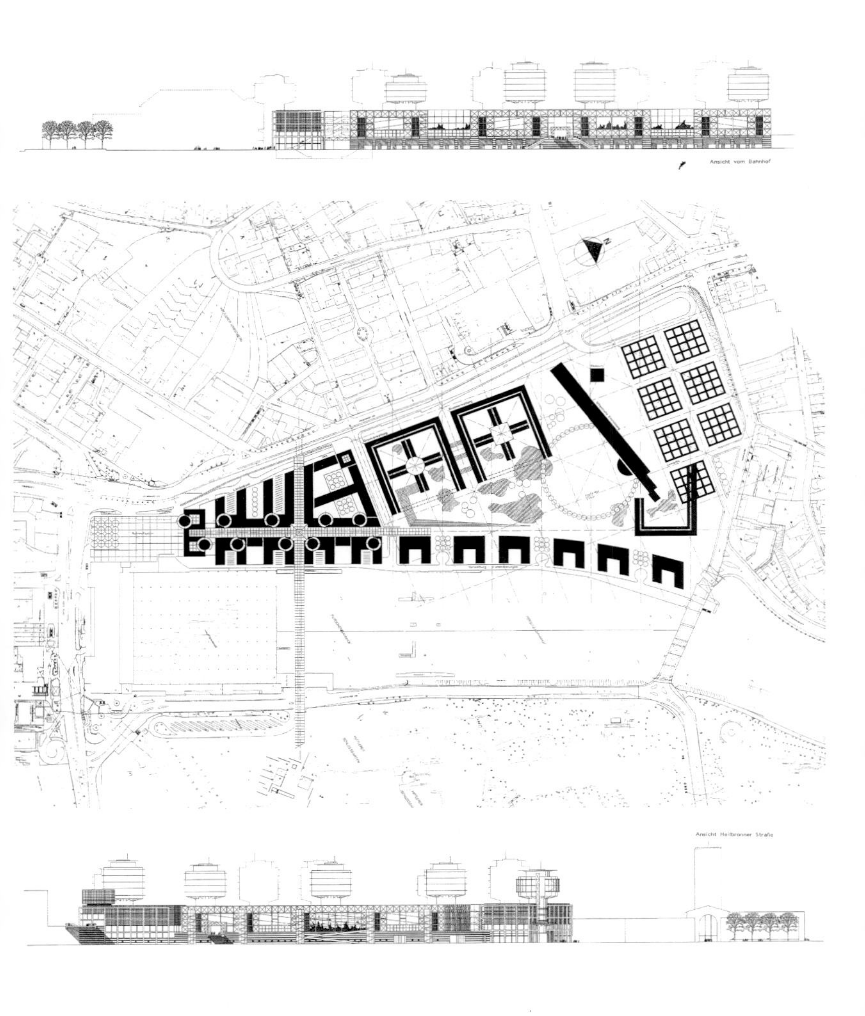

Ansicht vom Bahnhof
Ansicht Heilbronner Straße

法兰克福(奥得河畔)共和国广场实施竞赛

Realisierungswettbewerb
Platz der Republik, Frankfurt/Oder

竞赛：一等奖，1991 年
设计者：Meinhard v. Gerkan
合作者：Volkmar Sievers
Alexandra Czerner
Karen Schroeder
Dirk Schuckar

将1925年和1990年的城市地图重叠在一起，我们就能看出这座城市的平面结构发生了哪些根本性的变化。往日被分割成小块的用地结构和城市的多样性已不复存在。今天，大尺度的、形态相似的条状建筑物到处蔓延，使街坊的边界支离破碎。与此同时，小尺度的街道和小巷也几乎完全为巨大的、尺度混乱的城市空间所取代。与历史的关联只剩下几座文物建筑——市政厅、圣母玛利亚教堂遗迹、天主教堂以及 Lenné 公园的绿地。此外，Wilhelm-Pieck街上的高层建筑则是统领这一地区的主宰。

设计者认为，应当采用一种类似于1925年城市结构的组织原则来与当今大尺度的功能综合体相对峙，从而产生一种与现有环境无法调和的冲突。

由此，新的造型只能以这样一种方式作为肇始：一方面对无法改变的实际环境作出回应；另一方面，保留现存的历史元素，作为城市代表性的见证。

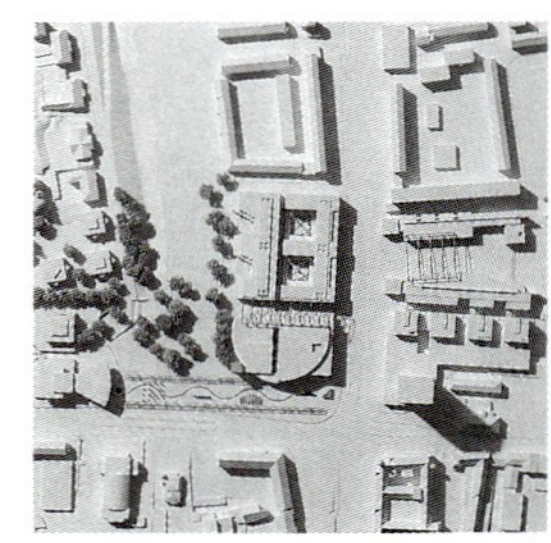

城市设计的解决方案可以从这一意义上加以理解。在三个独立的地块中采用了完全不同的建筑体量形式，一方面重新反映出城市结构的多样性，另一方面也对于各个地块的现状作出回应：

城市设计布局

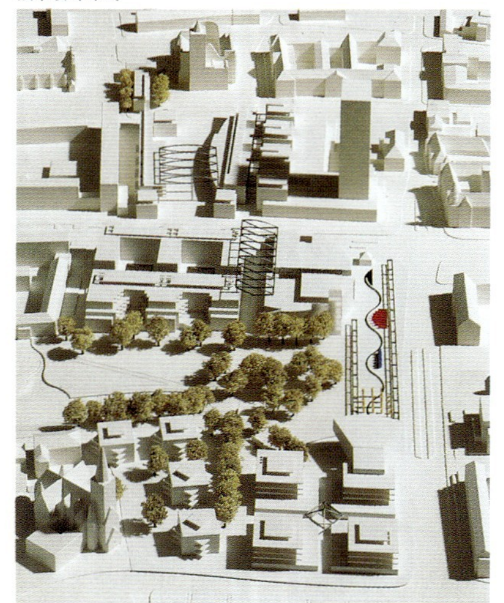

顶层平面图

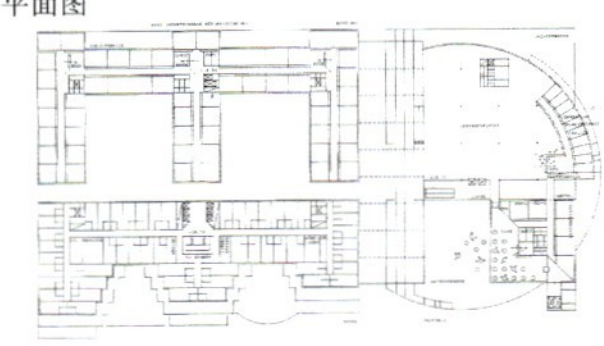

首层平面图

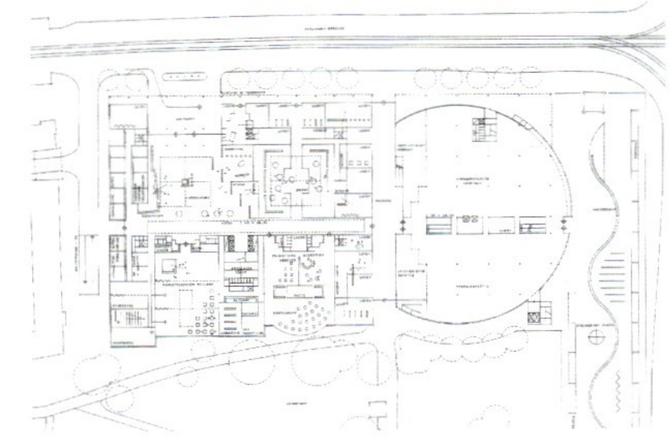

喷泉广场的建筑将采用巨大的、开放的U形体量，来创造出一个与玛利亚教堂遗迹相称的开放空间，并通过其建筑形态组织来限定出尺度宜人的街道和广场空间。

“消费”区将结合周围的城市空间兴建，其中南边的部分是一个块状的建筑体量。

“消费”区北边的部分是四幢“星别墅”住宅，其中每幢都能提供20套住房。它们将在天主教堂前面围合出一个适宜的开放空间，同时保证Lenné公园与教堂周围空间的连续性。

原有位于Wilhelm—Pieck街以北的Wilhelm广场将成为一个长条形的、人工布置的城市广场，与Lenné公园的开放空间形成对比。

为了满足任务书对于使用效率要求，位于先前竞赛基地上的建筑物采用了紧凑的块状结构形式，并以此体现出各种不同的使用功能。百货商场位于建筑南端，其平面由一个长方形和一个圆形重叠而成，由此生成一个极为生动的形象。一般的百货大楼通常是内向的，以中性的、冷漠的立面朝向城市；而这里，主要的交通元素被移到了建筑物的外部，使人们从外面的公共空间就能看到商场的繁忙景象。在覆盖着玻璃天顶的部分，商场与开放的街道空间在各个楼层紧紧咬合在了一起。

在横向通廊的北侧，建筑的西翼是一座面向Lenné公园绿地的旅馆；东翼是沿卡尔·马克思大街走向布置的办公楼，这两部分都采用了梳状的平面形式。

旅馆的大厅位于建筑底部两个内院中的一个，并通过一个巨大的玻璃天窗采光。

朝向Lenné公园的立面图

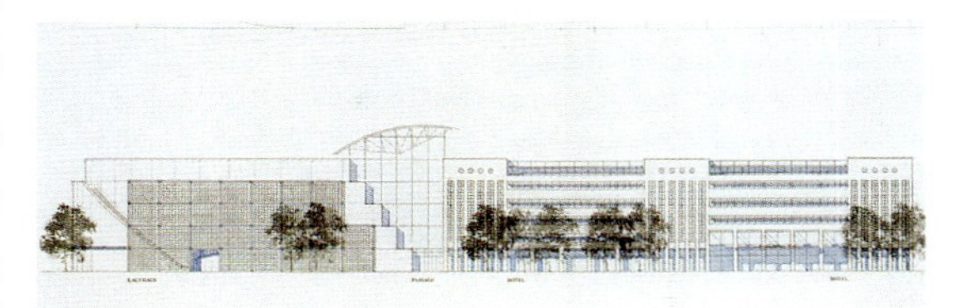

朝向卡尔·马克思大街的立面图

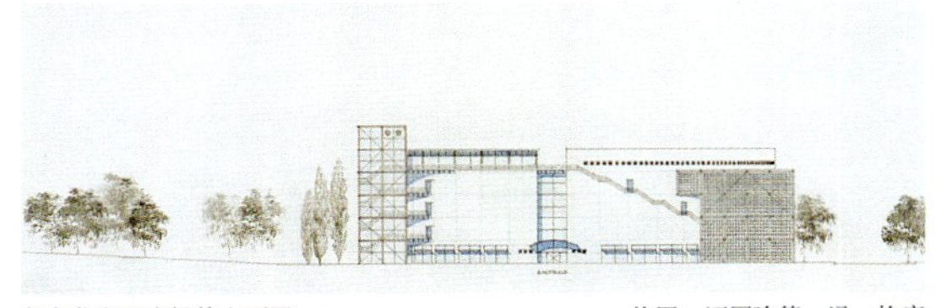

朝向共和国广场的立面图

绘图：迈因哈德·冯·格康

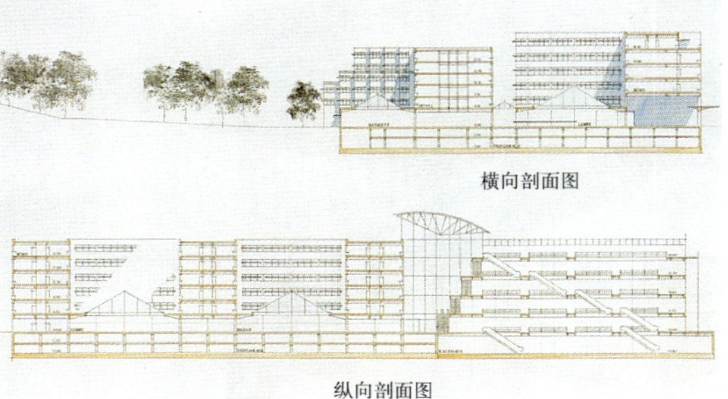

横向剖面图

纵向剖面图

汉堡空港机场中心

Airport-Center Flughafen Hamburg

项目研究：1990 年
设计者：Meinhard v. Gerkan
　　　　Karsten Brauer
委托人：Philipp Holzmann 股份公司

其他城市的先例表明，国际机场的建造往往能够吸引办公、服务业和高科技产业在其周围聚集。随着人们流动性的日益提高，这些企业出于对交往的要求和对形象的考虑，往往会在机场地区落户，并与乘客办理手续的大楼和航空货运设施互惠共生。在大型机场设置带有会议室的旅馆总是合适的，这也是国际上常见的做法。

出于这一背景，汉堡空港机场中心项目由 Philipp Holzmann 股份公司委托拟定。

一个200间客房的旅馆将容纳餐厅、会议室、商业通廊、健身区和一个总使用面积为 $11000m^2$ 的办公综合体。

该方案将证明，在汉堡机场的所在地上辅以相关的功能是可行的。

乘客大楼扩建的竞赛方案中城市设计方面和功能上的目标将在上述设想框架内重新得以诠释。

机场旅馆位于中央节点，它与乘客候机楼之间以及中心各个建筑单体之间的联系均由架起的人行天桥完成。天桥位于出港大厅和停车场的顶面之上，并且作为半开放的交往空间在旅馆大厅中联接起餐厅和商店。

透过南立面的大玻璃，10 层高的大厅面对着新的候机楼。人们在其中的各项活动将使这个带有玻璃拱顶、充满阳光的旅馆大厅成为机场中心的

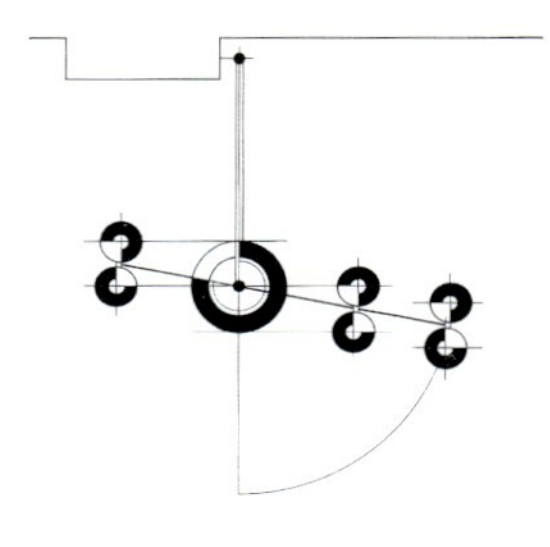

重心。

三个独立的双桶形建筑构成了办公综合体。通过这种划分，可以根据不同的使用要求和前广场部分的分期建设要求来提供不同的办公空间。

办公楼的标准平面在使用上非常灵活，并且尤其适于中小型公司的需求。两个圆柱体内的垂直交通由中心

圆柱形的建筑体量与圆形的停车库组成了序列

纵向剖面图

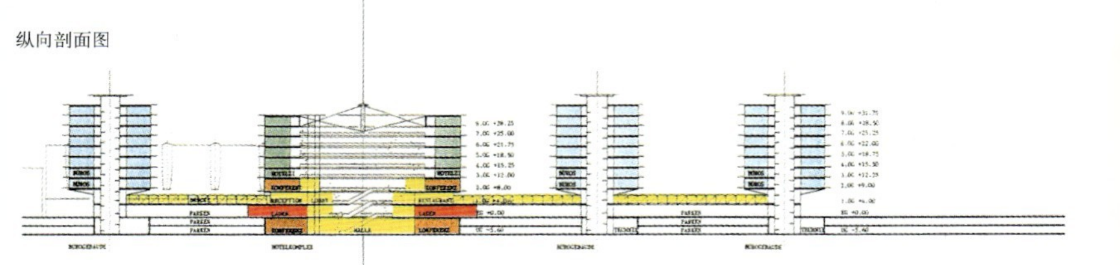

的一组电梯以及位于横向走道上的一个楼梯间完成。此外，在每个圆柱体的中心还有一部楼梯，作为各楼层之间的内部联系。约300m²的圆形平面按常规被布置成一间间并排的房间，每个承租人可以根据自己的要求自由划分，并且避免其他承租人的穿越。紧凑的圆形平面可以作为单间使用，也可以划分为成组的房间。

旅馆和办公建筑选择了圆形的形式，一方面是为了保持并加强现有两座停车场建筑所构成的节奏，同时与乘客大楼的建筑体量构成鲜明的对比。由此，这组建筑在整体上呈现出一种不同寻常的、独特的姿态。

通过把巨大的建筑体量分割成一组圆柱体的形式，机场中心建筑群保持了东西方向上的视觉通透性，同时最大程度的保证了乘客大楼与陆侧之间的联系。

机场扩建竞赛得奖方案还曾经建议，将停机坪一侧的陆侧广场与各建筑单体分开，使来自于城市的人们从入口道路就能望见乘客大楼。

标准层平面图

斯图加特机场空港城

Aero-City
Flughafen Stuttgart

设计者: Meinhard v. Gerkan
合作者: Hilke Büttner

随着社会流动性的不断增强，国际机场对于办公、服务业和高科技产业的吸引力也日益上升。

本方案包括一个160客房的旅馆，其中有健身区，带有餐厅、商店的散步回廊和会议室，以及一个总面积约为13500m²的办公综合体。

整座建筑还配备有一个能容纳1900辆小汽车的车库以及约150个地面停车位。

一个半圆形的一层高的散步回廊是建筑的主线，它位于四座9层的办公塔楼和一对9—11层的旅馆双塔底部，与候机厅处于同一标高，并联接起这些塔楼。

陆侧的广场也为半圆形，通过周围的台阶下沉至进港层，成为一个巨大的、迎接到港旅客的接待区域。车库的入口也位于其中。

作为公共空间的散步回廊是整个中心的心脏。

主入口所在的南立面通长安装玻璃，从这里可以看见新的出港大厅；北面则是商店和餐厅的区域。

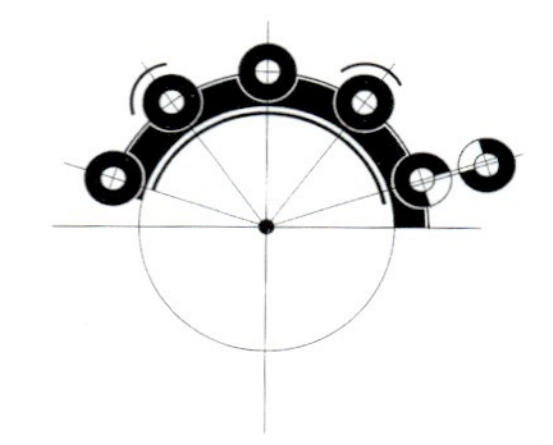

会议区位于地下层，并以楼梯和吹拔与入口部分相连。这里可以容纳各种活动。

北立面图

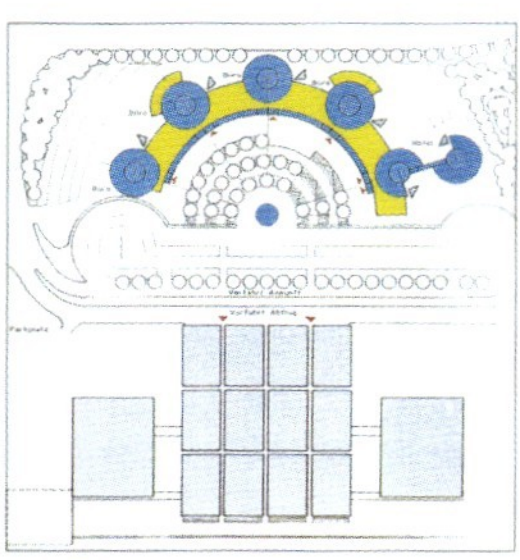

总平面图

办公塔楼和旅馆的入口，以及大厅中各种功能的综合和多样的活动将使这里充满活力。

办公综合体被分作四个单体，这使得空间划分更为灵活，也使整个建筑的分期建造成为可能。

办公和旅馆部分的圆柱形的竖直体量与出港大厅的斜坡屋面相对，使整座建筑具有更为鲜明，更为独特的形象。

圆形的平面保证了建筑在南北向的视觉通透感和空气流通，也使人们从更远处的街道就能看见出港大厅。

总体布局，乘客候机楼位于南面

西立面图

诺伊斯－哈姆费尔德[1]办公中心
Bürozentrum
Neuss-Hammfeld

专家意见：1990年
设计者：Meinhard v. Gerkan
合作人：Karen Schroeder

基地是一块没有明确结构特征的城市用地，其中的建筑物都或多或少的表现出独立的姿态，因此并不存在一个结构框架，作为办公中心的设计依据。

地块的三边被街道围合，没有明确的场所特征。

在这种情况下，我们提出了一个方案——在城市中创造一个新的地址，在周围种上行道树，形成一个城市中的"场所"。

基地的对外联系和步行系统由东南西北四个方向组成。一条横道连接着通往地下车库的入口，使车辆从南北两个方向都能进入地块。

这一方案的另一特点是建筑被分成了四个单独的部分，它们可以分别在不同的时期被建造，并且出售给不同的业主。

每个单体都带有一个一层的裙房，裙房向外直达基地边界，向内则以广场和通道为边界。

裙房之上是点状的建筑，其层数

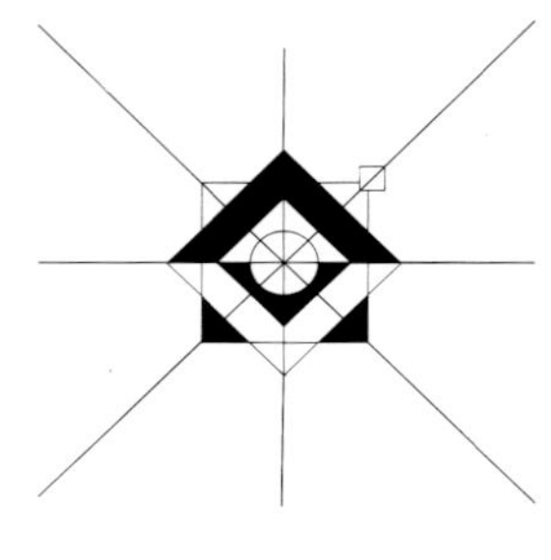

1 译者注：哈姆费尔德(Hammfeld)，是北莱茵威斯特法伦州诺伊斯市中心重要的办公区和服务业中心。

两个对比强烈的方形体量相互穿插，成为该方案的特点之一。

根据城市设计的准则和建议由业主自行确定。从这个角度而言，模型所表现出的建筑高度只是许多可能性中的一种。原则上，其中有可能会有几幢很低的建筑，而为了充分利用基地所容许的容积率，另外几幢会更高一些。

方案没有给出最终的建成状态，而是作为一个城市设计的专家意见，为最终的规划定案在建造实施和出租方面留有充分的余地。

同样，标准层平面也只是做了一个大致的、类型学的描述，它们与建筑单体的形式一样，也可以在数量和位置上进行自由的配置。

虽然地块的建筑密度很高，但是通过调整几个单体的布局和相互的位置关系，这些平行布置的建筑仍然能够达到足够的日照间距。

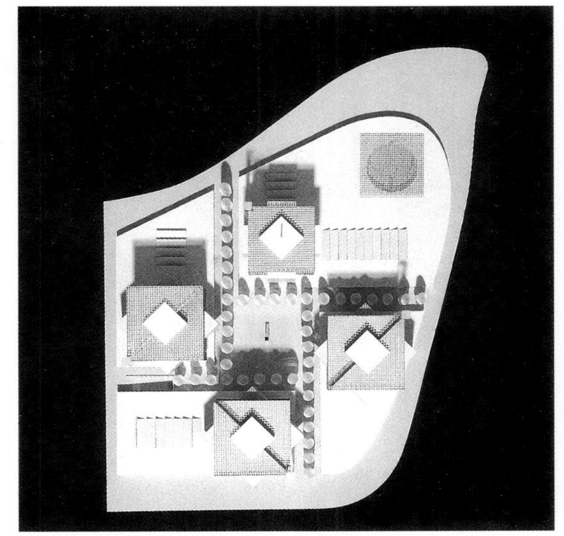

总平面图(模型鸟瞰)

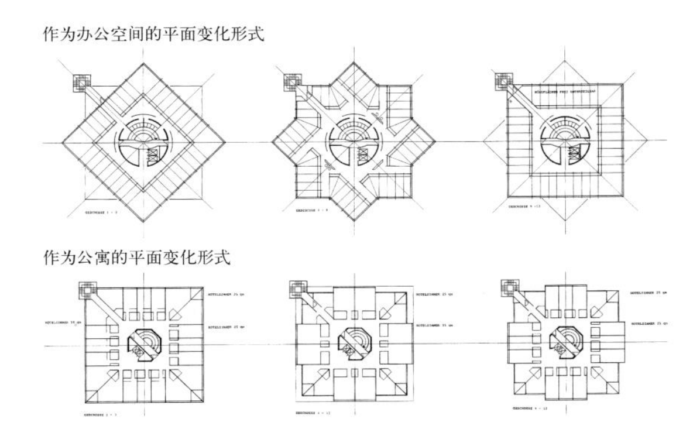

作为办公空间的平面变化形式

作为公寓的平面变化形式

汉堡－巴伦费尔德[1] 汉萨门
Hansetor Hamburg-Bahrenfeld

竞　赛：一等奖，1991年
设计者：Meinhard v. Gerkan
合作者：Karen Schroeder
　　　　Klaus Lenz

这一城市设计的总体构思力求创造出具有以下几个特征的建筑物：

1.通过一个组织系统来达到整体的统一性，构成相互联系的形态特征，并实现建筑体量的有机组合。

为此，这组建筑在面对Behring街的一边采取了弧形的、长条形的体量，一个细长的圆柱形塔楼耸立在其西端。这一主体建筑代表着这组建筑的基本形象，在其中设置了三个独立的主入口以及两个三层高的入口通廊。这两个通廊不论是从视觉上还是从功能上都与背后地块开放的交通系统相接。

2.通过各个功能组成部分来呈现出外观上的多样性。

三个长短不一的体量作为办公综合体的主要功能区平行排列在基地上，构成梳形。这三部分都有直接通向Behring街的出入口，并通过端头的长条形体量有机联系了起来。这样，虽然被分成了二至三个部分，每个单元却都与相邻单元保持着有机的联系。这三个主要功能区都有直接对外的出入口，并且通过设置在梳形结构中的辅助入口被划分成300m²或600m²的独立的使用单元。

3.清晰明了的内部交通系统使机动车可以方便的从横向道路进入整个综合体，系统同时包含了通向Behring街的宽敞通道，以及与轻轨车站的连接。

这一道路系统的重心，同时也是

办公综合体和企业综合体相接处的几何中心，将会有一个带有绿化的广场空间。供区域内的所有员工使用的主要服务设施也将位于其中。

1　译者注：Hamburg-Bahrenfeld：巴伦费尔德为汉堡的一个区。

联合利华的立面图

剖面图

在交通系统中的机动车道，两侧是通往企业大厅的服务内院；人行步道同时作为服务于地面临时停车位车道使用。

为了使综合体成为“公园中的企业”，必须在整体布局的统一性与单体使用的多样性之间达到一种平衡。大厅部分采用统一的斜坡屋顶形式，以形成一个有序的“第五立面”；而内部空间则可以各自根据不同的功能要求来进行分隔和使用。

地下车库大都被分散在各个地面建筑之下，共有1650个停车位。

设计的总体目标是：整个综合体以强烈、大方的迎接姿态面对Behring街，同时在内部提供一个开放的功能构架，以满足将来可能的使用和租赁要求。

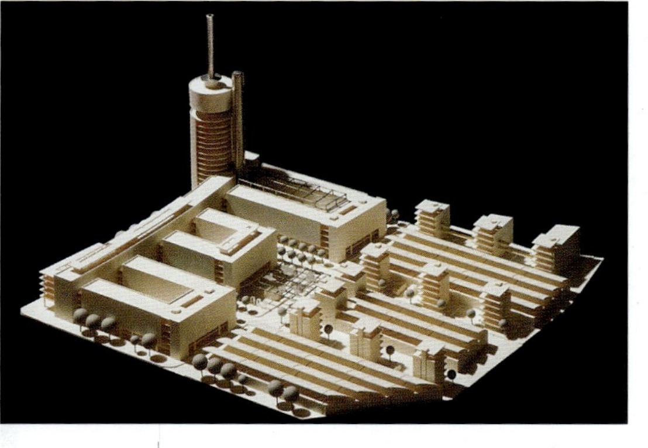

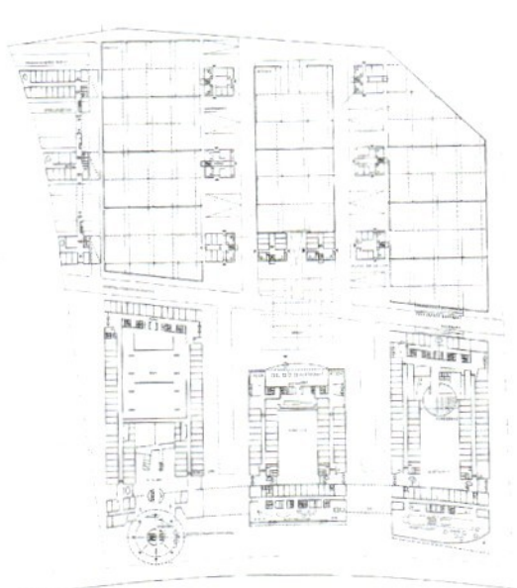

一层平面图

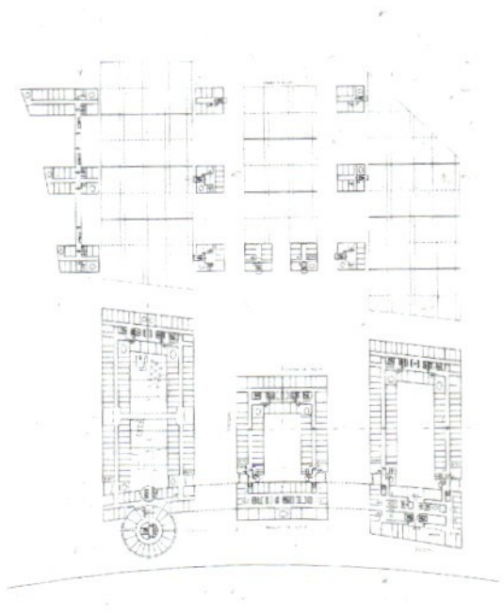

标准层平面图

波恩“水泥厂”

“Zementfabrik” Bonn

竞　赛：三等奖，1990 年
设计者：Meinhard v. Gerkan
合作者：Hilke Büttner
　　　　Kai Voss

作为竞赛基地的现有特征，水泥厂价值极高的文物建筑以及玄武岩墙都成为了设计方案中的决定因素。

水泥厂两个尤为醒目的拓扑学式的建筑在某种程度上也是如此——至少以转借的方式：

一边是一对高耸的圆柱形储仓，一边是低矮的圆锥形。

这两个元素长久以来统领着这一地区，并成为其象征。应当对它们加以内容上的转化，作为形态布局控制因素的新建筑，从而使这一地点的拓扑学特征得以延续。这样，虽然地块的内容和使用功能发生了变化，却在建造历程中表现出了连贯性。

在储仓双塔的原址将树立起一座15层的高楼，它由两个3/4圆柱相互联结而成。其形象象征着Kloeckner-Moeller企业，并且把综合体的主入口强调出来。

方案中，5层高的主管大楼取代了低矮的圆锥形储仓建筑，并以半圆弧的形式表现出欢迎的姿态。

这两个建筑物是整个设计方案中仅有的主导元素，其余所有的构筑物都以不超过两层的高度平铺开来。这样，除了莱茵河谷、绿地、树林乃至地质运动等地形特征之外，水泥厂有保留价值的建筑将保持其主导地位。

提供绵延的，便于公众进入的绿地是本方案的目标。

在Dornheck街的延伸计划中，一条宽敞的地下通道穿过铁路线，把步

未来的“政府大楼”　　Kloeckner-Moeller 中心

水泥厂

成为场所特征的地标

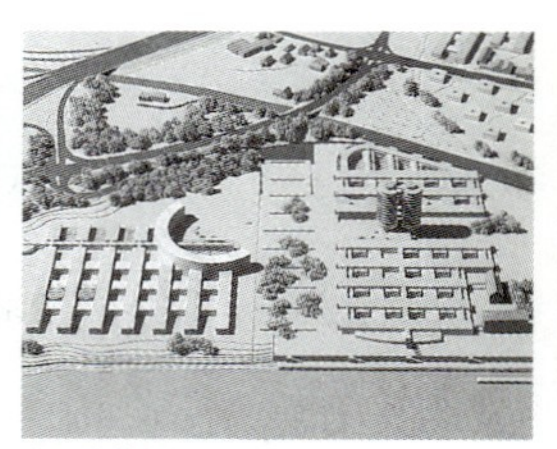

类型学的类比

行者从莱茵河岸带到Oberkassel地区，然后通向一组公园般的广场，该广场由水泥厂具有历史纪念价值的老建筑围合而成。另外，莱茵河畔的林阴道也将继续延伸，使人感受到从地景到具有更强地域特征的玄武岩墙地区的人工景观之间的变化。

除了上文提及的高层建筑广场的企业空间之外，方案还包括一组网状的构筑物，它们大都嵌入基地的地下一层。一条垂直于莱茵河的中轴线把高层底部的入口大厅与其他工作区域连接起来，并且朝西南方向一直延伸到莱茵河畔的赌场。

一个二层的地下车库为静态交通区。

公园绿地一直延伸到车库之上，只有带有几个逃生楼梯的狭窄的切口暗示着地下设施的存在。

总体的目标在于，使新建筑具有源于现存环境的和拓扑学的鲜明特征。

新设计的特征和布局都将成为历史的延续。

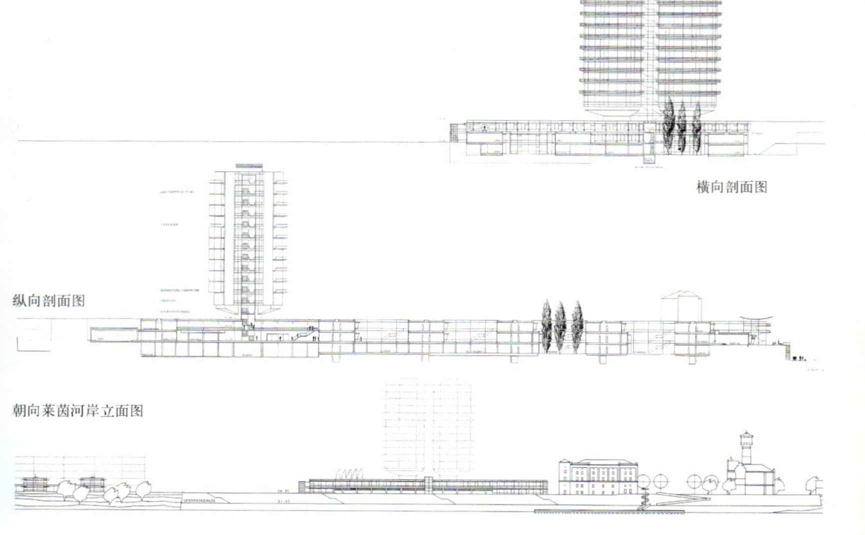

横向剖面图

纵向剖面图

朝向莱茵河岸立面图

乌尔姆新街

Neue Straße in Ulm

竞　赛：第二名，1990 年
设计者：Meinhard v. Gerkan
合作者：Kai Voss
　　　　Volkmar Sievers

大型的交通设施破坏了老城原本完好的结构，竞赛要求的重点就是要对这一结构加以修复。设计者认为，仅仅在形式上恢复原有的城市平面或是进行全新的构想都是不足取的。

为了创造尺度良好的街道和广场空间，容纳市民丰富多彩的生活，并提升城市的休闲品质，兴建活动仍然是有必要的。虽然建造宽阔的交通道路在今天看来是城市建设史上错误的一步，新的城市修复的目的却并不是要将这一错误导致的结构性的以及形式上的后果掩盖起来。

由此，方案力求在老城中形成一条与乌尔姆大教堂长轴方向平行的轴线，来对总体布局加以明确的、结构性的控制。同时，无可否认的是，这应当是一个现时性的和总体性的方案。

建筑物的高度、体量大小以及城市空间的形态都将根据历史遗存环境的宜人尺度来精心确定；建筑物的形态也将参照历史上的建筑形式。

结构轴向的明确性，更多的是一种精神上的意向，而不是表现在建筑的具体形式上；根据相邻建筑物及空间的状况，将会采取各种各样富于变化的应对手段。

对城市的修复应呈现出整体的统一性，而其中的每个建筑单体则将因不同的使用功能而具有多样性。同样，所有的建筑在建构的基本方法上都应当具有内在的统一性。

在 Sattler 巷与市政厅之间，将建造四座商业建筑，它们首尾相接，在间隙处覆以屋顶，并带有玻璃顶的通廊。建筑底层为零售业和餐饮业，上部则供服务业和办公使用。

新的轴线与历史上的城市平面相呼应，但并没有把曾经造成的破坏遮掩起来。

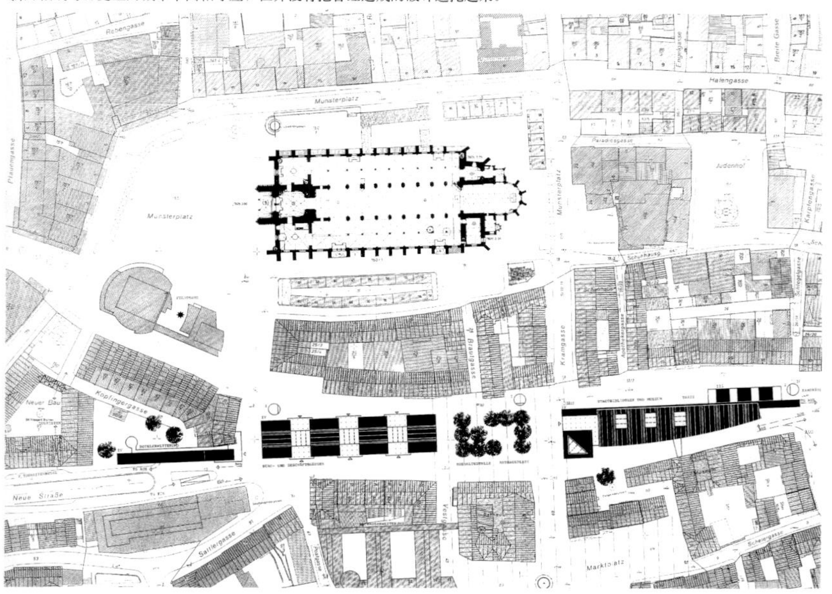

Kleiner Blau和Sattler巷之间的街道空间将因为“金轮”饭店的扩建工程而变窄。

为了充分利用市政厅北边地块的高起的地势，将在地下车库升起的顶面上覆土并种植高大的树木。

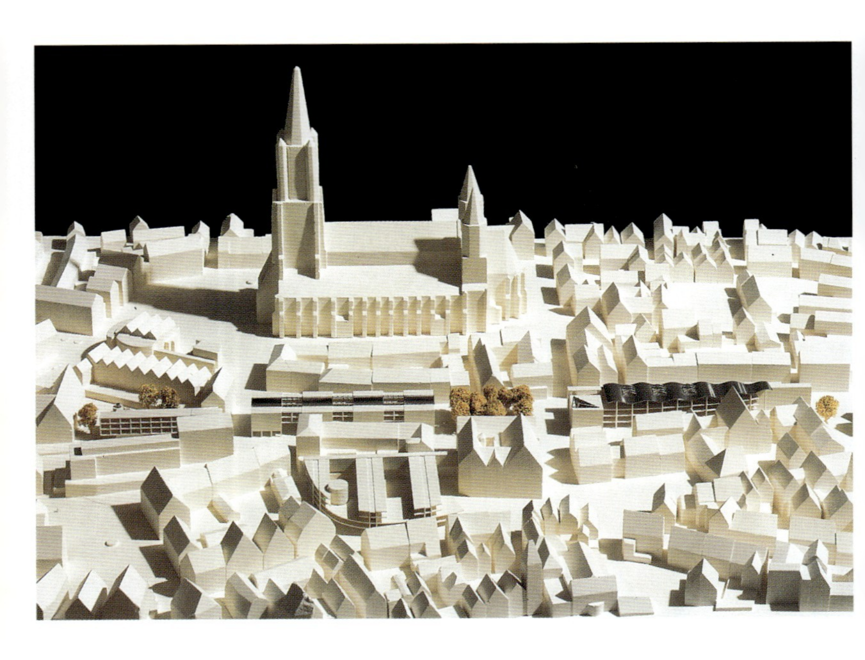

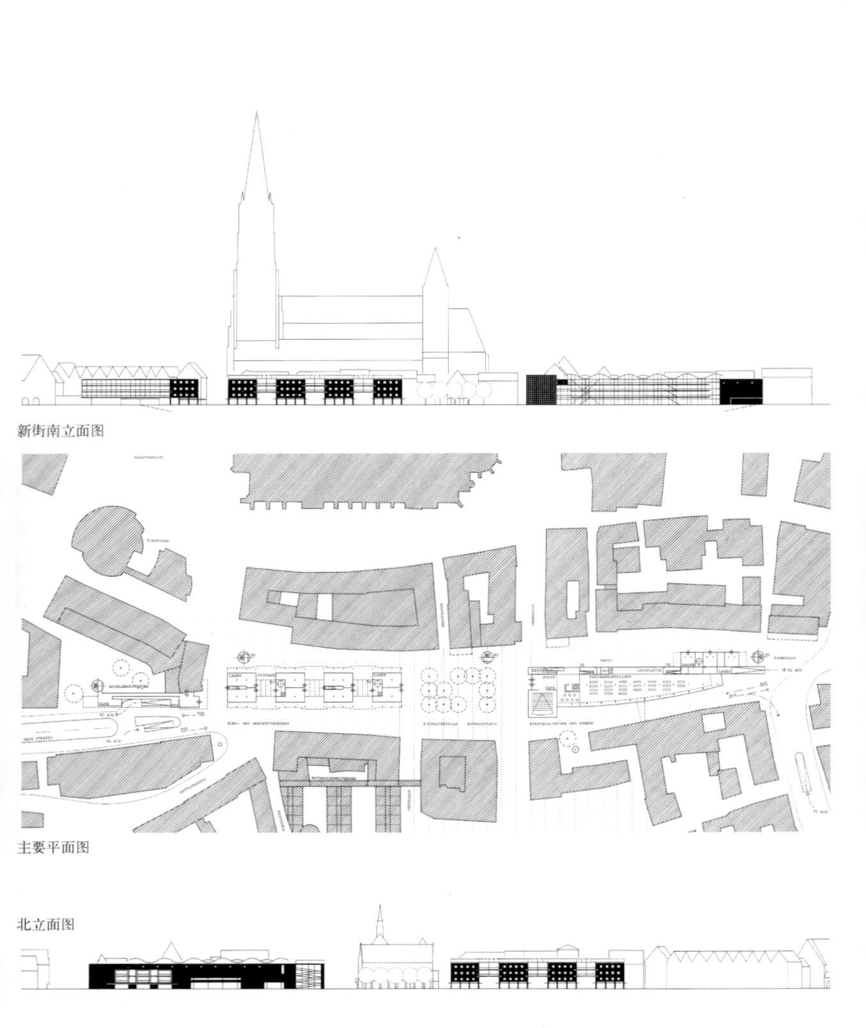

新街南立面图

主要平面图

北立面图

杜伊斯堡中央火车站

Duisburg Hauptbahnhof

专家意见：1990 年
设　计：Meinhard v. Gerkan
合作者：Kai Voß
Hilke Büttner
Karen Schroeder

杜伊斯堡中央火车站东西两侧的城市环境的结构算不上明确，或是有空间感。这样的地方不仅难以让人驻足，而且构成城市形态的元素也极其混杂，空间尺度混乱。另外，如隧道般横穿铁路轨道的步行地道也同样显得不太友好，缺乏吸引力。对于现有的铁路设施，目前并没有进行本质性的改造，而只是采取了一些表面性的应对措施。其作用对于城市环境品质的根本提升是极为有限的。

因此，设计者在经过研究评估之后致力于在中央火车站两侧形成新的城市空间。

为了以果断的姿态面对现有环境混乱的尺度和空间，方案采取了较为偏激的措施：以大尺度的建筑体量限定出明确的城市空间，并促成转变。

两条细长的建筑物从火车站的两侧围合出站前广场，位于其中部的门洞则构成了面向东西两侧城市空间的门户。

这样在火车站的两侧形成了类似的情形：两个门洞作为火车站的入口都表现出鲜明的姿态，相比之下，原先位于东侧的入口就如同是耗子洞。

两个条形的建筑体量被赋予了不同的功能，并且具有不同的建筑形式，从而成为同一主题的不同表现形式。

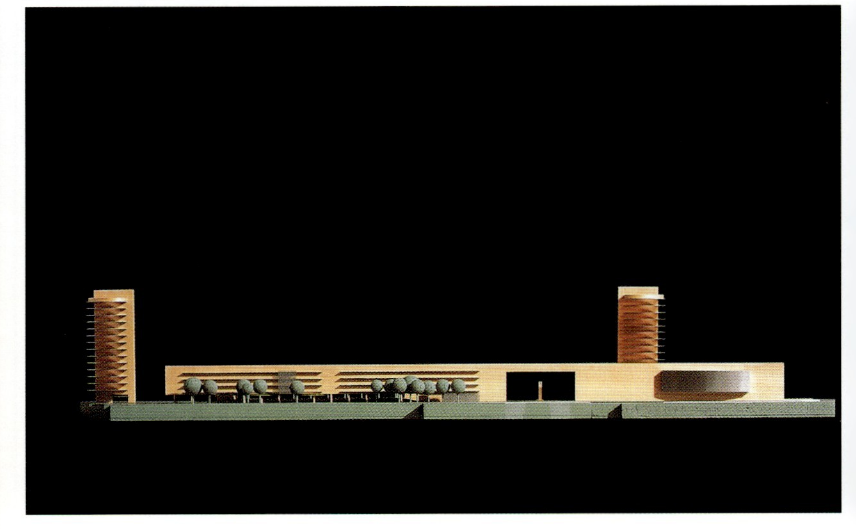

火车站西侧的广场界面，门洞把火车站广场与市中心联系起来

火车站西侧:

沿着南北向的街道，在中央火车站之前形成一个大的广场空间，并以长向的建筑物将其一分为二。

在Koenig街和Friedrich-Wilhelm街之间的区域，Mercator街从西侧围合出一个空间，浓密的绿化将使这里成为一条小型的林阴道，两侧的小店铺、咖啡馆等将吸引人们在此停留。原有南北向的火车站广场将通过一南一北两幢塔楼形建筑加以限定，其布局保证了视线朝向快速道方向必要的通透，同时也将勿庸置疑的成为沿着A59高速公路方向的标志物。

广场由此得以明确的限定出来，并被分成了两部分。其中，火车站入口前的广场将成为硬质的城市广场空间，玻璃屋盖将为专用车道遮风挡雨，提供舒适的环境。

朝向Friedrich-Wilhelm街的巨大开口指向城市中心。建议在这里安放三座雕塑家Walter Foerderer的高耸的石碑，以加强这一空间的建筑特征。

方案在中央车站的南边还设有一座圆柱形的停车库建筑。圆柱的形式避免了与火车站的文物建筑相冲突。它不仅符合城市空间中独立元素的特征，而且从功能上和经济上看都是最佳的解决方案。

火车站东侧广场:

与西侧相类似，一条沿着Neudorfer街的长条形建筑使街道空间具有了鲜明的轮廓，同时，在火车站东侧限定出一个尺度良好的小广场。同样的门洞联系起杜伊斯堡东部的城市地区。

长条形建筑西侧是一组圆柱形的建筑，它们以不同大小的出租单元为所谓的“组合办公”提供了很好的使用构架。

这一侧还有一个圆柱形的供停车转乘[1]的停车库建筑。其通往火车站台的步行路线是最短的。

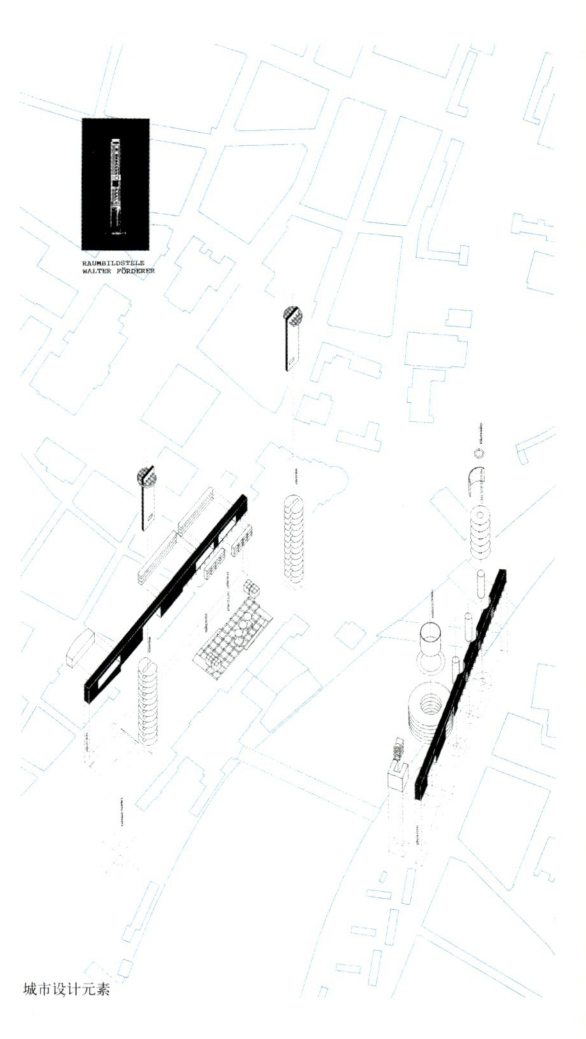

城市设计元素

---

1 译者注：停车转乘(Park and Ride)，把自己的车停在免费停车场，而转乘公共交通的出行方式。

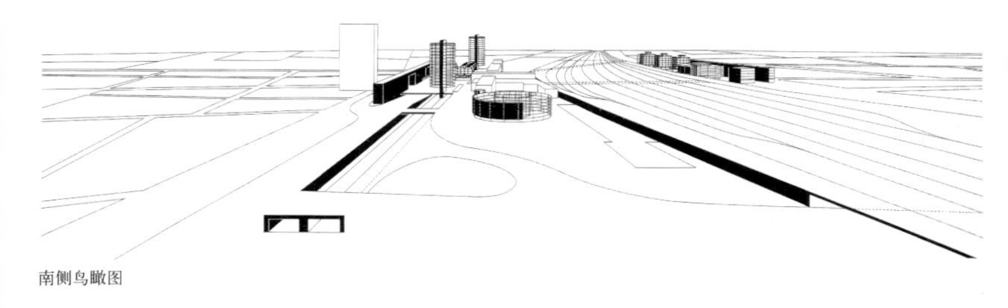

南侧鸟瞰图

鸟瞰图

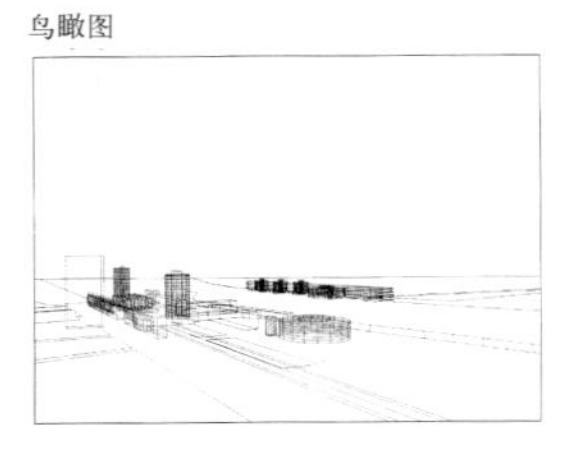

从 Muehlheimer 街 /Neudorfer 街看

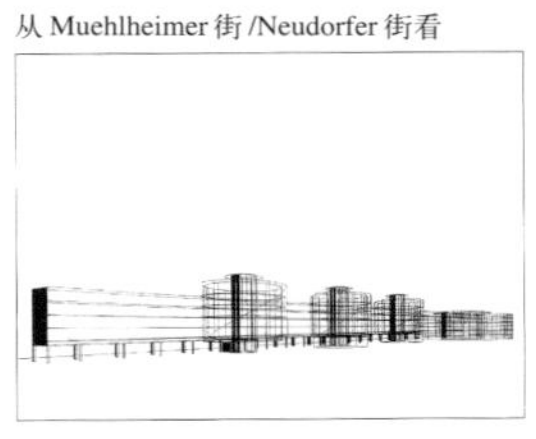

从 Portsmouth 广场看

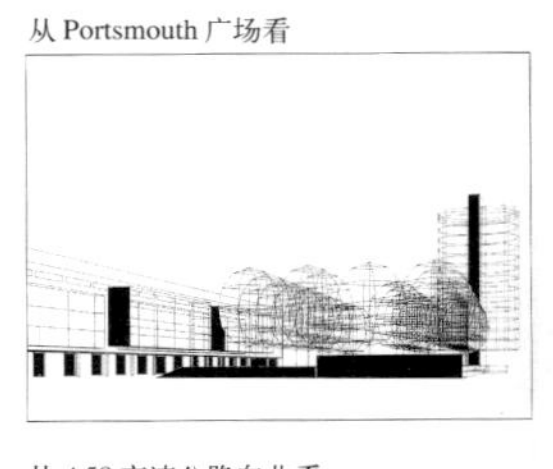

从 Koenig 街看

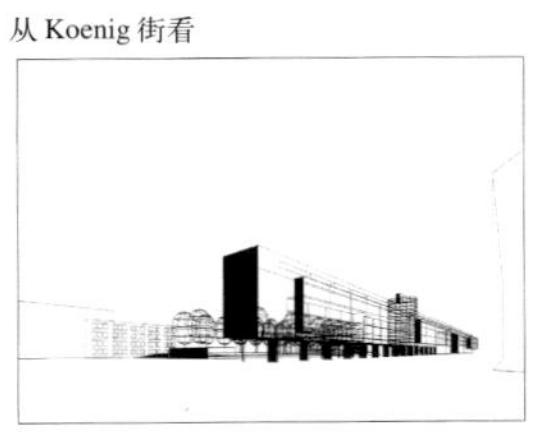

从 Friedrich — Wilhelm 街看

从 A59 高速公路向北看

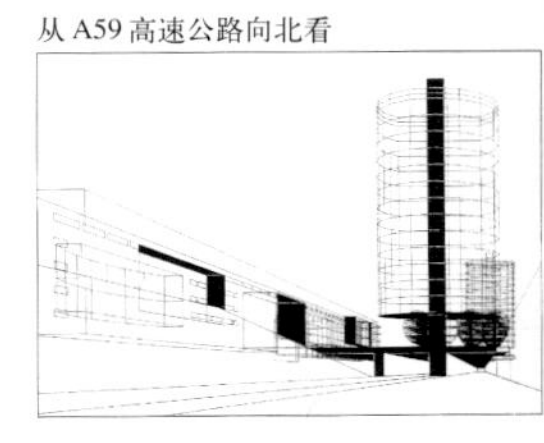

克雷费尔德[1] 南II区项目
Krefeld Süd II

第二轮竞赛：第二名，1991年
设计者：Meinhard v. Gerkan
合作者：Volkmar Sievers
Reiner Schröder

所提交方案的主要观点是：转承现有的建筑和交通状况，同时以一种城市修复的方式在其中创造出宜人的尺度，并赋以切实的功能，同时尽量降低建设成本。

从这一意义上说，铺张奢华的交通设施是首先应当放弃的；但在方案中，Heeder广场作为长条形的开放空间把火车站的南出口和Heeder工厂连接起来，由于Ritter街要从中穿过，道路下穿的开支和影响看来是无法避免的。

与Ritter街和铁轨方向平行，将开设一条新的暂名为"铁路街"的通道。它纯粹作为Volta广场的辅道服务于北侧的服务业大楼，并连接起停车位和出租车专用道。在Heeder广场紧靠火车站南出口的部分，这条车行道将终止或是仅供出租车行驶。

铁路沿线将有一组排列紧密的建筑物，它们在某种程度上紧靠着铁路线的围墙排列。在第一轮竞赛方案中，圆柱形的停车转乘停车库建筑遭到了评审委员会的批评。现在取而代之的是一座12层的服务业建筑。它以类型学的方式暗示着原先的停车库，却以更为生动的形象面对着火车站的前广场。这座圆柱形建筑同时也是建筑群的重音和整个新的城市设计布局的重心。

火车站出口的东侧是一组块状的服务业建筑，它共由四部分组成，并且紧挨着铁路线排列。其底层提供了极大的使用面积，可以容纳工商业的展示会、计算中心、培训机构等各种功能。

1 译者注：克雷费尔德(Krefeld)，北莱茵—威斯特法仑州的一座城市。

德累斯顿
易北河岸项目
Elbuferbebauung Dresden

专家意见：1991年
设计者：Meinhard v. Gerkan
合作者：Karen Schroeder
　　　　Klaus Lenz
委托人：德累斯顿城市仓库地产与投资股份有限公司

该项目的基地位于Marien大桥南北两侧的易北河岸，在西面以“Ostra岸”，即Pieschener大道为界。

兴建方案的要点如下：

1.保留历史上的仓库建筑，并按照文物建筑的要求对其外观进行修复。

2.把这里从一个紧靠市中心，却至今仍对市民封闭的区域转变成为一个开放宜人的滨河步道。

3.在其中进行多种功能的复合——旅馆、会议设施、容纳了店铺、服务性设施、办公楼、住宅的通廊等，以变换的效果和各种功能的混合，充分利用其区位优势，使这里成为极具吸引力的、充满生机的城市区域。

城市设计：

城市设计的结构走向完全与易北河岸平行，紧临河岸的将是一条林阴道，作为将来连接市中心与屠宰场拱门的人行步道。

沿着这条林阴道的水岸一侧是一些“休闲小屋”：咖啡馆、阅览室、儿童游戏房、城市讯息问讯处、船屋、划船俱乐部或是其他类似的活动场所，以此作为城市公共性的内容。这些都不是作为商业性的场所进行定位的，因此功能范围很窄，例如咖啡馆。相反，它们的存在只是为了使整个建造计划更为完整，使滨河步道更具魅力。

沿着滨河步道的西侧，分布着一些广场空间，它们在空间上与沿河的建筑物紧密的结合在一起。

区位图

一条带有玻璃顶的通廊平行于滨河步道展开，通廊的两侧为零售空间，上层部分则供服务业使用。商业通廊横贯旅馆综合体，从而把“公共性”带入其中。北侧地块中将有一些“星形住宅”，它们同样也应当具有开放的、公园一般的环境，拥有游戏场等设施，

从河对岸的Marien桥下看　　Peter Wels 绘

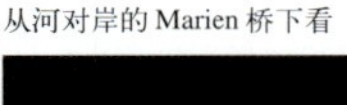

同时吸引市民进入其中。

不论从体量上还是从建筑高度上，历史上的仓库建筑都在整个综合体的形态布局中占据着主导地位。考虑到城市的天际线，建筑物的高度都被控制在6至7层之内，只有两座15层的圆柱形建筑树立在Marien大桥两侧。它们就如同面对河流的“第二道屏障”，成为城市的门户。

城市仓库：

城市仓库的宏大建筑将以文物保护的方式进行外观修复。立面和屋顶都将被恢复成原来的样子。材料、窗子的布局、其他开孔以及立面的细部将基本保持原样。只有局部根据新的使用要求进行调整，主要是在部分屋面的屋脊部分装上玻璃。

在使用上，这座建筑将容纳一座顶级的旅馆。建筑物的中间部分将被掏空，成为一个贯通各层的、宽绰而又体面的旅馆大堂，并从顶部的玻璃屋面采光。大堂周围部分保留原有的楼板以安置客房，其面宽根据原先的窗洞布局来确定。

旅馆客房的走道将成为通向大厅的公共通廊。另外，在中心的大厅中还布置有一组电梯和一部体面的楼梯。

旅馆的主入口和专用车道位于Devient街上。建筑底层是旅馆的接待厅和休息厅，周围设有接待处、管理用房以及小服装店、理发店等商业空间；大厅中间则是一个开放的休息厅，它以雄伟的高度使这座旅馆具有了独特的气质。

在东侧，面对易北河岸紧靠仓库建筑的是一座新建筑，它在总体轴线的控制下以两座天桥与仓库相接。新建筑与易北河垂直的两个侧翼为旅馆的补充客房，中部则是一个大休息厅。围绕着休息厅，底层为餐厅和厨房；上层，在拱形的屋顶之下，是一个1500m^{2}的巨大的活动空间。一条平行于易北河方向的通廊在底层横贯这座建筑，通廊两侧是与旅馆功能相关的零售空间。

从北侧看新建筑群的模型

服务业中心:

服务业中心位于旅馆综合体的北侧，其中轴线顺着易北河的走向微微弯曲。中轴线上是一条多层的通廊，成为不受天气影响的开放街道空间。

在底层，建筑空间从通廊开始向两侧延伸，其中容纳了零售业和一些大面积的服务设施。

同样，楼梯和侧面的坡道把二层部分与通廊的公共空间直接连接起来，这里可以容纳直接面向公众的服务设施以及少量的零售空间，例如一些两层通高的店铺。

上面几层的使用面积作为常规的办公空间进行划分，只有几座点式的建筑物将整个综合体的内部划分成了若干小的出租单元。每个出租单元都通过平面配置辅助用房、茶水间和接

从易北河上看服务业中心

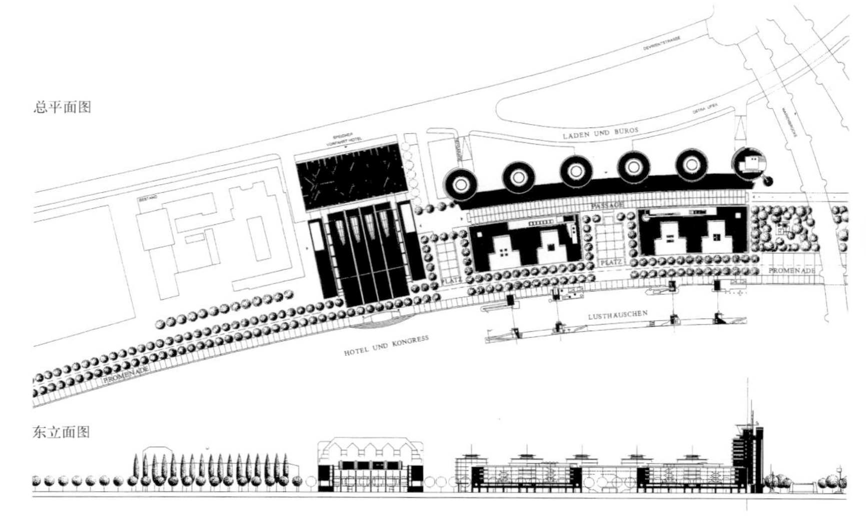

总平面图

东立面图

Marien 大桥北侧的活动中心

待区，从而具有极高的独立性，而不是被随意的置于一个没有特点的大办公楼中。建筑的东侧部分采用了锯齿形的梳状结构平面，以尽可能多的获得面对易北河的良好视野。包括圆柱形的建筑体量在内的西侧办公部分则以有趣的空间和内部划分创造出独特的品质。

Marien 大桥南侧部分的端头是一座15层的圆柱形建筑，虽然其平面的基本形式与其他几个圆柱体相类似，却在建筑群中占据着主导地位。

Marien 大桥北侧的建筑

在 Marien 大桥北侧部分的端头，一座圆柱形的塔楼建筑与南侧相呼应，并且同样供办公使用。与其相连的建筑物也具有旅馆的平面结构，只是其舒适程度要略低一些。同样，大部分

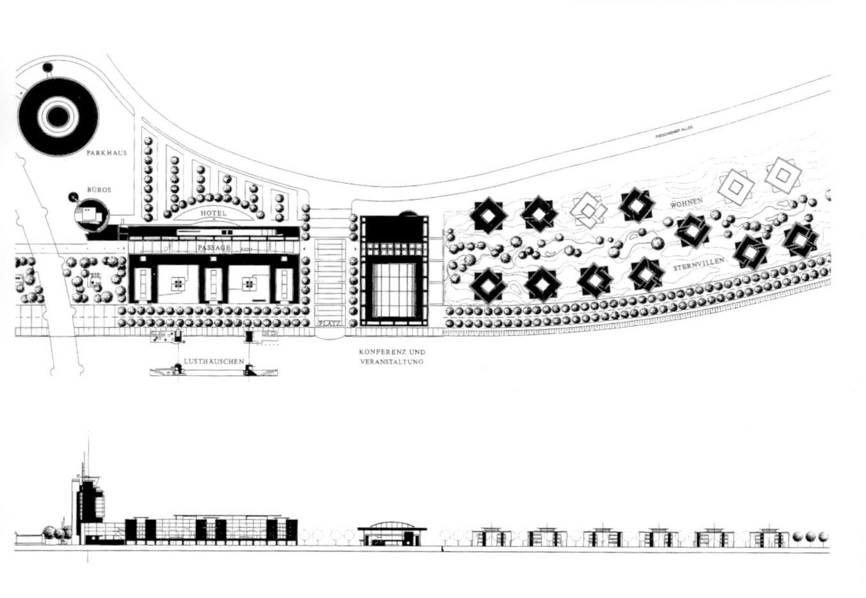

客房都可以看到易北河。

旅馆北面是一座布局自由的集会和会议中心，其内部布局将根据特定的使用要求进行划分。

这座建筑可以作为旅馆运营的附属部分，也可以成为独立的设施。

建造计划的北端是一个居住公园，13座“星住宅”城市别墅将坐落其中，其中每座别墅高五层，由16—20套高档住宅组成。

城市仓库和之前的会议厅

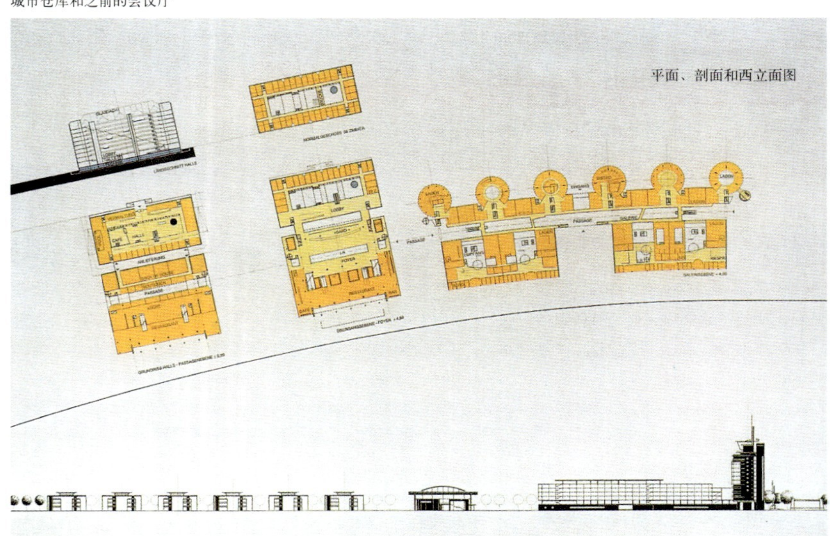

平面、剖面和西立面图

两幢 5 层高的门户建筑守卫在 Marien 大桥两侧

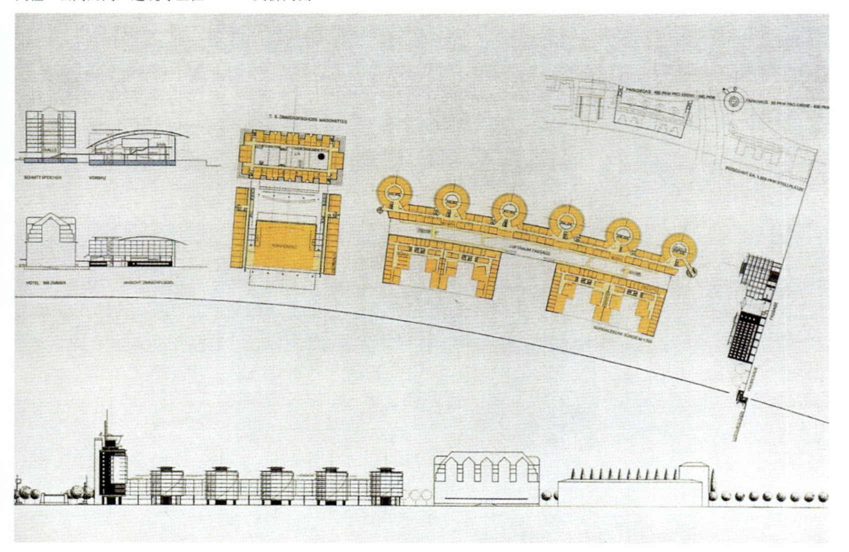

交通设施

斯图加特机场

斯图加特机场
Flughafen Stuttgart

竞　赛：第一名，1980 年
设计者：Meinhard v. Gerkan
　　　　Karsten Brauer
项目伙伴：Klaus Staratzke
合作者：Arturo Buchholz-Berger
　　　　Michael Dittmer
　　　　Otto Dorn
　　　　Marion Ebeling
　　　　Edeltraut Grimmer
　　　　Gabriele Hagemeister
　　　　Rudolf Henning
　　　　Berthold Kiel
　　　　Antje Lucks
　　　　Marion Mews
　　　　Hans-Heinrich Möller
　　　　Klaus-Heinrich Petersen
(下转 272 页)

新的航站楼的形态布局由两个主要的形式元素生成：剖面为三角形的长条形体量与剖面为梯形的矩形大厅。几何形的建筑体量在机场原先复杂多样的环境中成为了占据主导地位的重心。

这里没有市中心对于建筑的小尺度要求，机场的建筑也不必考虑城市结构的历史延续性，而完全可以采用大方、生动的形式。

屋面从专用车道一侧向跑道区逐渐升起，但这只是“门户”和“飞翔”概念的间接象征。支承大厅屋面的树状结构则是斯图加特机场更为直接的、无可替代的特有的标志。

支承构架采用了树状，或者说是伞形花序的形式。屋面荷载通过跨度为 4～5m 的支承网格传递到“枝桠”上，每四根“枝桠”的荷载又转落在一根“树枝”上，最后，12 根管状的“树枝”又合并成一根树干，插入基础之中。这一精巧的构件将成为大厅空

面向停机坪的景观

间中的主导形式元素。

与飞机的线形排列相对应，候机厅和联系陆侧与空侧的通道都被安排在长条形的建筑之中。犹如堤坝的剖面形式使它成为联系基地不同标高平面的山脊，同时也充当了陆侧与空侧之间的隔声墙。倾斜的立面使建筑融入了外部的地形之中。这样，在管状树形构架支承起的屋顶遮蔽之下，巨大的机场大厅就如同是朝四周开敞的室外空间，同时又成为了主导的、极具图形感的巨大体量。

这两个建筑体量在停机坪部分相互重叠穿插。长条形的山脊伸入大厅之中成为一个露台，并且在中间部分扩大为半圆形。倾斜的露台把餐厅、VIP 休息室和会议室联系起来，而在山脊的最高处则是一个观景平台。

裙房部分的立面覆以天然石材，强烈的节奏感成为其重要的形态特征。在倾斜的墙面上，窗洞仍保持竖直，并且深陷进去，从而使巨石般的裙房部分呈现出极为强烈的雕塑感。支承大厅的细巧的钢制构件从这里竖立起来。大厅南立面被全部覆以玻璃，并且安装了遮阳构件，机翼状的、可以转动的叶片能够对遮阳方式作出调整。其运作是自控的。

10年前设计竞赛方案的一个主要的构思元素是：使大厅如同一个斜置的玻璃立方体扣在梯形断面的裙房之上；其屋顶由钢制的树形构架来支撑。这样，不仅是大厅的侧墙，连同屋面本身也都是由巨大的玻璃面构成，为大厅空间提供最佳的光照效果。在白天和夜晚，不同季节，不同天气下，光线的微妙变化都将使建筑的室内空间呈现出不同的氛围。

在竞赛方案中，我们还进一步考虑，将微微倾斜的单坡屋面设计成双

黄昏时背向停机坪的景观

STUT
14
15
16

GART
19
20
21
22

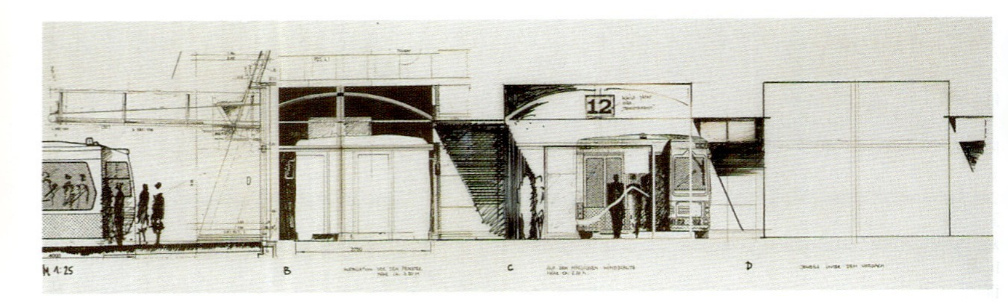

朝向停机坪的立面施工图
建筑物倾斜的墙面被覆以浅灰色和深灰色的花岗石，窗框和窗洞分格由钢筋混凝土构件完成。

层玻璃，这样大部分的太阳热能被上层玻璃接收，然后在中间层的热循环作用下被带走或是被建筑设备中的热能系统回收利用。

方案中的这一粗略设想在竞赛阶段未能通过热学计算模型加以说明，也无法以其他建筑作为经验例证。

在设计的第一阶段，这一设想遭到了意料之中的保留意见和强烈的反对。Weidleplan 工程师事务所和 Columbus 动力公司已有的热能研究最终证明，即使在大厅屋面安装双层玻璃，仍然无法阻挡炎热的夏季外部大量热量的进入，为此所必须付出的高昂的制冷成本使这一玻璃屋面的设想无法实现。其实更具决定作用的因素并非经济评估本身，而是计算所采用的基本参数——对一年中极热天数的假设；人体忍受高温的临界值等等。

采用不同的参数作为计算的基础，人们必将得出不同的结论。

业主的另一个反对意见相对于整个设想方案来说显得微不足道。他强调，由于大部分——虽然并非所有的——工作岗位都位于大厅中的柜台上，并且通过显示器进行操作；过多的日光，尤其是直射阳光，将产生严重的妨碍。

大型玻璃厅的设想终于未能实现。使大厅成为巨大而明亮的空间这一设计构想因而必须通过其他的解决方案来加以实现。

最初设计要求下的建筑形态

建筑裙房的断面犹如堤坝，联系起机场内外两侧的高差，同时充当了隔声屏。

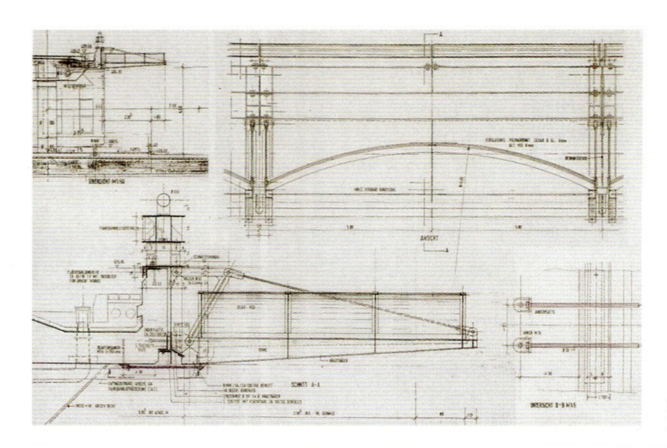

拱形的玻璃雨篷，乘客们走出建筑之后由此登上登机巴士。

机场公司的一个重要意向是，在大厅的巨大玻璃立面上安装遮阳构件，以此同时满足遮阳和防眩两方面的要求。

屋面将对应于树形的支承结构被划分成12块，其中，位于“枝桠”顶端的承接部分将连接成一个整体。在这些平板的间隔处安装了带形的玻璃天窗，一方面明确标示出屋面的划分形式，另一方面也使一部分的天光能够穿过屋面进入大厅。但即使是这一带形天窗的构想也遭到了强烈的反对。只是在使用了 Bartenbach 先生研发出的逆向反光三棱光系统之后，才大大降低了热能摄入量的计算比例，使这一玻璃构件可能成为现实。

简单的说，这个三棱镜系统的基本原理是：小三棱镜的棱边根据主要的阳光入射角将射入的阳光反射出去，而其他方向的光线则经散射进入室内。排列于玻璃带之中的三棱镜的结构形式是非专业人士难以轻易理解的，但是通过折射仍然保证了人们能够看到天空。

由于屋面大部分都被遮盖了起来，又产生了一个新的问题：在白天，室内光线的强度远远低于室外，再加上采用竖直玻璃面必然造成的反射作用，

大厅南侧的玻璃立面上安装有电控遮阳板，采用了机翼和着陆襟翼的形式。

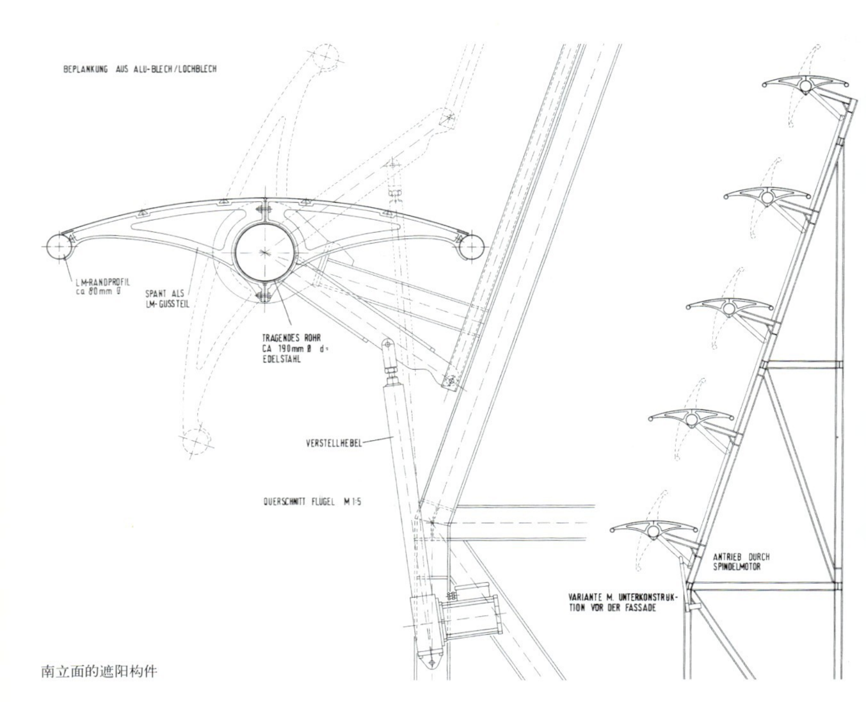

南立面的遮阳构件

使原本应当得以强调的内部的树形支承结构在室外显得难以辨识。

业主和建筑师都希望能够解决这一问题。Bartenbach先生在此又发展出了一个技术系统：在每棵“树”的正上方安装一个玻璃天窗，紧挨天窗在其下部安装可以活动的镜面，同时在柱脚部分，即每棵树的“树干”周围嵌入反光板。这个被称作定日镜的系统通过反光板引导着太阳光，在白天从下方把“树木”照亮，使其在大厅内部空间的衬托之下对室外呈现出鲜明的形象。

屋面微微倾斜，从停机坪一侧向专用车道一侧倾斜。屋面覆盖着一片82.80m × 93.60m的矩形区域，12根立柱以21.60m × 32.40m的间距排列。

屋面自身为井格梁结构，其交错的梁翼缘在大厅中成为露明的天花。矩形的盖板也为方格状。屋面被划分为12个矩形区域，其间隔处覆以玻璃天窗。这样，屋面与其树形结构体系在构造和形式上达到了明确的统一。“树形支撑”模仿了自然界树木的伞状结构形式，由圆管制成，并且有着主干、树枝和枝桠。工业化制造的不同直径的圆杆之间的连接点由铸造而成，作为一个单独的构件由手工制成。

由于每棵树所支承的跨度的长宽比为1.5∶1，树形结构在两个方向上有着同样的承载原理，但其形式是不同的。

(下转247页)

大厅南侧玻璃立面上的电控活动遮阳板

Abflug / Departure

(上接243页)

树形支撑作为一个可伸缩的支座作用于屋面。为了使承重体系以不同的形式承受各种不同荷载的作用(风荷载，不同等级的雪荷载)，树形支撑结构的承重构架的支撑点被设计成铰接的。树形支撑的一个重要的承重特点是，它可以承受并且转移很大的水平方向的荷载。屋面和立面上的连系构造又进一步增强了其刚度。

上图：晚上从外部看大厅
中图：支承构件与必不可少的内部设备装置相结合的详图
下图：工作模型反映出大厅屋面、支承构件和空间尺度的效果以便研究

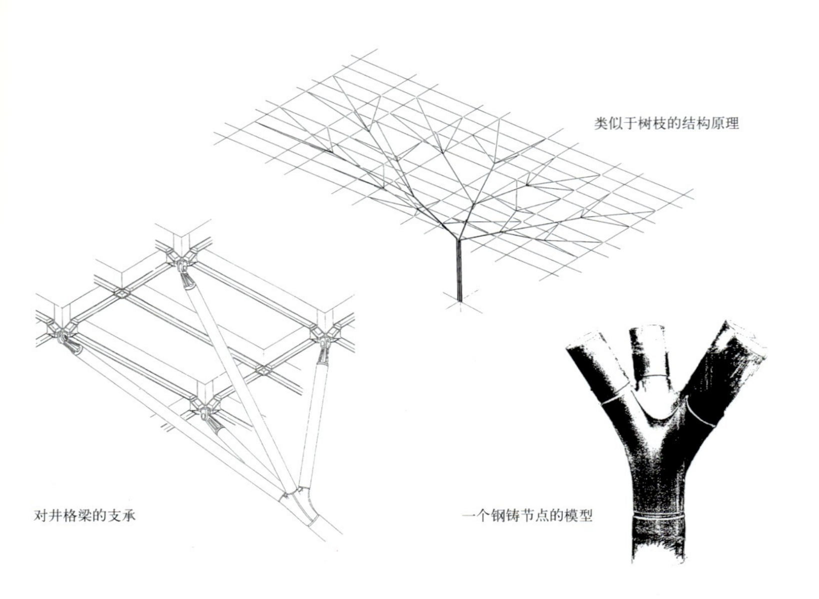

类似于树枝的结构原理

对井格梁的支承

一个钢铸节点的模型

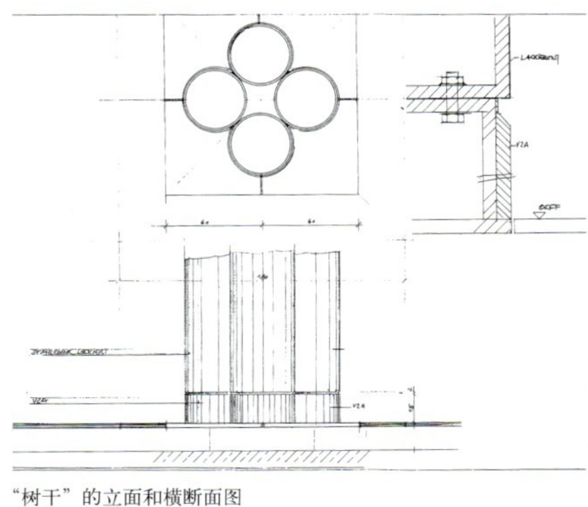

“树干”的立面和横断面图

大厅的屋面采用了模数化建造，并分为主次两个结构层次。每根立柱支承着32.40m × 21.60m的区域。每块区域之间以带形天窗作为间隔，而井格梁的檩条则保持连续，以增强水平方向的强度。每根立柱的正上方都安装有嵌入式的定日镜作为采光。

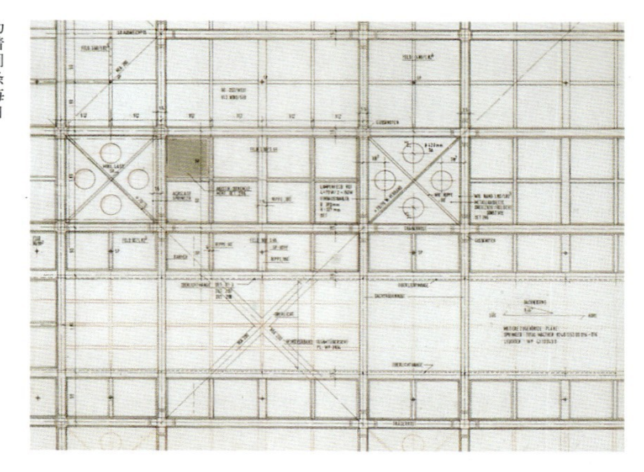

在定日镜的照射之下，“树干”分叉为四根“树枝”

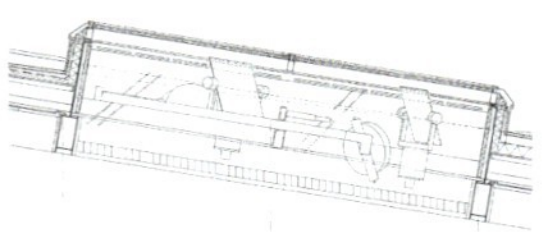

位于每根立柱上方的采光构件剖面图

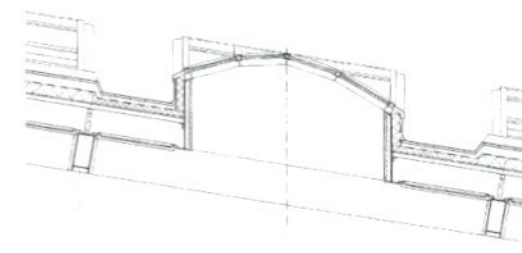

带形天窗剖面图

屋面与树形支撑结构详图

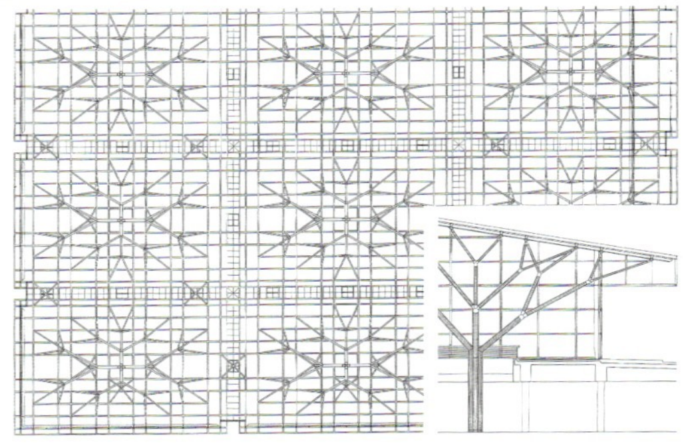

柱脚

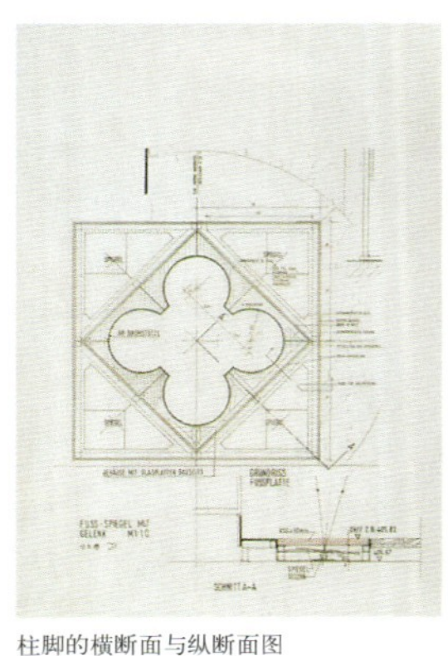

柱脚的横断面与纵断面图

位于地下层的柱脚

位于立柱正上方的采光构件安装有定日镜。活动的反光镜根据太阳光的角度进行调整，把阳光反射到钢树的树冠和下面的光滑的楼板上。这里，安装在玻璃板之下的反光镜又将光线向上投射到“树枝”和“枝椏”的底面。

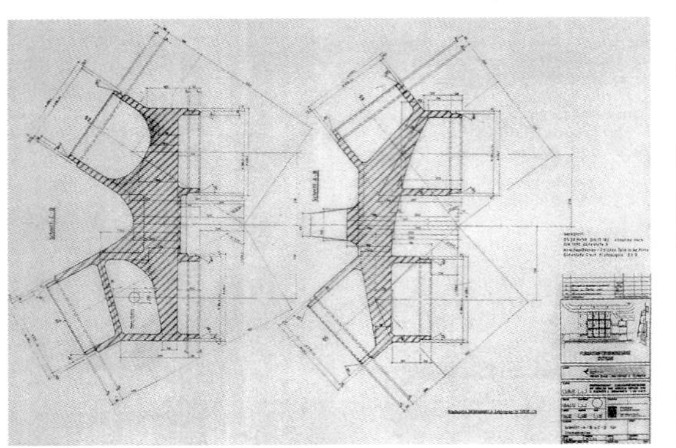

每个连接点都由钢材铸造而成。
由于屋面的坡度，每个节点都是不同的，
其制造借助于图纸和石膏模型共同完成。

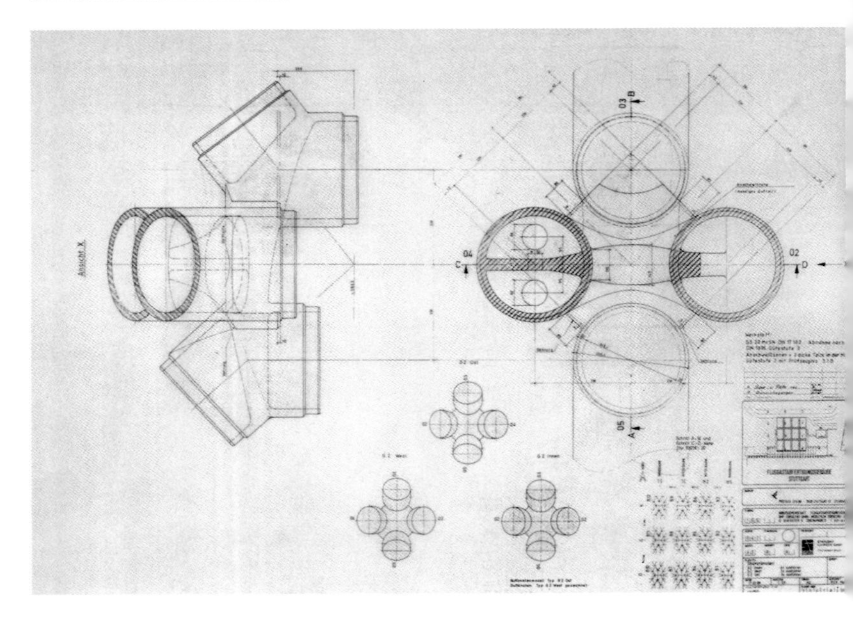

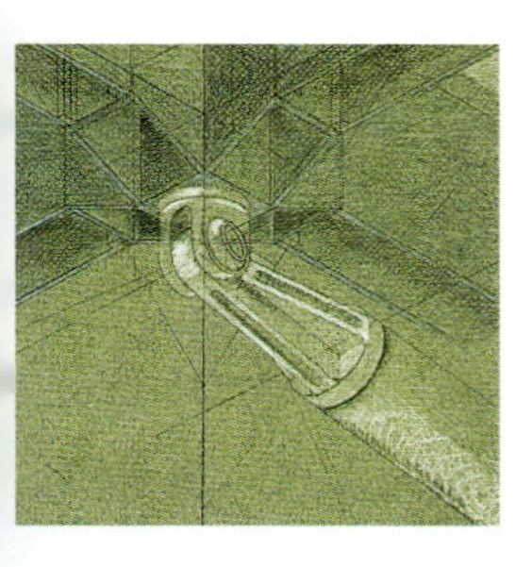

树枝顶端对于屋面构架的支承点采用铰接，其形式明确的表达了其功能。连接件同样由钢材铸造而成。

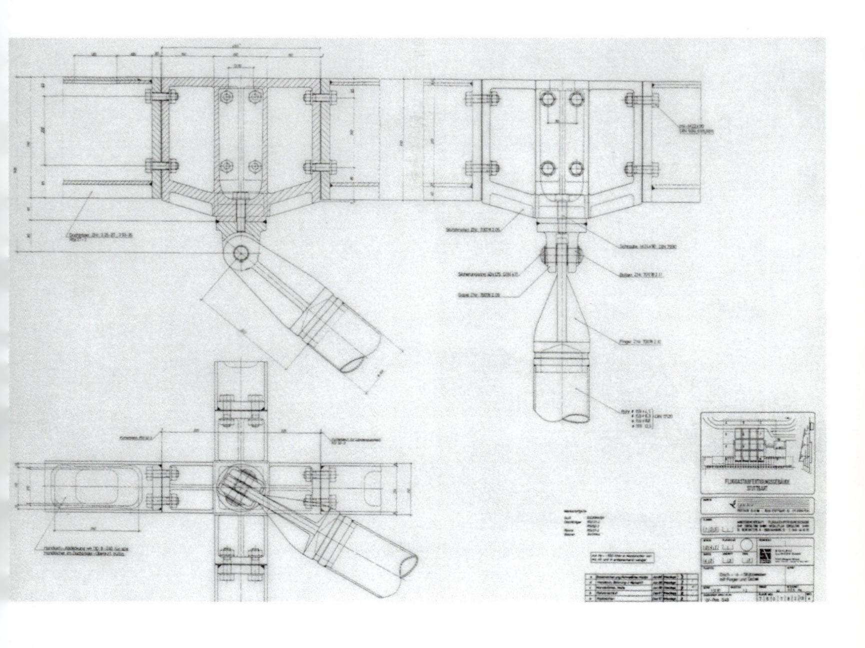

Abflug
LUFTHANSA
37

27
26

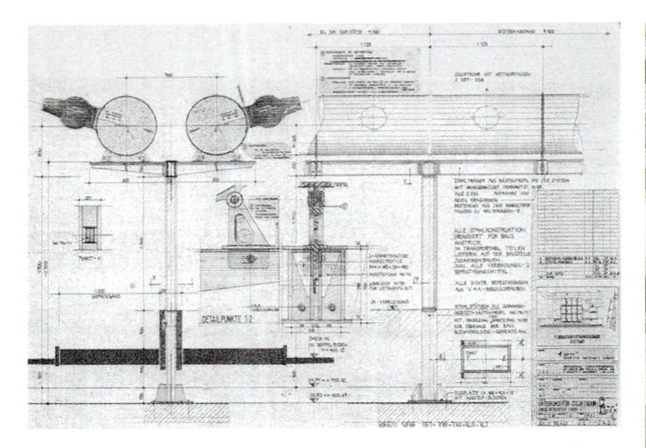

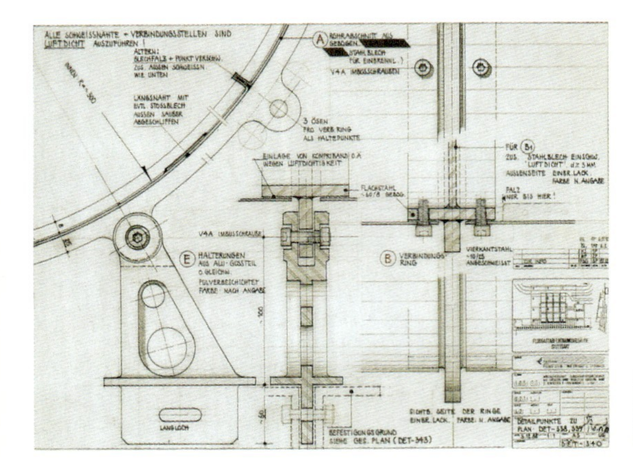

由于在屋面中除了电气系统之外没有安装任何其他的设备，必须为独立于大厅之中的通风所需的机械设备、风管和出风口进行专门的设计。通风设备由此成为了大厅环境中的一个建筑形态元素。

49
48
47
46
45
44
43
42
41

电梯入口和设备辅助间就如同房中房独立于大厅之中，竖直的管道提供所需的空气。

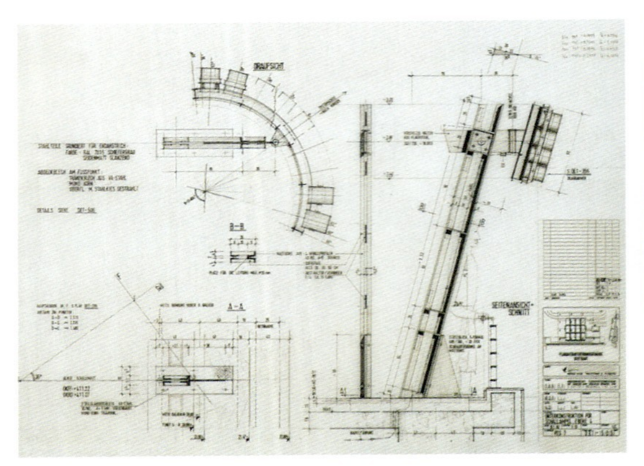

甚至电话机和扬声器的设计也要遵循这一特别的原则：在表现其技术性的同时兼顾其形式感。

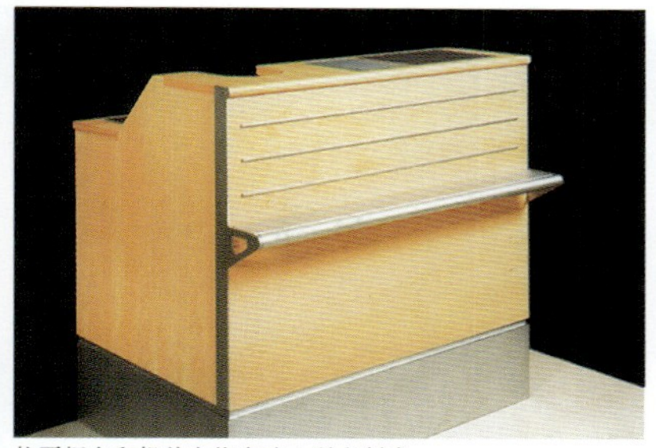

检票柜台和报关台均由瑞士梨木制成。所有易于磨损的部位均用不锈钢构件加以保护。
这些经过专门设计的功能性的家具以其形式和色彩完好地融入了整个建筑物之中。

位于下层的检票区与上部的主要楼层同样通透明亮。

一个宽大的吹拔空间把出港层和进港层从空间上联系起来。在楼梯下部可以看到行李分配间。

位于上层的检票区

可以看到停机坪的等候区

国内、国际部分的分隔可以通过巨大的活动墙体进行变化。

位于中央突出的平台之下的是出港报关区。

在室内仍然可以看到土建部分粗糙的混凝土结构构件。支柱顺应建筑剖面的倾斜形式，使内部空间独具个性。

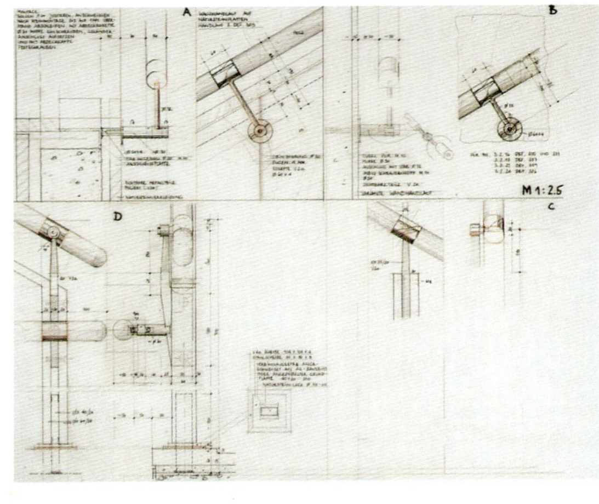
A
B
M 1:2.5
D
C

室内楼梯和内墙的面层也选用花岗石。所有最重要的楼梯和平台的栏杆均为红色，其余则为灰色。
扶手全部采用不锈钢。

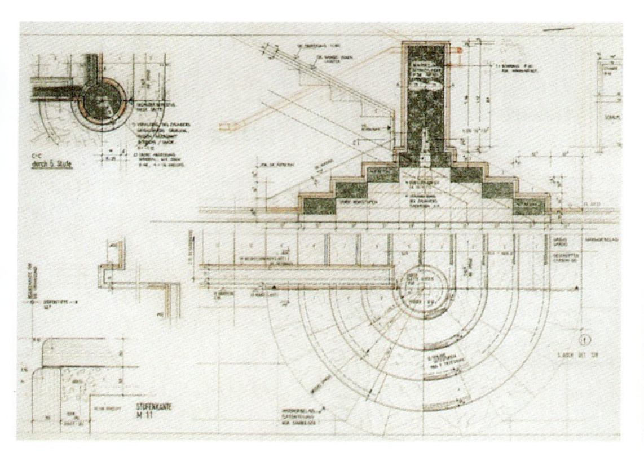

行李分配传送带及检验舱

登机柜台就如同大厅中的“家具”

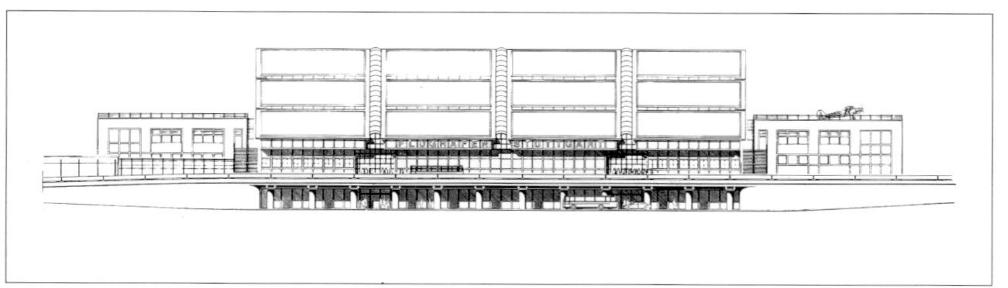

专用车道一侧的立面图

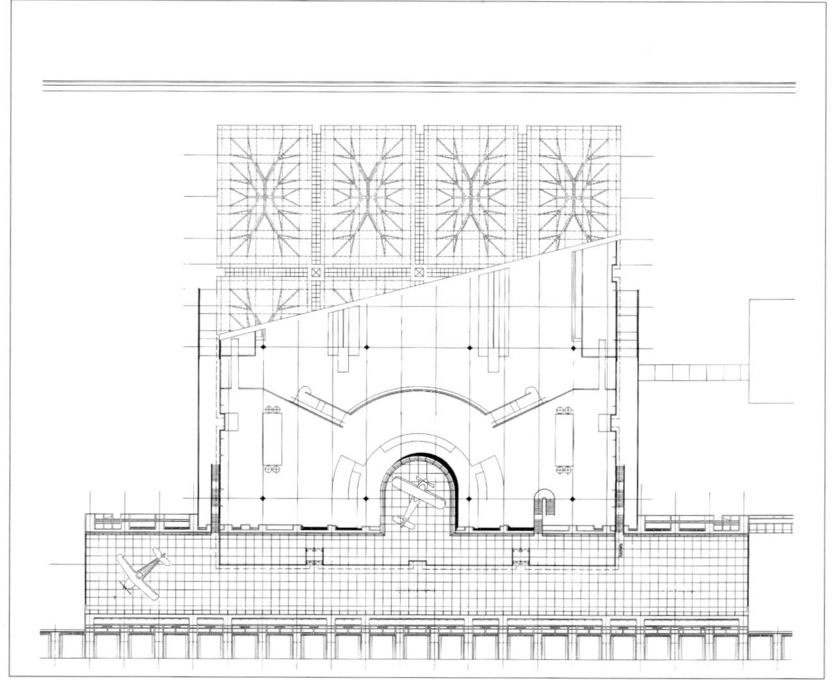

露台层平面图

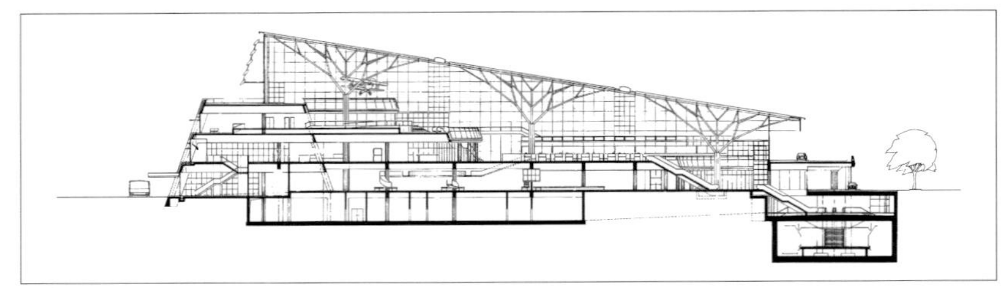

剖面图

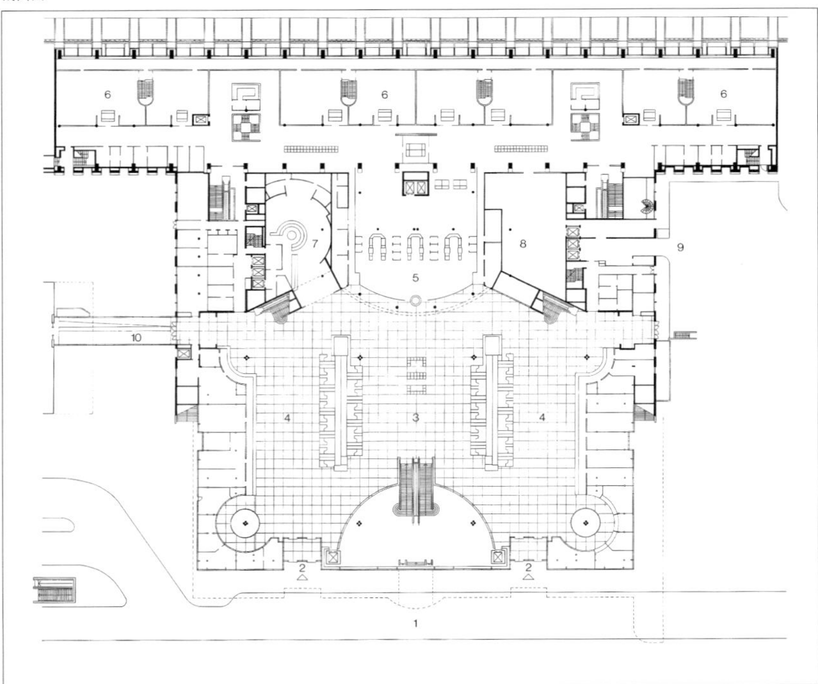

出港层平面图

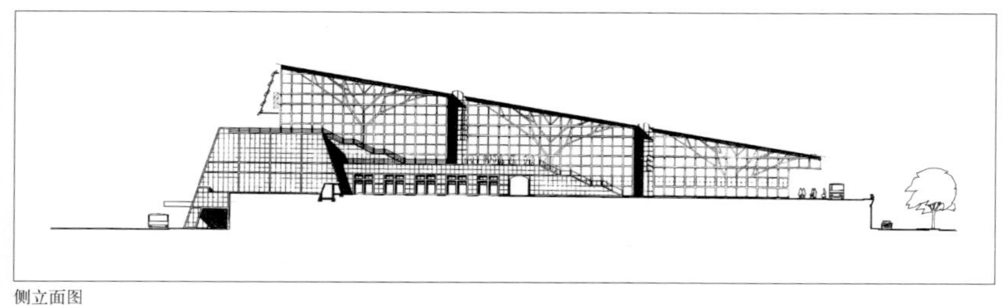
侧立面图

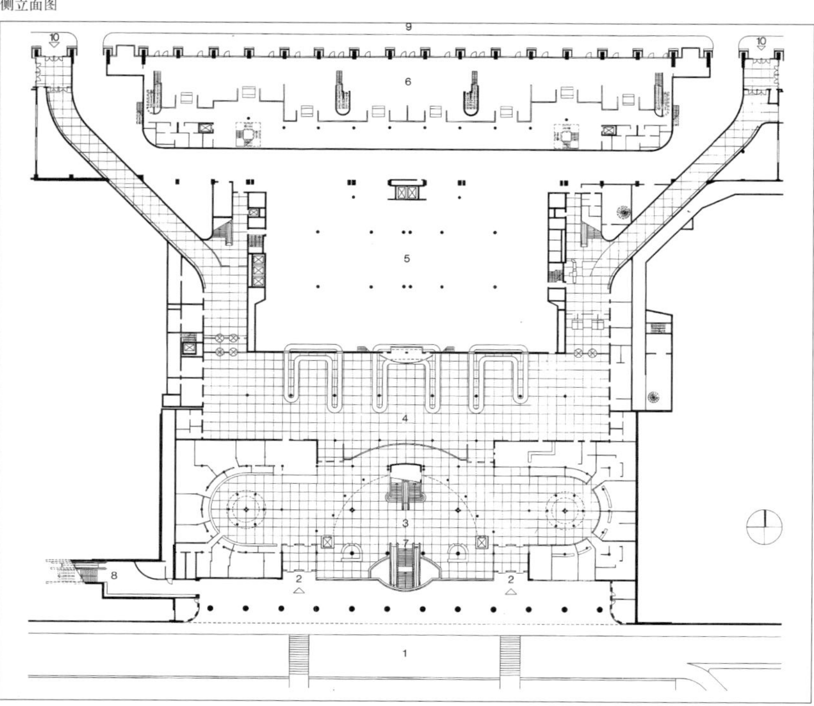

进港层平面图

(上接234页)

后续合作者:
Uwe Pörksen
Damir Perisicz
Stefan Rimpf
Peter Sembritzki
Horst Thimian
Christel Timm-Schwarz
Tuyen Tran-Viet
Hitoshi Ueda
业　主: 汉堡机场股份有限责任公司
铸造节点顾问: A. P. Betschart
工程师事务所: Weidleplan 顾问股份有限责任公司
静力计算及结构设计: Martin Becker
Markus Kammerer
建筑设备: Siegfried Hartmann
Manfred Sasse
Herbert Schubert
Ulrich Thomas
Manfred Trapp
项目经理: Uwe Grässle
Carsten Baier
Adalbert Huber
Thomas Kern
Harald Otto
Peter Rabending
Detlev Wunderlich-Buess
Peter Zekeli
项目管理: 斯图加特 Drees+Sommer
照明设计: 因斯布鲁克 Bartenbach 照明设计公司
静力验算: 斯图加特 Jörg Schlaich
建造公司:
土建工作联合体: Hochtief, Holzmann, Wolfer, Goebel
钢结构工作联合体: Stahlbau Illingen, Stanelle, Tweer
立面: Fassadentechnik Rudolph
屋顶: Gebr. Schneller
南立面遮阳: Götz
南边雨篷: Bott
建筑体积: 256000m^3
建筑面积: 36000m^2

帕德博恩[1]机场
Flughafen Paderborn

竞　赛：1989 年
设　计：Meinhard v. Gerkan
合作者：Hilke Büttner

方案中，航站楼把处于不同标高的街道和停机坪连接起来。

出港和进港的出入口及其相应的专用车道都位于上层。建筑物的内部是一个巨大的进港大厅，其平面呈中轴对称，两边分别容纳航班和租用两种不同的功能。二者公用的安全检查口则位于大厅的中间，其背后靠近登机的一侧是一个宽敞的候机室。

登机通道由一座登机桥和两部通往下层的楼梯组成。通过夹层之间门的开关切换实现交通分流。行李发放间可以被分成两个部分，其两侧都有足够的暂存区，需要通过通道检查口的行李都将先在这里排队等候。进港的乘客在通过报关处之后进入下部的进港大厅，然后经一部宽敞的楼梯到达上部的大厅和专用车道。

进港和出港的行李都将在一个公用的行李转运间由传送带经辘车反转运出。进出停机坪的交通流被完全分开。停机场与辅助用房直接相连。

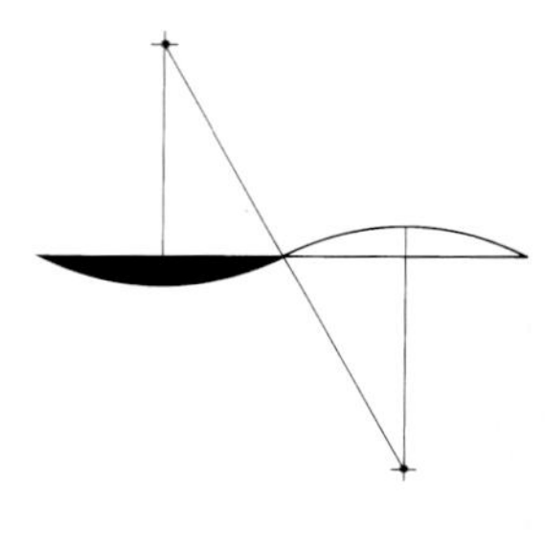

1 译者注 Paderborn，北莱茵-威斯特法仑州的一座城市。

底层的进港大厅与等候区之间有一些商业面积。

中间层安排有会议室、VIP 休息室以及一个咖啡厅。

这些房间可以根据检查区和免检区的不同要求进行任意划分。这样，机场的运营者就可以使房间适合于不同的功能要求。

餐厅位于上层，并带有一个顾客平台。从这里既能看到停机坪，又能看到到港大厅。

在两侧建筑体之间的底层部分，设置了预订、办理手续、汽车租用等各种机场设施的柜台。中间层还将有一些补充的办公室，因为所有的机场总是会在很短的时间内就缺少可供自由支配的办公面积，而日后的增设总是难以达到功能上的良好联系。

大厅屋顶采用弧面形式，宽大的屋檐一直延伸到专用车道上方。一边弯曲的三角形钢桁架架设在室内的柱子上。一组位于出入口一侧向下弯曲的屋面上的天窗照亮了下部的空间，而停机坪一侧向上弯曲的屋面之下则通过玻璃墙面采光。明确而易于辨识的功能组织和鲜明的、具有机场特征的形态是设计中的主导目标。

入口立面图

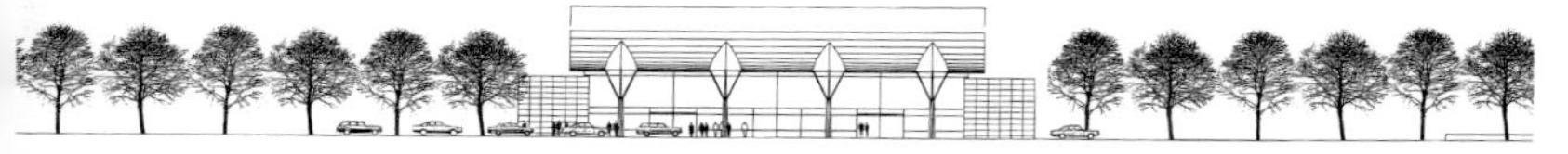

侧立面图

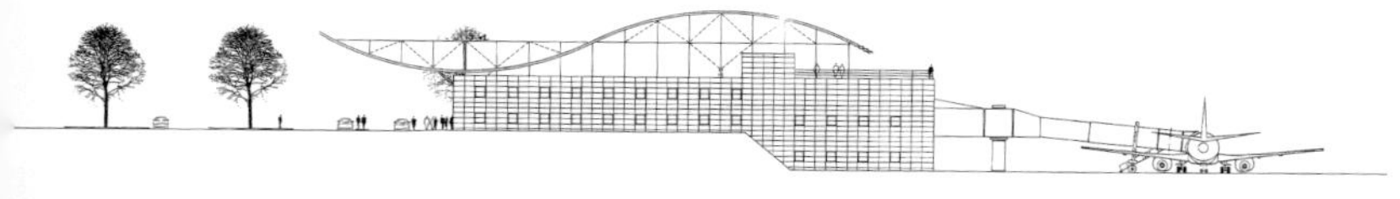

剖面图

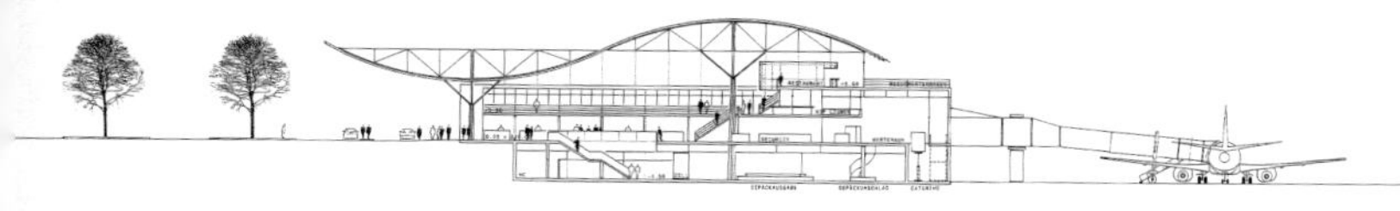

朝向停机坪立面图

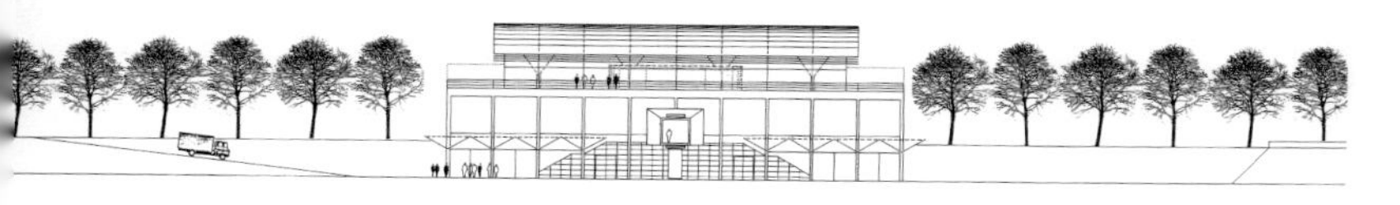

科隆 -Wahn 机场 VIP 迎宾大楼
VIP-Empfangsgebäude Flughafen Köln-Wahn

竞　赛：第二名，1989 年
设计者：Meinhard v. Gerkan
合作者：Volkmar Sievers

主导方案设计的目标是，使建筑物具有独特的个性，同时在建筑高度、地块形状、交通联系等各方面条件的严格限制下与基地相协调。

设计中的主要元素是一个带有大跨度弧形屋面的大厅。一组菱形的钢桁架支撑着屋面。从建筑主体伸展出去的几片墙体成为了分隔公共区域与安检区域的边界，同时又使建筑物的入口以开放的姿态面对着陆侧的专用车道。

空间的组织根据功能要求确定，以保证使用上的便捷和明晰，同时使经济运营成为可能。

建议根据地形设置一道面对机场大厅的弧形的低矮土墙并辅以绿化，一方面围合出停机坪区域，同时把消防大楼遮蔽起来。

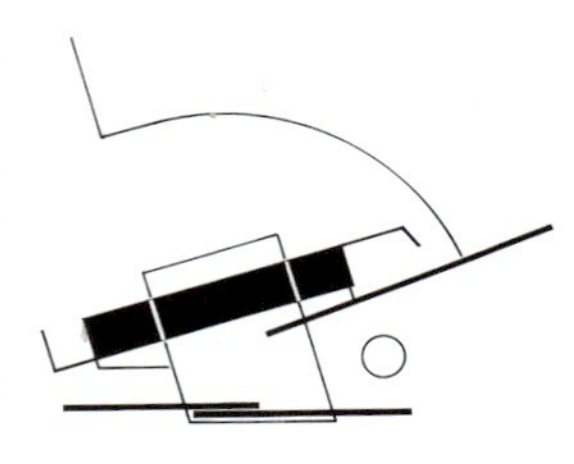

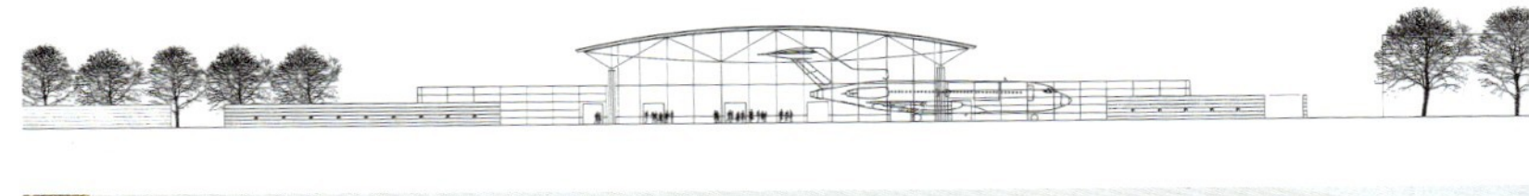

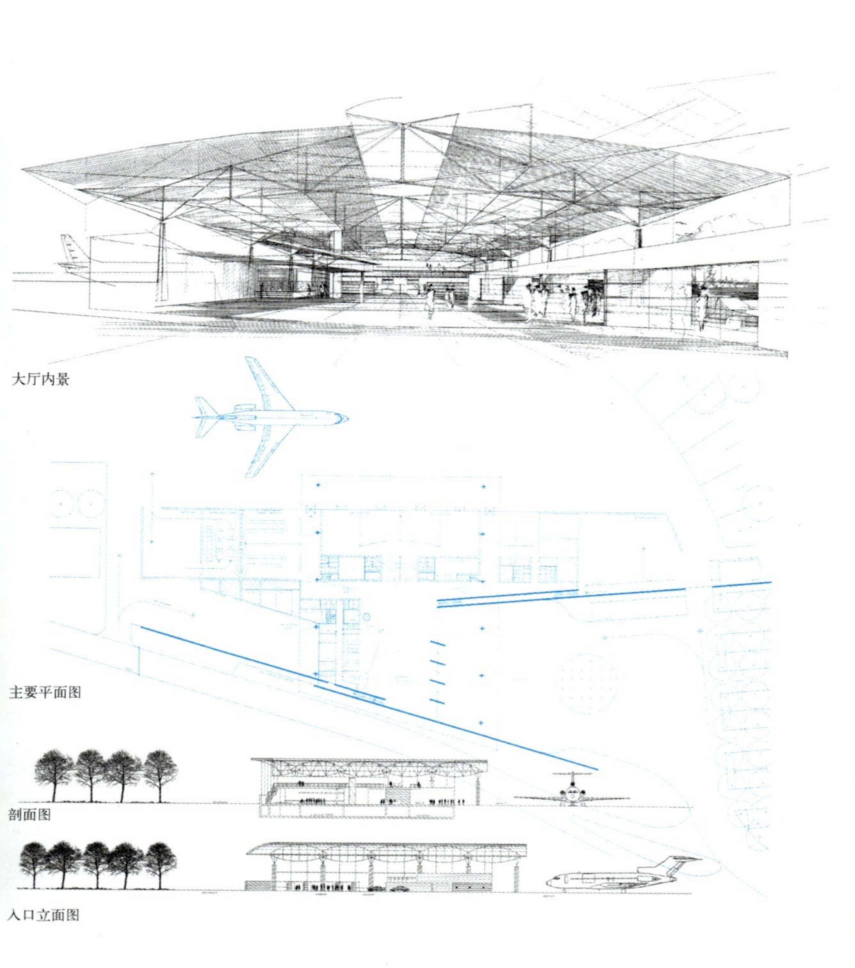
大厅内景

主要平面图

剖面图

入口立面图

比勒费尔德中央火车站轻轨停靠站
Stadtbahnhaltestelle Hauptbahnhof Bielefeld

缘于“比勒费尔德市民大厅”竞赛第一名的委托项目

设计及建造时间：1983 — 1991 年
设　计：Meinhard v. Gerkan 与 Hans-Heinrich Möller

中央火车站轻轨车站的土建部分是由比勒费尔德市地下工程局基于对交通设备和建造上的考虑而完成的。

在土建完成之后，我们得到了车站室内设计的委托。

光线的使用作为主导元素贯穿着整个车站的设计。

站台：

通过对该站台进行专门设计，有组织的照明布置照亮了整个站台。而位于灯光之上的顶棚以及铁轨将处于黑暗之中，从而产生一种线性空间的光线变化。站台—铁轨—站台所构成的明暗交替的序列将给人全新的体验。

照明设施和车站室内装饰的支承构架与这一空间序列节奏相重叠，加强了这种形式。

集散层：

这原本是一个 30m 宽，35m 长的大空间，其中没有支承构件。由于建造条件的限制，其高度仅为2.85m。这一高度间与其面积相比显得极为低矮；而间接照明的使用在视觉上增加了空间的高度。

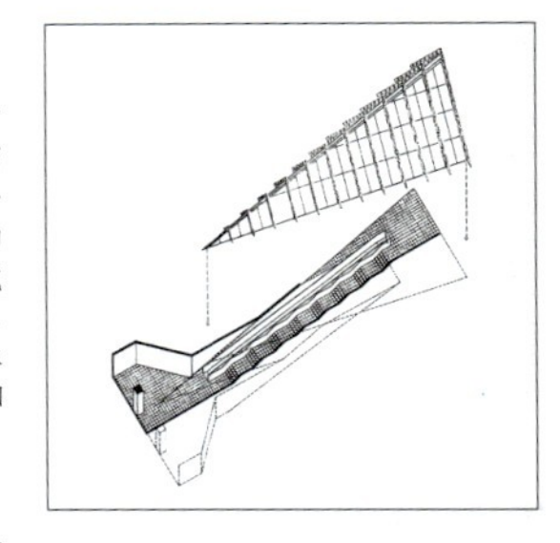

基本的原理是：把灯光向上投射到反光的顶棚上产生一片光亮的区域，造成一种漂浮动效果，从而在视觉上抬高了顶棚。另外，通过光源的几何排列对这一空间进行重新划分，引入

入口构筑物位于改建后的旅馆……

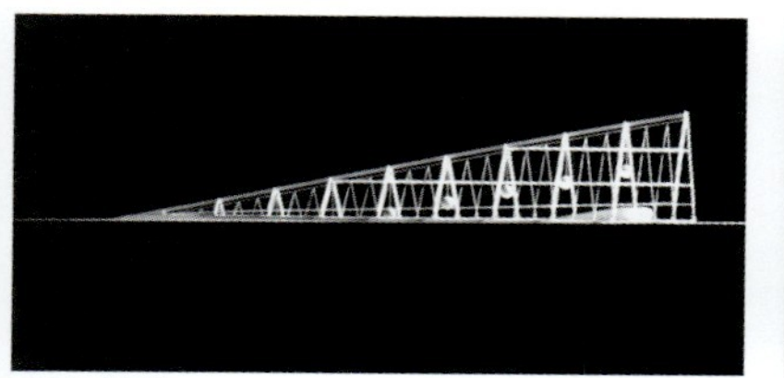
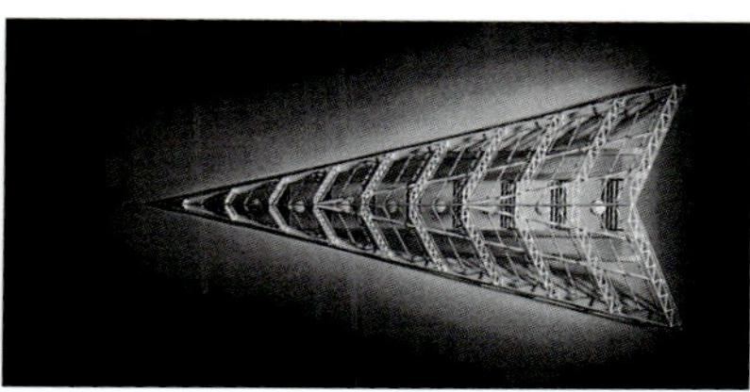

工作模型研究

新的尺度。这样，地下建筑工程师们以高昂的代价取消掉的立柱在这里被灯柱取代了。

顶棚上的“云朵”和墙上的“浪花”:

顶棚上的“云朵”覆盖着集散层较高的前部空间，并且以一种轻松的方式连接起集散层和站台层，从而使这里成为一个独具动感和雕塑感的空间。这一母题还夸张地出现在墙面上，使站台层更具特色。

顶棚上“云朵”的强烈的雕塑感使站台层给人以不断变化的空间印象。

入口建筑:

位于Dueppel街的入口建筑是另一个完全不同的形态元素。在这里，形态与功能从一开始就是统一的。为了使人们能从火车站建筑中就能看到轻轨车站，方案在Dueppel街与车站之间

……与新建的市民大厅之间

设置了一个斜坡状的连接层。升起的透明构筑物、地下层的开口以及从地面升起的角柱体，可以直达车站的视线——建筑物的功能通过其形态清楚的向外界展示出来。

上层站台

连接集散大厅与站台的楼梯

高度受到建造条件限制的集散层由于灯光的反射显得略高一些

云状的顶棚削弱了空间高度的突然变化，红色的波浪线是该站台的辨识标志。

通向 Dueppel 街的入口构筑物

专门设计的站台立灯将灯光向下投射，而把粗糙的混凝土顶棚留在了黑暗之中。

汉堡机场停车库
Parkhaus Flughafen Hamburg

建造时间：1989 年
竣工时间：1990 年
设计者：Meinhard v. Gerkan
项目负责人：Karsten Brauer
合作者：Klaus Hoyer
Uwe Pörksen
业　主：汉堡机场股份有限公司
静力计算：Schwarz + Dr.Weber 工程师事务所
建筑公司：E. Heitkamp

约 800 个停车位

1991 年德国建筑奖获奖作品

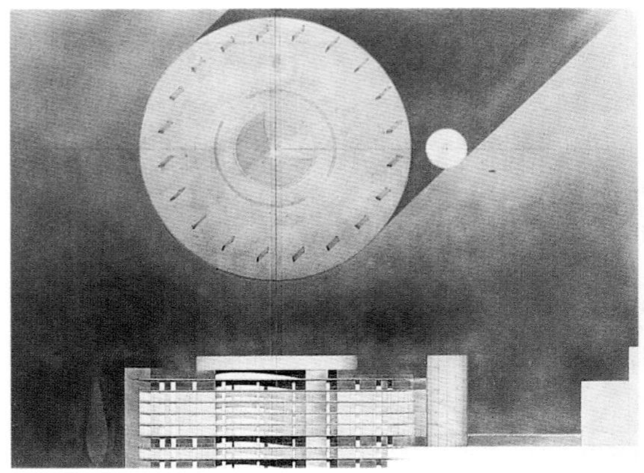

初步设计图纸

最后实施的立面图

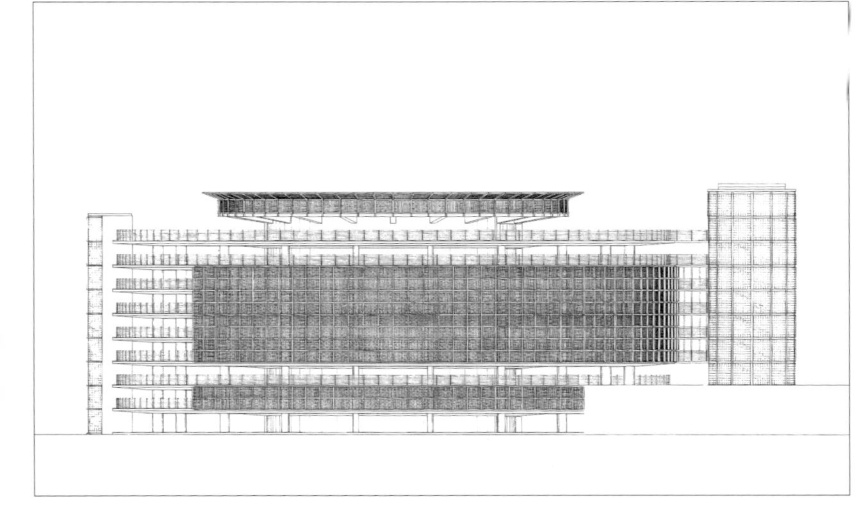

在机场各种各样的建筑设施和功能区域中，这座停车库因其所处的位置和形式成为了城市设计上的转折点。作为整体构想的一个部分，还将有一个巨大的圆形停车库建筑与现有的国际航站楼构成一个整体。这两座停车库将标示出整个兴建计划的端点，并且以其形象确定出明确的总体走向，而不必对原有乘客登机大楼的位置进行调整。

该停车库是新的乘客登机大楼的不可缺少的组成部分。之所以提前兴建，是为了满足邻近建筑的大量的停车位需求，尤其考虑到现有员工停车场的西边部分已经被施工设备占用了。

车库共有9个停车层，约800个停车位，每层的停车位都沿着一条环形的车道两侧排列。两条相对的螺旋形坡道在圆形平面的中心完成了各楼层之间的上下联系。通过一个交通引导

停车库是新规划中的第一个建造项目

缩进的顶层将容纳航站楼的建筑设备，立面作为幕障和上部的收头进行设计。

双螺旋坡道围绕之中的天井

系统的调度，车辆可以到达任何指定的楼层。坡道和停车位中的车道都是单行道，只有在入口和出口部分才会出现流线的交叉。

步行系统位于北边一座独立的塔楼之中，塔楼设有电梯，并且与将来的航站楼相对。轻巧的天桥把楼梯塔与停车库连接起来。另外还有一个必需的逃生楼梯对称地位于停车库的南边。在停车库的顶层之上还有一个直径稍小的楼层，以容纳候机楼的冷却设备。供给和清运的管道都位于一个圆柱形的钢架之中，它以后将独立在螺旋坡道的内部空间中。设备层覆盖在坡道上方，为其遮挡雨雪。

除了圆形平面自身所具有的强烈的几何感之外，对应于楼层划分的、部分悬挂在外的钢格栅“幕墙”也成为了停车库的基本形式元素。这一方面保证了视线通透和空气流通，同时又向远处呈现出对比鲜明的立面形象。

出入口层以及最高的两层停车层都没有使用“幕墙”，从而使整个建筑物具有更为轻巧的形象，也使结构组织显得更为明晰。带有冷却设备的顶

栏杆细部

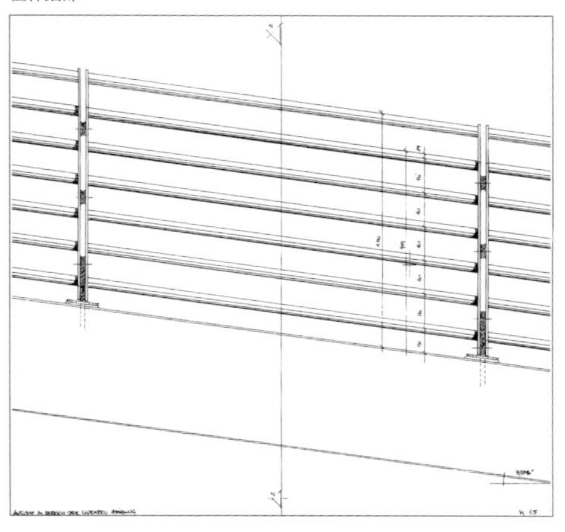

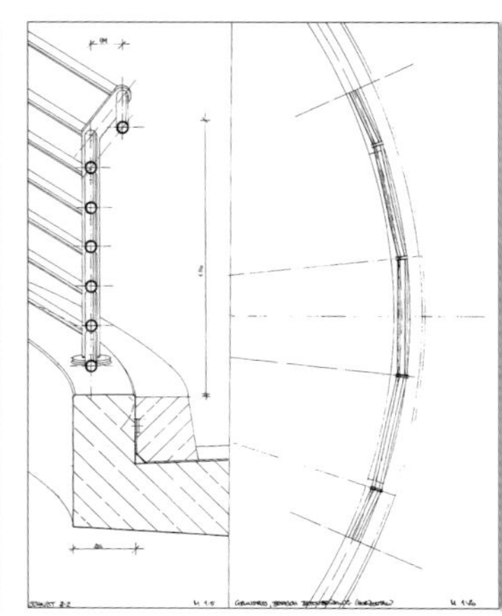

轻巧的天桥把停车部分和楼梯电梯塔楼联系起来。

层也具有类似的立面，以从外部遮蔽起设备，同时在上部给予圆柱形的巨大体量以一个明确的收头。

混凝土构件将全部被涂成浅色，以避免低矮的层高造成的压抑感。

所有的混凝土构件都用光滑的模板浇筑而成，并且在表面保留了模板留下的条痕。支承模板留下的坑点也将产生某种节奏。

整个建筑采用钢筋混凝土结构，楼板呈碟形，直径约为61m。根据静力计算的结果要求，楼板厚度从45cm渐变为25cm，并采用变截面无梁楼板形式。承受荷载的是外圈的20根50cm × 120cm的立柱。内圈厚45cm的混凝土墙体也起到加强建筑刚度的作用。钢筋混凝土圆柱体向内悬挑成为坡道，其板厚也从45cm渐变为25cm。圆柱形混凝土墙体之上的混凝土盖板成为设备层的楼板，截面高度从75cm渐变为25cm的支承肋和一组环形的圈梁增加了其强度。

楼梯间立面使用玻璃砖。白天，交通区域充满阳光；夜间，灯光从其中透射出来。

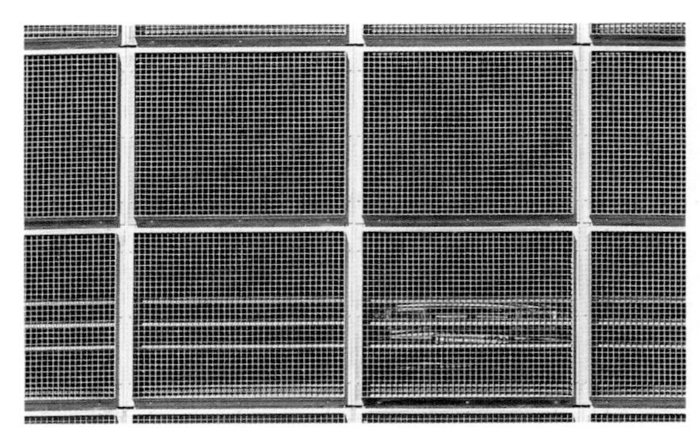

钢丝网"幕墙"遮蔽起一部分墙面。它们成为视觉上的"幕障"，同时又允许光线和空气进入停车层。

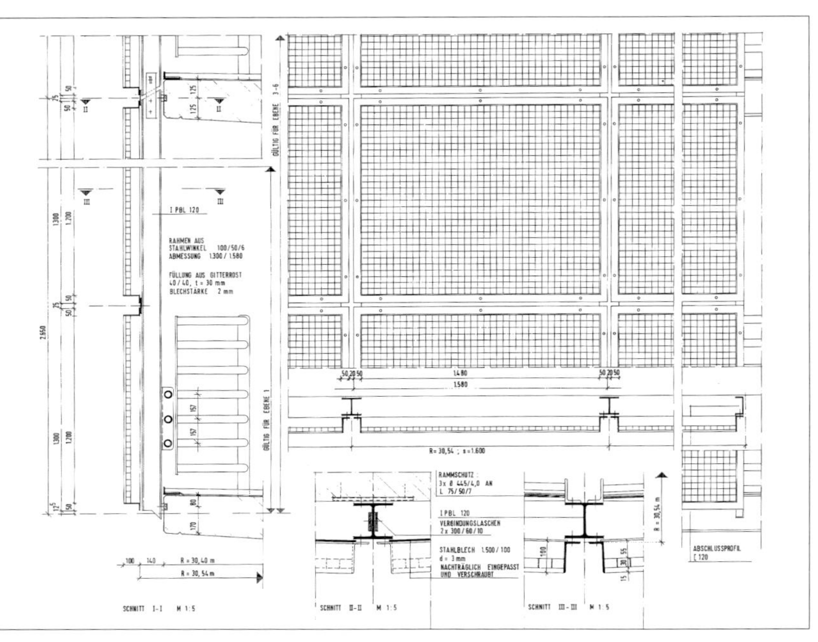

丝网立杆产生剪影的效果，强调出“幕墙”的弧形，同时保持视线的通透和空气的流通。

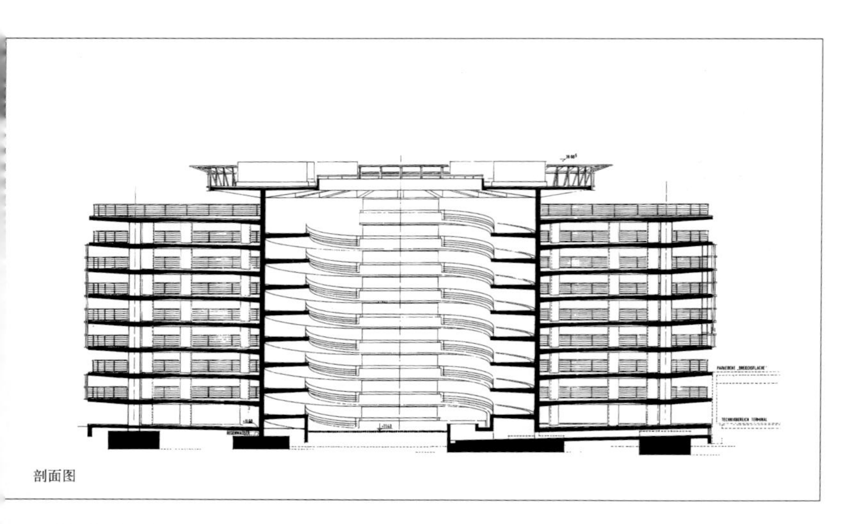
剖面图

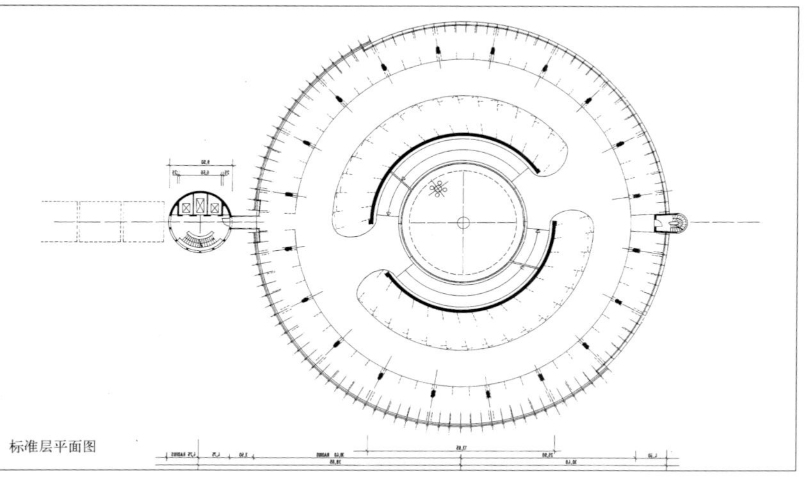
标准层平面图

航站楼的排风管安装在与其相邻的停车库建筑上

公共机构

波恩联邦环境保护与核安全部

波恩联邦环境保护与核安全部

Bundesministerium für Umweltschutz und Reaktorsicherheit, Bonn

竞　赛：一等奖，1988 年
设计者：Meinhard v. Gerkan
合作者：Gerhard G. Feldmeyer
初步设计及设备配套：1989 年
项目负责人：Michael Zimmermann
参与者：Daniela Hillmer
　　Andreas Perlick
　　Sybille Scharbau
　　Jörg Schulte
　　Clemens Zeis
结构设计：Assmann 顾问及设计公司
电气设备：Alhäuser + König
照明设计：照明设计工程有限公司
楼板装置：Spitzlei + Jossen
制暖、空调、通风：B. Kriegel
厨房设备：Weber 顾问公司
室外设施：Wehberg, Lange,Eppinger, Schmidtke
室内声学：Moll
建筑热学：Brüssau 及合伙人

城市设计上的目标是，使位于莱茵河两岸的莱茵公园的特征在总部的基地中延续，并且主导这一地块。

为此，建筑物基本以2 ~ 3 层的高度与地形的升起部分平衡，并将其作为隔声屏障。

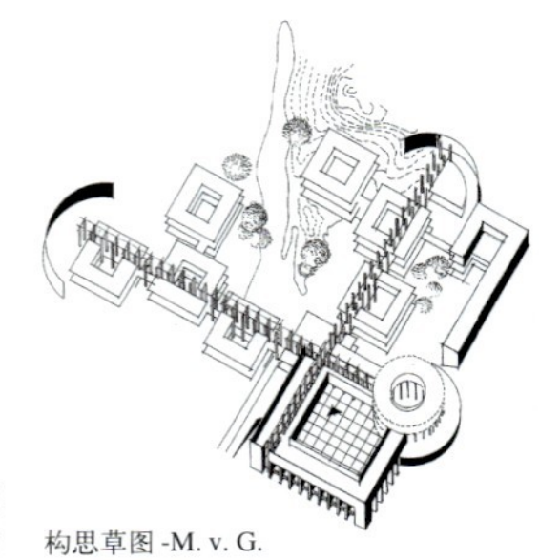

构思草图 -M. v. G.

基地内部标高低于Landgraben小道大约2.0m，因此联邦环境部大楼看上去只有两层楼高。

从西边看总部综合体模型

环境部的基地位于莱茵河右侧的南波恩 Beuel 区中。

从东南方向看，在室外场地中有一小片湖面。

建筑的立面和屋顶上都将有浓密的绿化。

只有入口处的端头建筑标示出了这一机构的重要性，并以其4层的高度朝向河对岸的政府区。

相对于基地中山丘、树林、水面构成的公园般的环境，入口部分具有更为城市化的特征。另外，办公楼与景观空间相互交织；基地的前部却是封闭、单一的，在其中围合着一个具有城市特质的前广场。

这种双重性也体现在建筑的布局结构之中。两条相互垂直的内部“联系通道”构成一个紧凑的框架，办公楼在其中以一种几何化的，同时又是轻松、自由的方式被组织起来。这样的组织方式不仅保证了结构上的明确性，还使建筑的每一部分在布局上都具有很高的开放性，并能在不同的建造阶段中逐步满足这一要求。

办公部分以风车形的平面展开。走廊从四个方向汇聚到一个开放空间，连接起相邻的建筑。

内部可以作为暗区供备用房间、卫生间、档案室等使用，也可以建造成为天井或两层通高的大厅。虽然这些建筑的平面向外呈现出类似的结构，其内部空间的组织却可以具有极大的多样性。

两条内部轴线分别象征着“自然”和“技术”，环境部之所以存在，正是缘于这二者的冲突。主入口位于两条轴线的交点处。轴线的端头部分被圆形的围墙和人工构筑物围合起来，以此象征自然与技术相互对立而又相互依存的关系。

交通层位于+1.0m的标高，加上基地本身有2.0m的跌落，使交通轴线处于中间的层面。这样，从主入口只要下降或上升一层就能到达其他的两个层面。电梯因此只供残障人士和档案搬运使用。

建筑物都有双层立面。内层作为建筑的围护结构，外层则安装有固定的和活动的遮阳板，以及供植物攀援的构架。

一个沿着轴线的剖切模型。一条沿着内部街道通长的天窗强调出这一轴线，位于其上的太阳能集热器同时也充当了遮阳板。轴线上有个两层通高的空间，精巧的钢楼梯位于这个放大的空间节点中。

法兰克福
德意志联邦银行

Deutsche Bundesbank Frankfurt

竞　赛：第一名，1989 年
设　计：Meinhard v. Gerkan
合作者：Christian Weinmann
Volkmar Sievers
Kerstin Krause
Arne Starke
Hans-Jörg Peter
环境设计：Wehberg, Lange, Eppinger, Schmidtke

不同于现有的高层建筑，新建筑将采取底层架空的形式。建筑沿着 Wilhelm-Epstein 街把联邦银行呈现出来。透空的底层使人们能够直接看到后面开阔的空地，同时形成一个入口门洞。

两条平行的、细长的建筑体量围合出一个内部区域，其中依次容纳了入口大厅、绿化内院、图书馆及其附属的书库和演讲厅、休息区、辅助用房等各种内容。与周围开阔的环境相比，这一建筑围合之中的内部区域则是一个精致的小尺度空间，能够给人以丰富的体验，并且使室内外空间相互渗透。

通过形体的几何穿插，圆柱形的博物馆建筑以一个明确的入口空间呈现于街道空间中。

安全区被置于名为“数据塔”的圆柱形高层建筑中。

对于室外空间的主要构想是：通过覆盖在地下车库之上的阶梯状的水面来提升新旧建筑之间的大尺度空间的品质，同时打通现有高层建筑的底层空间，从而与南边的公园产生空间联系。

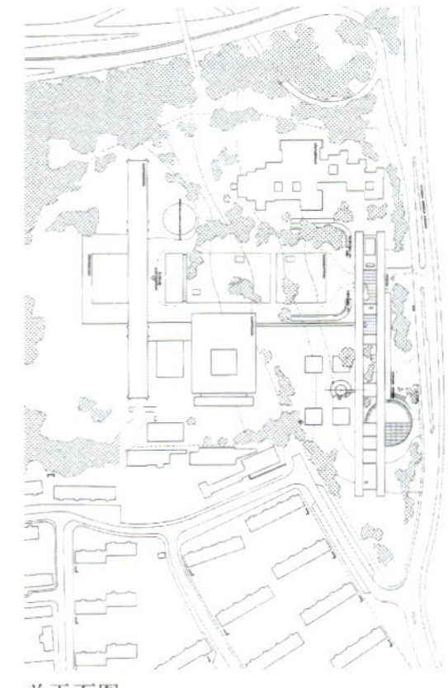

总平面图

“新”与“旧”的并峙在模型中反映出来

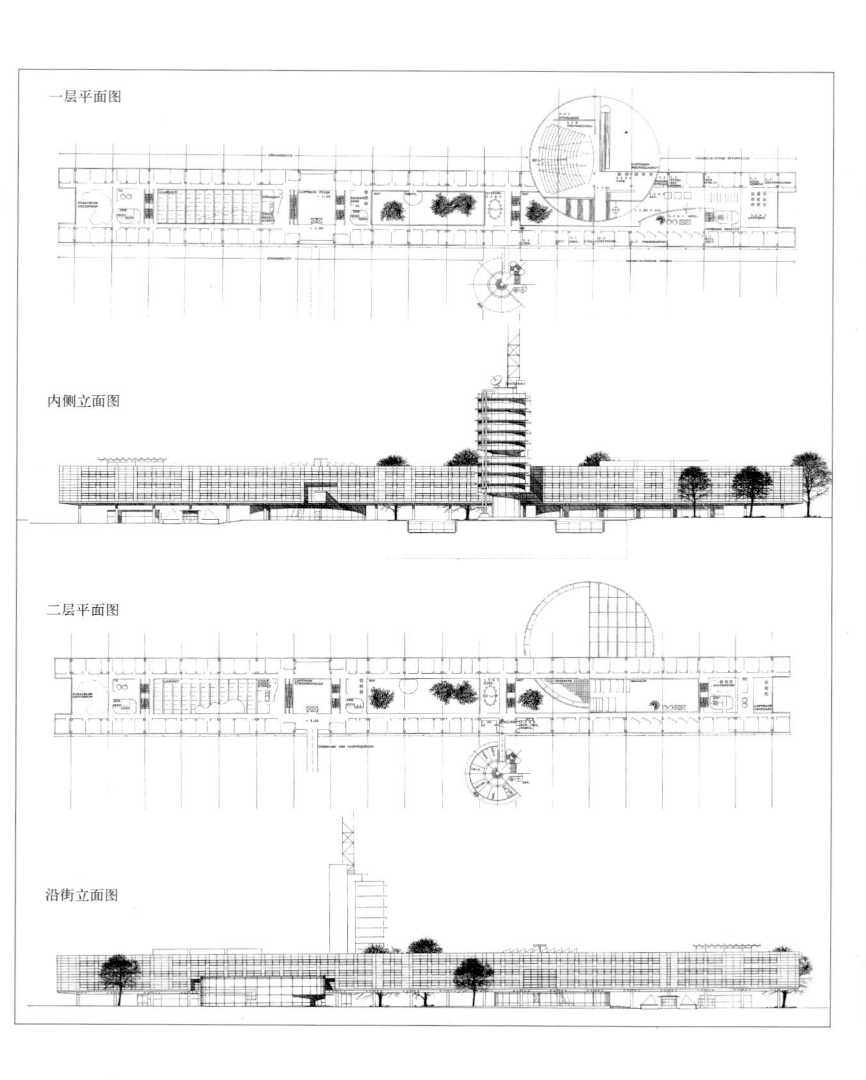
一层平面图
内侧立面图
二层平面图
沿街立面图

海尔布隆[1] 人民大学及市立图书馆

Volkshochschule und Stadtbücherei, Heilbronn

竞　赛：第一名，1990 年
设计者：Meinhard v. Gerkan
合作者：Hilke Büttner
　　　　Volkmar Sievers
设计时间：1991 年

根据任务书的要求,该方案力图成为一个公共的"房子"，把周边的各种建筑物协调在一个城市街道和广场的结构中，并减小百货大楼的视觉体量。

城市公共空间与人民大学及图书馆的功能设施相互重叠、穿插，体现出设计的基本思想。这两个功能设施被设计成相互独立的部分，同时又被一个共用的屋顶连接了起来。

两条简洁的长条形的建筑体量明确的限定出了北侧屠夫巷和南侧Allerheiligen街的街道空间。一个公共的街道和广场空间从中间穿过综合体，在德意志园街与内卡河岸的台阶之间形成了一条视线和步行的通廊。连接两个体量的玻璃屋盖限定出一个不受天气干扰的公共广场空间，它作为建筑形态的主导元素，在避免与周围历史建筑冲突的同时，又突显出这一公共建筑的重要性。

在大屋盖之下，人民大学与市立图书馆的入口相对而立。两个建筑都以玻璃立面使室内空间向内侧敞开，而作为建筑主干的体量则以不同的立面划分形式面对着其余的街道空间。

玻璃屋面之下，一座天桥在三层的高度连接起这两部分建筑。

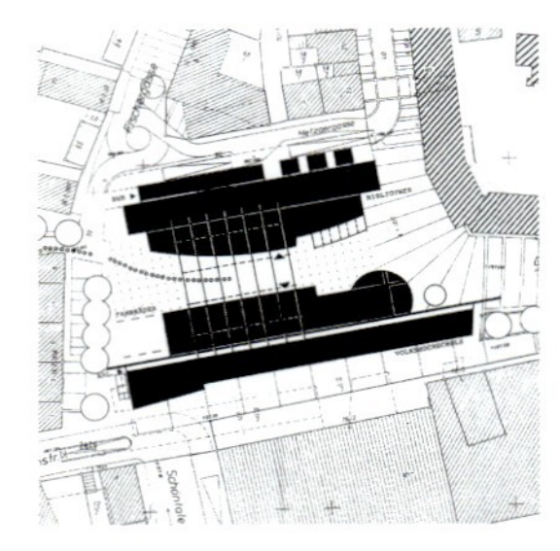

1 译者注：海尔布隆，巴登-符腾堡州的一座城市。

从北侧看竞赛模型

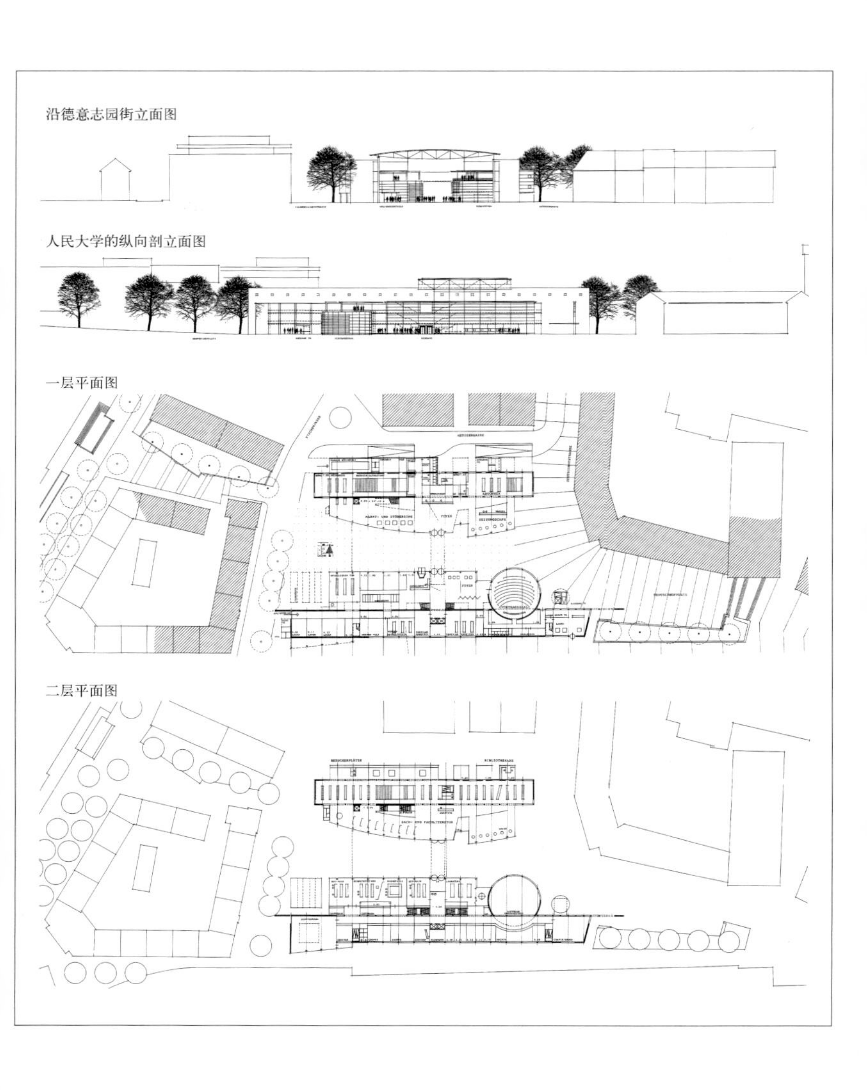
沿德意志园街立面图
人民大学的纵向剖立面图
一层平面图
二层平面图

汉堡国际高级海事法院

Internationaler Seerechtsgerichtshof Hamburg

竞　赛：第三名，1989年
设计者：Meinhard v. Gerkan
合作者：Christian Weinmann
Volkmar Sievers
Hilke Büttner
Clemens Zeis
Arturo Buchholz-Berger

1989年的竞赛方案有一个很长的来历：

1982年，在汉堡建设局的委托之下，产生了首个作为UNO[1]机构之一的海事法院的方案。该项目的设立，是为了向UNO提出一个切实的建筑方案。在方案产生短短几周之后，UNO的工作委员会就在纽约进行了表决，并且一致通过了该方案。1984年进行了初步设计的委托，以期在汉堡市政厅举行一个成熟方案的展示，以迎接UNO的负责人代表团。当时的汉堡市长把这次活动当作一项成就加以庆祝；但对我们而言，首次独立将一个重要的公共建筑方案变为现实的机会已经指日可待了。

五年之后，我们却惊闻，一个国际招标即将举行。

我们所付出的全部努力转眼都变成了障碍和负担。

试图以一个与原先相同或相似的方案取胜几乎是不可能的。

虽然我们对于提出一个全新的方案充满信心，但这无济于事，我们最终只能以第三名的成绩对这个与我相伴七年的项目挥手告别。

方案简介：

许多高大美丽的树木以及一座古典主义的别墅建筑构成了该基地的重要特征，对于它们的关注成为了设计构思的出发点。方案将偏于基地一侧的别墅加以保留，并赋以重要的功能。与这一历史性的建筑物相对应，将会建造一座圆形的建筑物，以容纳法庭。

1984年的初步设计方案

1989年的竞赛方案

1 译者注：UNO(United Nations Organization)，联合国机构。

两个具有图形感的端头建筑物象征着“新”与“旧”的对话。一个U形的建筑体量把这两部分连接起来，并且围合出一个向南侧敞开的院子，从而以建筑的语言将“法院”这一概念表达了出来。连续的墙体成为建筑的主干，它在底层以柱廊的形式出现，从空间上与前面的玻璃厅联系起来，形成一个宽敞的休息区。

该地块位于汉堡的一个最上等的居住区中，并且占有易北大道上的体面的门牌地址。南边是带有高大树木的大型公园，而整个建筑物的入口则位于地块北侧的Georg-Bonne街上。

踏入地块，人们就可以毫无遮挡的看到易北河，并对整座建筑一目了然。玻璃的休息厅面对着三面封闭，一面朝向易北河敞开的院子，同时也作为公共的回廊大厅和交通区空间。上层是法官公寓，会议室、展览区和其他服务性的功能用房都位于裙房部分的交通层中。

法庭位于圆柱形的端头建筑之中。每个法庭都有一个相应的辅助区，其中容纳了口译间、卫生间以及听众平台。

建于1871年的三层高的古典主义别墅将成为法院院长的府邸。

象征着航海的元素构成了新建筑的形式特征。包括老别墅在内的整个建筑物将以白色为主。

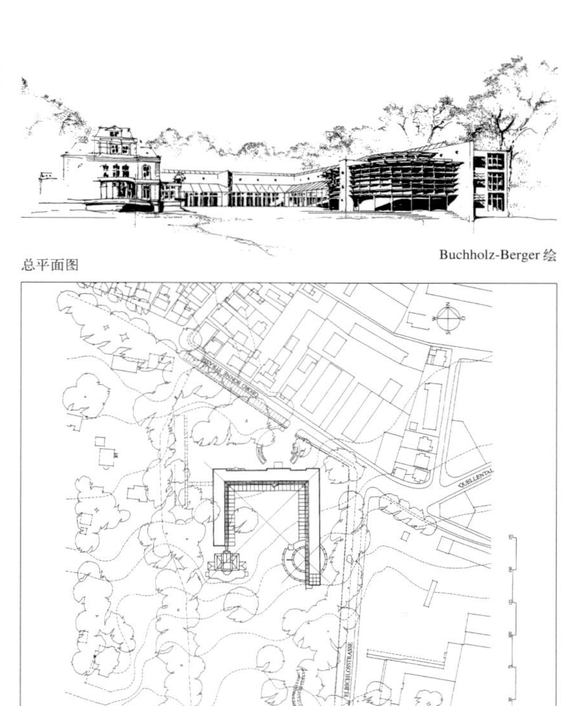

Buchholz-Berger 绘

总平面图

竞赛一等奖方案
设计人：Alexander Freiherr v. Branca, Emanuela Freiin v. Branca

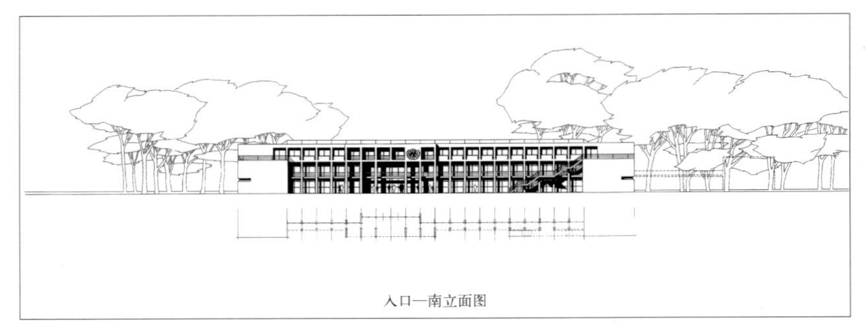

入口一南立面图

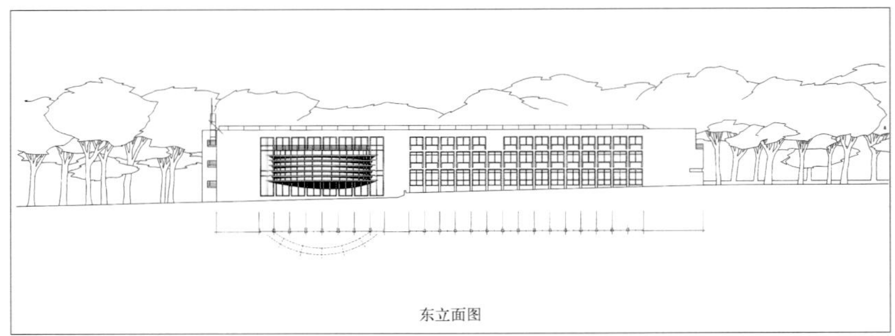

东立面图

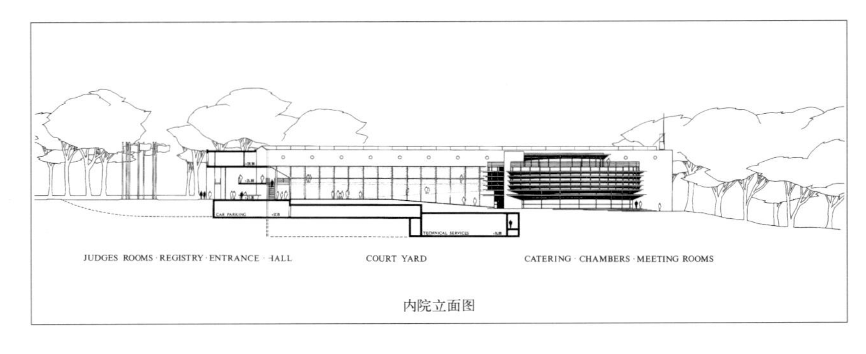

内院立面图

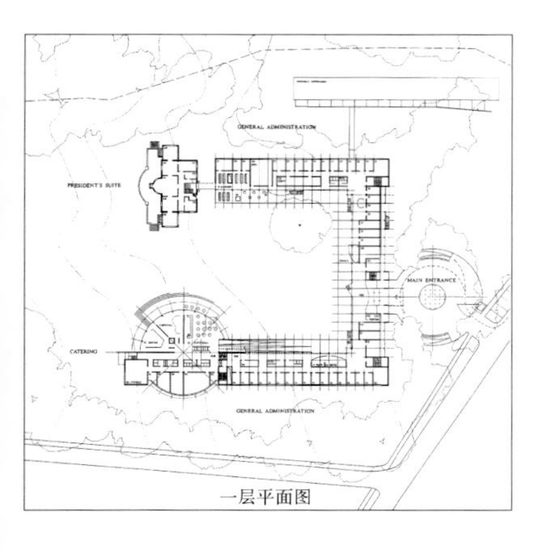

一层平面图

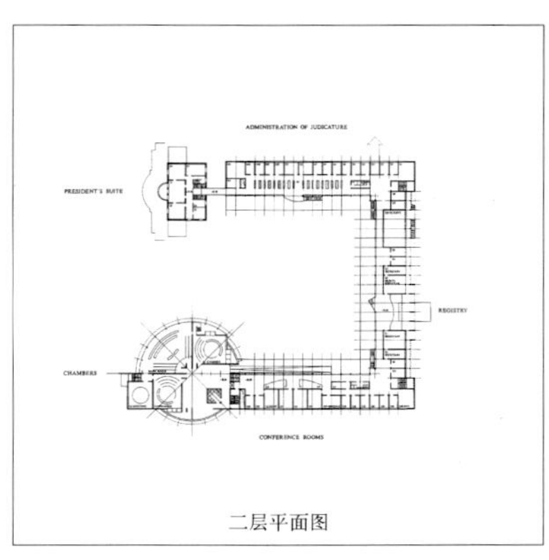

二层平面图

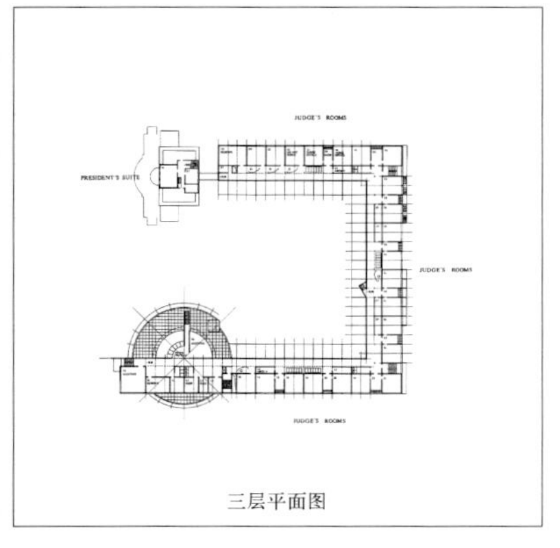

三层平面图

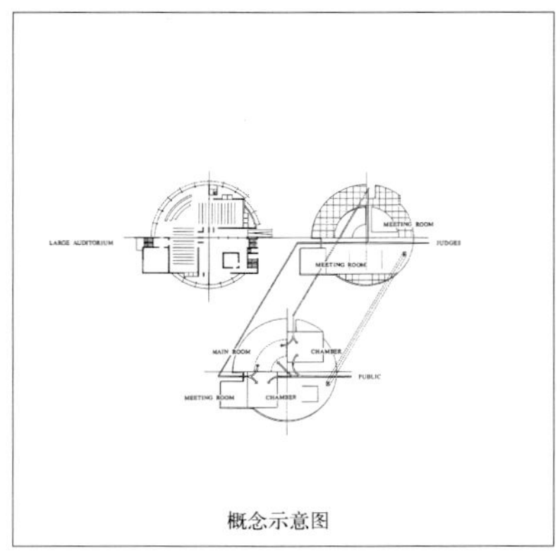

概念示意图

企业、工厂及技术中心

汉莎航空汉堡机场机修场仓库建筑

Lagergebäude Lufthansa-Werft Flughafen Hamburg

Meinhard v. Gerkan1989 年设计
Tilman Fulda 绘

虽然别的建筑师已经就这一位于德意志汉莎航空船坞地块上的仓库建筑作出了相当深入的设计，委托人仍然希望能够得到一个不同的解决方案，作为一个高品质的整体形态组织的一部分。方案建议在开阔的仓库基地上采用预制构件的建筑体系进行分期建造。钢筋混凝土的支柱被排列在方形的网格中，再用预应力梁连接起来，并覆以轻质的碗状屋盖。立面以及内部空间的分隔也将同样采用模数系统。

该方案最终未能实现。

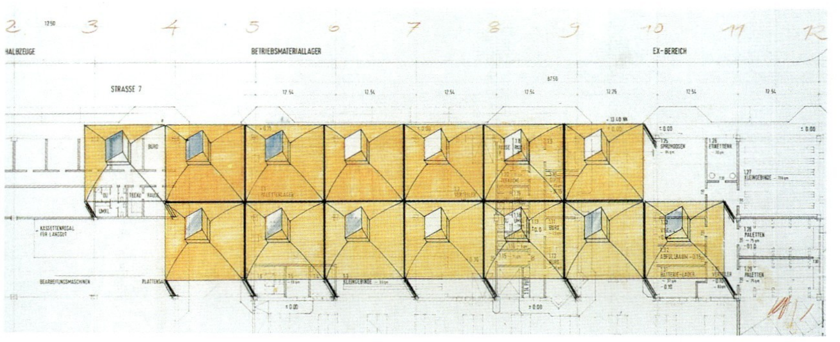

不伦瑞克米罗数据中心
Miro Datensysteme Braunschweig

设计及建造时间：1990 年 9 月—1991 年 11 月
设计者：Meinhard v. Gerkan
项目负责人：Ulrich Hassels
Joachim Zais
合作者：Walter Gebhardt
Uwe Kittel
项目经理：Hermann Timpe
业　主：米罗数据中心股份有限公司
结构设计：Harden 及合伙人

这座建筑被设计成一个与高速公路平行的长条形体量。办公室以单廊的布局形式安排在建筑的两侧，之间形成了一个宽敞的空间，其中容纳了建筑的主要功能：巨大的入口大厅，主要辅助用房，生产大厅以及员工食堂。

下层是一个通长的仓库区以及相应的辅助用房。

将建筑面积扩充 90% 是可能的。

建筑主要采用钢筋混凝土结构，钢筋混凝土楼板和核心筒将增加其刚度。

立面使用背部通风的保温波纹白铁皮，并开启通长的条形窗。

大厅屋面采用钢结构支承，屋面中部 1/3 覆以玻璃，其余 2/3 为波纹白铁皮。

米罗企业从事计算机工业领域的研发、生产、仓储、销售及特定模块的售后服务。这座建筑将满足这些要求。

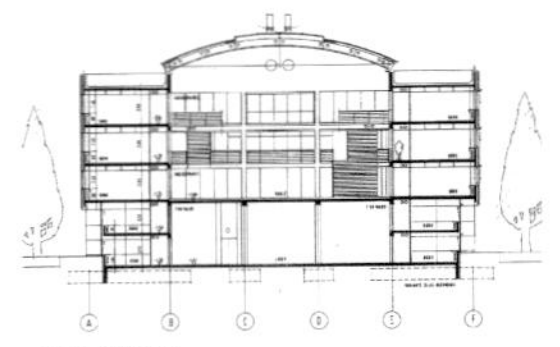
横向剖面图

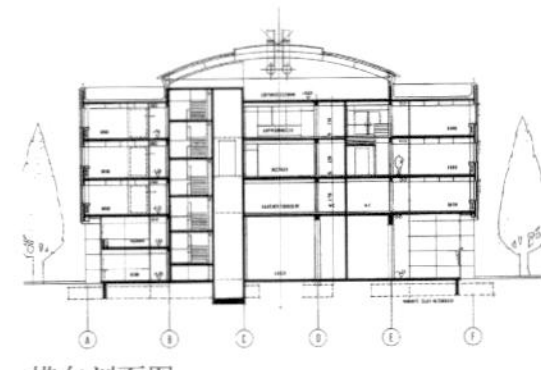
横向剖面图

局部剖面图
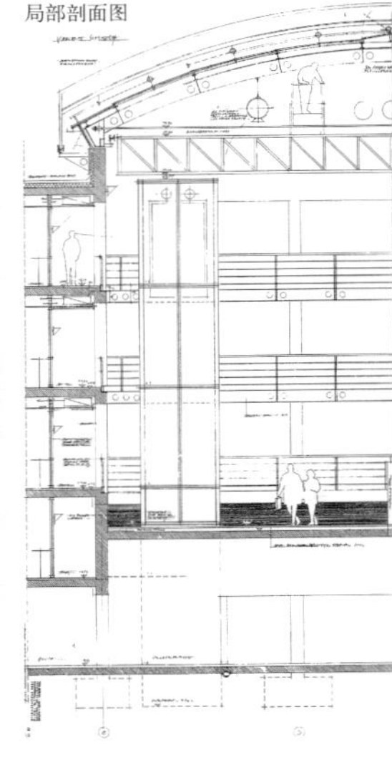

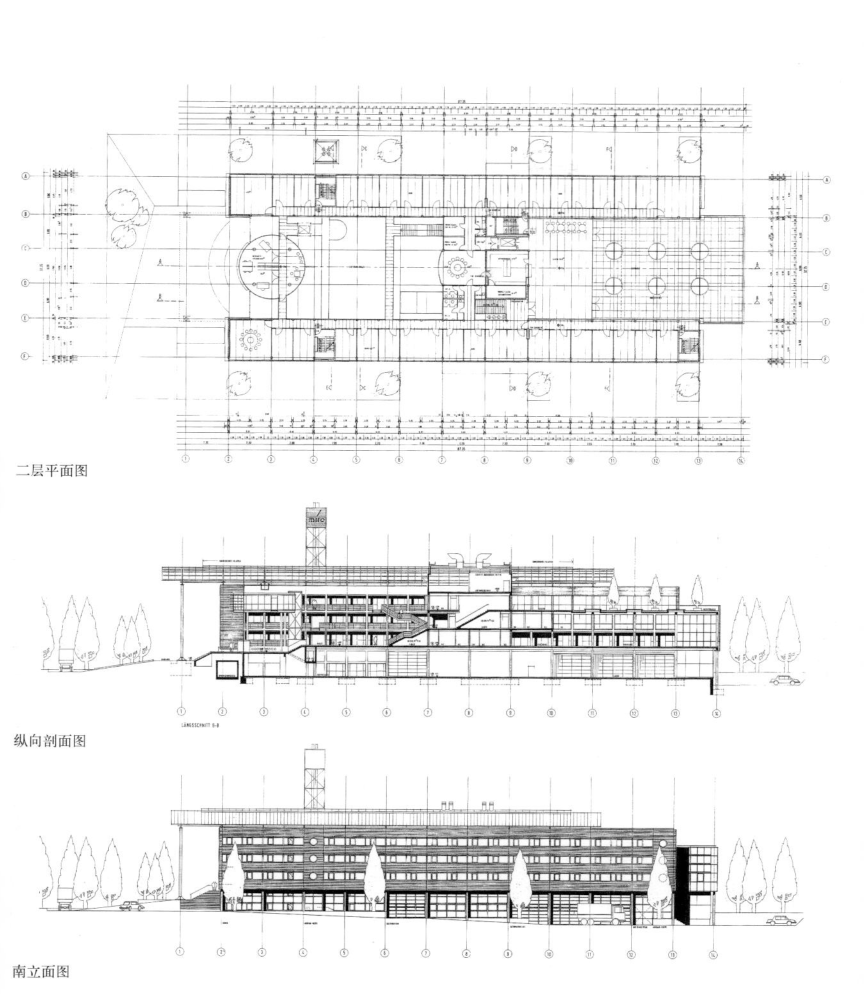

二层平面图

纵向剖面图

南立面图

汉诺威普鲁士电力网络运行站

Netzbetriebsstation der Preussen-Elektra, Hannover

专家意见：1989 年
设计者：Meinhard v. Gerkan
合作者：Bernd Kreykenbohm
Joachim Zais
Doris Schäffler
Stephan Schütz

方案对基于任务书和地块条件的委托要求作出了回应，并以强烈的形式感赢得了这项委托。

一片巨大的圆弧形墙体环抱着基地，并且承担着另外几项功能：

1.充当隔声墙。

2.围合出封闭的安全区。

3.充当仓库部分的后墙，同时作为现在以及将来屋面的支撑。

由此围合成的半圆形的工作内院是明晰而又紧凑的。

两个 2 层高的平行的建筑体量容纳了任务书所要求的面积，并由一条底层的通道连接起来。

两条平行体量经过精心的布局，以避开位于其间的地下电缆，同时将现有的一排果树作为场所元素吸收进来，从而提升了室外空间的品质。

位于两个建筑体量底层的餐厅向外扩展到圆弧墙面的位置。突出在外的部分将覆以玻璃顶，但出于安全考虑，将对外封闭起来。底层和圆弧部分的墙体为清水砖墙。上层及仓库屋盖将采用钢结构。建筑物的拱形屋顶建议采用金属盖板。

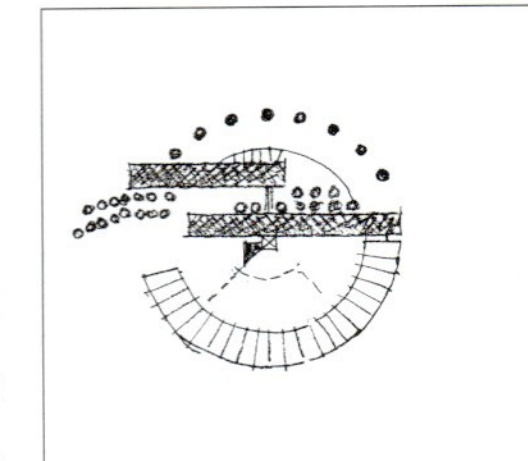

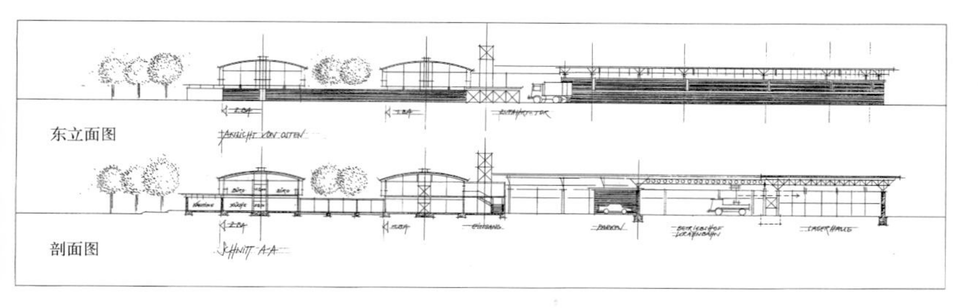

东立面图

剖面图

在作业内院的圆形之内，有一个全面覆盖内院的起重机装置，可以直接把重物从内院吊装到仓库之中。

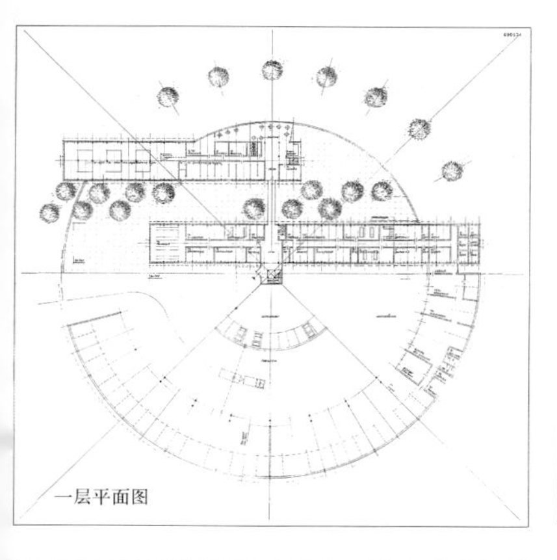

一层平面图

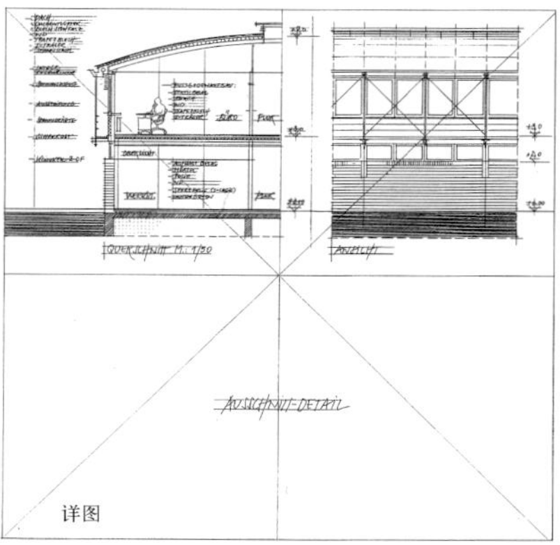

详图

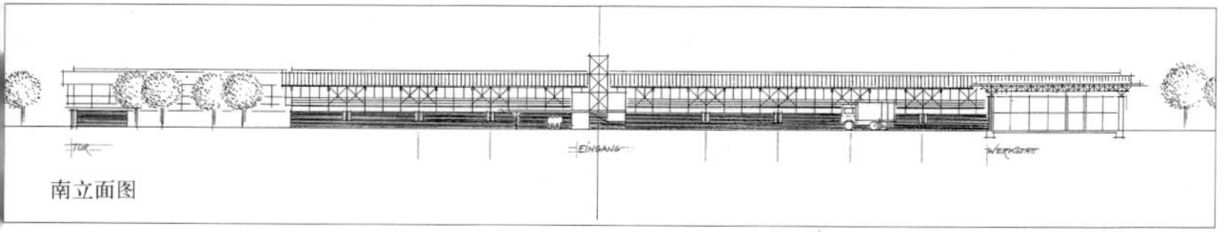

南立面图

汉堡大街购物中心 Andersen 咖啡店汉堡分店

Cafe Andersen, Hamburg
Einkaufszentrum Hamburger Straße

建造时间：1990 / 1991 年
设计者：Meinhard v. Gerkan
项目合伙人：Klaus Staratzke
合作者：Peter Sembritzki
Oliver Brück
静力计算：Jürss + Blunck
业　主：Andersen 甜食店

方案所追求的既不是老祖母丝绒般的怀旧情调，也不是冰激凌店的时尚，而是力图达到一种简洁明了的空间品质；在现有土建条件的限制之下创造出不寻常的空间布局，并因此独具个性。

新的咖啡馆不仅表现出独特的原创性，还将因为功能、色彩及材料使用上的明确和简洁而更加耐人寻味。圆拱形的成品波形钢板顶棚使空间大方而有力。工业聚光灯把光线投射在金属表面，再通过反射把整个房间照亮。恰到好处的照明不仅使房间的每一部分清晰可辨，还将陈列在柜台和展示台上的甜点如碟中珍品般的呈现出来。不论是建筑物的室内布置还是这些糕点都可以尽收眼底。

圆形的柜台强调出了零售空间，顾客从任何一个角度都可以看到这里的货品陈列，这里同时也是顾客与服务员交往的区域。

一个半圆形平面的阶梯形金字塔位于柜台的后部，仿佛一个超大形的奶油蛋糕。与其相邻的卫生间等辅助用房就如同金属车厢一般被放置在房间的中轴线上，一个顶盖由此伸出并覆盖着整个售货区。

耐磨的木地板与木质护墙板一道，

入口处的立面以原先的混凝土结构构件为基础发展而来。

营造出温馨的气氛。

后部的顾客区安排了44个带有咖啡桌的座位。一部笔直的楼梯通往楼座夹层，其四角安排了一些极为舒适的咖啡角。在楼梯上人们可以看到两层通高的空间。

灯光照耀着表现甜食制作过程的巨幅图片，放大的蛋糕以图像的方式强调出这一空间的特质；这是其他甜食店无法企及的。

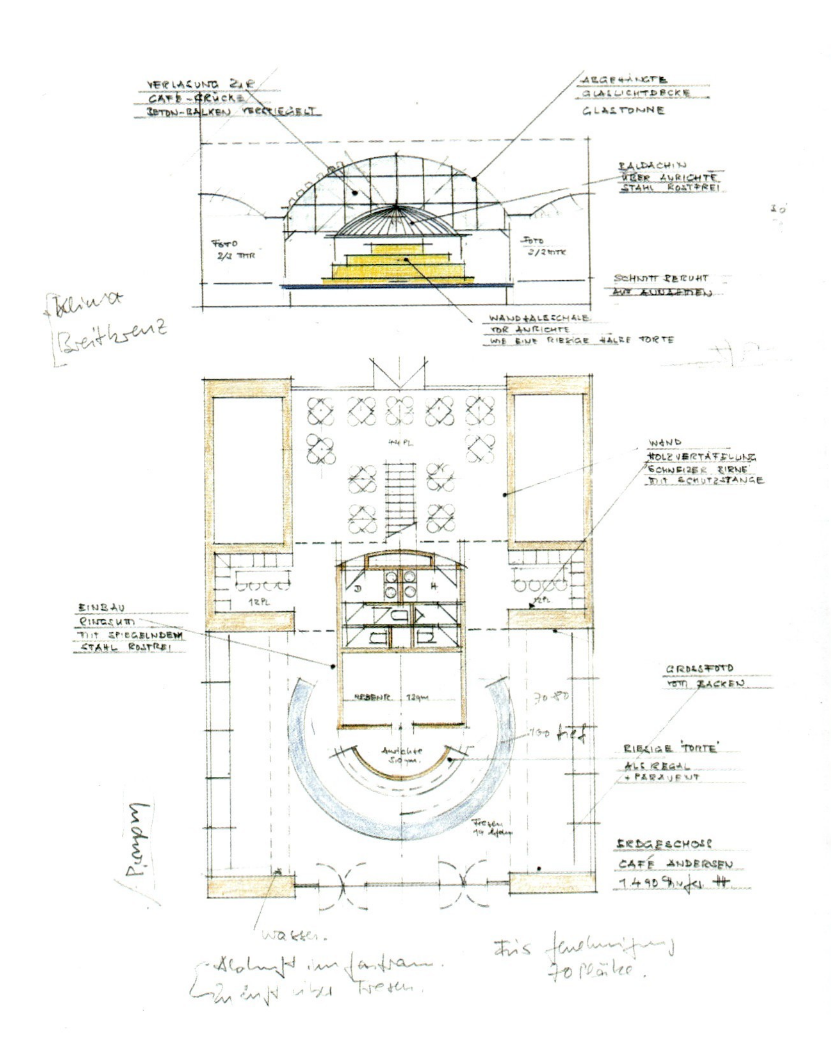
VERLASUNG ZUR
CAFÉ-BRÜCKE
BETON-BALKEN VERSIEGELT
ABGEHÄNGTE
GLASLICHTDECKE
GLASTONNE
BALDACHIN
ÜBER ANRICHTE
STAHL ROSTFREI
FOTO
2/2 MTR
FOTO
2/2 MTR
SCHNITT BERUHT
AUF ANNAHMEN
WANDTALESCHALE
VOR ANRICHTE
WIE EINE RIESIGE HALBE TORTE
WAND
HOLZVERTÄFELUNG
'SCHWEIZER BIRNE'
MIT SCHUTZSTANGE
44 PL
12 PL
12 PL
EINBAU
RINGSUM
MIT SPIEGELNDEM
STAHL ROSTFREI
NEBENR. 12qm
GROSSFOTO
VOM BACKEN
70-80
100 tief
RIESIGE 'TORTE'
ALS REGAL
+ PARAVENT
ERDGESCHOSS
CAFÉ ANDERSEN
Wasser.
70 Plätze.

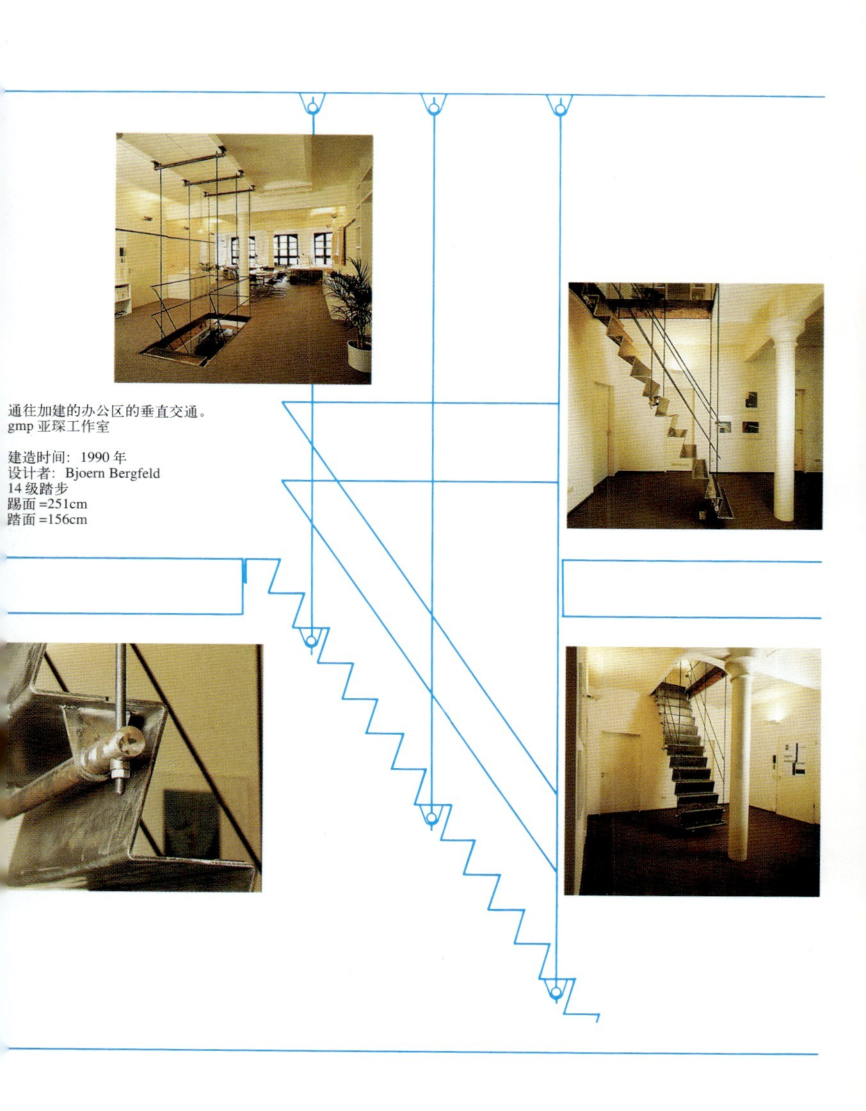

通往加建的办公区的垂直交通。
gmp 亚琛工作室

建造时间：1990 年
设计者：Bjoern Bergfeld
14 级踏步
踢面 =251cm
踏面 =156cm

Die Wendeltreppe in meinem 1980
erbauten Wohnhaus fand bei der
Bauaufsicht keine Gnade.
So entstand diese neue Stiege:
aus massiven Kiefernbohlen gefügt,
getragen von einem mittig angeordneten
Stahlträger, der wie das Geländer aus
nacktem Stahl besteht mit gesand-
strahlter Oberfläche.
M. v. Gerkan

Fernmeldeamt, Postamt 1
und Oberpostdirektion Braunschweig

附　录

BÜRO HAMBURG 1988-1991

Klaus Staratzke, Jörg Steinwender, Meinhard v. Gerkan, Hitoshi Ueda, Dirk Heller, Stephanie Jöbsch, Edeltraut Grimmer, Armin Wald, Karin Rohrmann, Karl-Heinz Behrendt, Sibylle Scharbau, Swantje Wedemann, Karen Vester, Clemens Zeis, Dagmar Winter, Heike Ladewig, Jeanny Rieger, Klaus Dorn, Ralph Preuß, Dirk Vollrath, Detlef Papendick, Otto Dorn, Thomas Haupt, Yasemin Erkan, Uwe Gänsicke, Yasuhiro Imai, Detlev Porsch, Lene Dammand-Jensen, Immanuel Petrelli, Jutta Kaufhold, Carsten Plog, Birgit Meyer, Jan Krugmann, Petra Domnick, Antje Lucks.

Hausfotograf Heiner Leiska einmal selbst in Szene.

Nikolaus Goetze, Knut Maass, Aud Rosenthal, Wolfgang Haux, Inga Iginla, Daniela Hillmer, Marion Ebeling, Jürgen Hillmer, Monika Stahnke-Reimold, Christopher Richarz, Christel Timm-Schwarz, Hans-Jörg Peter, Karl-Heinz Follert, Uwe Schümann, Günther Maaß, Manfred Stanek, Berthold Kiel, Klaus Lenz, Claudius Schönherr, Karen Schroeder, Bernhard Albers, Stephan Lohre, Eunice Jenye, Karl-Heinz Schneider-Kropp, Sylvie Regardin, Alfons Bauer, Heike Brüning, Sabine Oehme, Ahmet Alkuru, Bernhard Gronemeyer, Kerstin Bode, Christian Kreusler, Klaus Hoyer, Christian Kleiner, Claudia Papanikolaou, Winfried Gust.

Susanne Winter, Christine Mönnich, Martina Klostermann, Andrea Vollstedt, Dirk Schuckar, Anja Böke, Jürgen Brandenburg, Thomas Grotzek, Jens Kalkbrenner, Berthold Staber, Ralf Schmitz, Heiko Lukas, Margit Bornkessel, Hannelore Busch, Reinhold Niehoff, Michael Engel, Jutta Bockelmann, Sabine Müller, Bettina Groß, Peter Kropp, Kerstin Krause, Evgenia Werner, Kai Voß, Damir Perisic, Volkmar Sievers, Kerstin Steinfatt, Susann Krause, Hauke Huusmann, Brigitte Sinnwell, Wolf Tegge, Andreas Leuschner, Anke Waltring, Dirk Rohwedder, Thorsten Hinz, Renate Dipper, Michaela Koch, Gisbert von Stülpnagel, Clemens Schneider, Uwe Nienstedt, Hilke Büttner, Ulrich Rösler, Reiner Schröder.

Matthias Bauer, Karsten Brauer, Martina Bünning, Karl Ehlert, Anke Frerichs, Eberhard Leyer, Brunhild Leyer, Thomas Rinne, Gregor Smakowski, Helma von Szada, Thomas Voß-Ouraghi, Henning Wulf, Annette Seelemann, Hans Schröder, Bahram Seifouri, Günther Sievers, Sylvia Hoek, Dieter Tholotowsky, Christian Herrmannsen, Britta Gülich.
Karla Knöllinger, Marion Mews, Franz Merkel, Christiane Pontow, Michael Reiff, Udo Hayungs, Arne Starke, Arturo Buchholz-Berger, Sabine Bohl, Deszoe Butor, Alexandra Czerner, Gabriele Hagemeister, Christoph Hegel, Heidrun Kröger, Bernd Kreykenbohm, Iris Schreiber, Angelika Schröder, Jörg Schulte, Elke Sethmann, Lehmon Seydler, Ulrike Spies-Nagy, Adam Szablowski, Claus Jürgen Tedt, Saskia Wander, Heike Balster, Ilka Duckstein, Johannes Georg Franke, Frauke Hachmann, Jacob Kierig, Susanne Kierig, Michael Zimmermann, Christian Kleine, Susan Lindemann, Jochen Müller, Anton Swiatopelk-Mirski, Andreas Perlick, Norbert Sachs, Sabine Schönekerl, Heike Simon, Andrea Schwade, Christian Weinmann, Volker Bastian, Matthias Böhndel, Susanne Dexling, Rüdiger Franke, Claus Jungk, Jürgen Kruschak, Stephanie Kruse, Gunther Staack, Uwe Welp, Christian von Stackelberg, Annette Wendling-Willecke, Laurent Delorme, Thomas Dibelius, Gerhard Feldmeyer, Erich Hartmann, Sabine Kohlhagen, Sabrina Pieper, Gisela Rhone-Venzke, Peter Sembritzki, Sabine Türk, Klaus Lübbert, Stefan Rimpf.

BÜRO AACHEN

Susanne Rupprecht, Jutta Hartmann-Pohl, Franz Lensing, Joachim Rind, Kemal Akay, Robert Stüer, Christian Hoffmann, Fabien Garczarek, Bettina Lautz, Alexander Maul, Annette Löber, Miriam Danke, Christiane Hasskamp, Michael Pohl, Volkwin Marg.

BÜRO BRAUNSCHWEIG

Thomas Schreiber, Johannes Groth, Kathrin Pollex, Uwe Kittel, Ulrich Hassels, Hans J. Bürvenich, Kathrin Michaelis, Hermann Timpe, Joachim Zais, Kurt Kowalzik, Horst-Werner Warias, Sabine Trilling, Bettina Heimbach.
Walter Gebhardt, Christoph Gondesen, Martina Heinrich, Gabriele Papenberg, Stephan Schütz, Marita Skrabal, Petra Staack.

BÜRO BERLIN

Eva Kühner, Maike Axmann, Jürgen Kant, Klaus Schimke, Thomas Schollain, Uwe Grahl, Andrea Hortig, Bärbel Janta, Harald Werner, Mario Wegner, Andrea Dardin, Kurt Herzog, Solveig Altmann, Antje Dardin, Bernd Adolf, Benedikt Dardin, Sybille Zittlau-Kroos, Siegfried Droigk, Detlef Krug, Axel Schneidenbach v. Jascheroff, Peter Römer, Rolf Kühl, Rolf Niedballa, Benno Laube, Frank Bräutigam, Petra Reinstädler, Christian Grzimek, Nico Preiß, Karl Baumgarten, Christian Jendro, Christian Walther.

Seit wir im ersten Jahr nach unserem Diplom an der Technischen Universität Braunschweig, teilweise gemeinsam mit Freunden, 7 Wettbewerbe gewonnen hatten, wuchs unser Büro schnell zu einer Personalstärke mit 80-90 Mitarbeitern an.
Zur Bearbeitung der Großprojekte in Berlin und München eröffneten wir in diesen Städten Zweigbüros. Ehemalige Mitarbeiter - Karsten Brauer, Klaus Staratzke und Andreas Sack - wurden 1972 Partner. Seit dieser Zeit heißt unsere Sozietät „von Gerkan, Marg und Partner". Mit Rolf Niedballa, dessen Aktionsfeld in der Bauleitung liegt, assoziierten wir 1974. Andreas Sack schied 1982 wieder aus der Partnerschaft aus.
Den personellen Höchststand hatten wir 1975 durch die gleichzeitige Bearbeitung mehrerer Großprojekte. Der Personalstand ging zwischenzeitlich auf weniger als 50 Beschäftigte zurück und lag 1988 bei etwa 90 Mitarbeitern. In den letzten drei Jahren bis 1991 wuchs die Zahl auf mehr als das Doppelte an und beträgt heute 198. Davon arbeiten im Hamburger Büro 117, 29 in Berlin, 18 in Aachen, 16 in Braunschweig und 18 auf verschiedenen Baustellen.
Die Projektabwicklung erfolgt arbeitsteilig durch fest zusammengesetzte Projektteams, die teils von Klaus Staratzke oder langjährig erfahrenen Mitarbeitern geleitet werden.
Der Tätigkeitsbereich unseres Büros ist nicht spezialisiert, sondern reicht vom Einfamilienhaus über die Innengestaltung von Cafés bis zur Gesamtplanung von Flughäfen. Der Schwerpunkt des Leistungsbildes liegt bei der architektonischen Entwurfsarbeit und umfaßt für die realisierten Projekte Ausführungsplanung und Bauleitung. Für viele Projekte haben wir auf Wunsch des Bauherrn die Generalplanung einschließlich Ablaufplanung, Statik und Haustechnik übernommen. Die langjährige Büropraxis hat unsere Überzeugung bestätigt, daß das Prinzip des Gestaltens trotz aller Variationen bei der Lösung spezieller Aufgaben schlechthin das Gleiche bleibt, in welchem Metier auch immer.

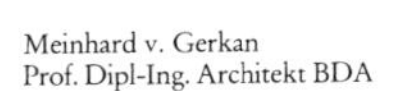

Meinhard v. Gerkan
Prof. Dipl-Ing. Architekt BDA

geboren am 3. Januar 1935
in Riga/Baltikum

1956 Architekturstudium in Berlin und Braunschweig
1964 Diplom
seit 1965 freiberuflicher Architekt zusammen mit Volkwin Marg
1972 Berufung in die Freie Akademie der Künste in Hamburg
1974 Berufung an die Technische Universität Braunschweig als ordentlicher Professor/Lehrstuhl A für Entwerfen
1982 Berufung in das Kuratorium der Jürgen-Ponto-Stiftung, Frankfurt
1965 bis 1994 mehr als 250 Preise in nationalen und internationalen Wettbewerben, darunter mehr als 100 1. Preise
Zahlreiche Preise für vorbildliche Bauten
Zahlreiche Veröffentlichungen im In- und Ausland
Zahlreiche Preisrichter- und Gutachtertätigkeiten
1988 Gastprofessor an der Nihon Universität, Tokio/Japan
1993 Gastprofessor an der University of Pretoria, Südafrika
1995 American Institute of Architects, Honorary Fellow, USA

Volkwin Marg
Prof. Dipl-Ing. Architekt BDA

geboren am 15. Oktober 1936 in Königsberg/Ostpreußen, aufgewachsen in Danzig

1945 Flucht nach Thüringen
1955 1. Abitur in Mecklemburg/DDR
1956 Flucht nach West-Berlin, 2. Abitur
1958 Architekturstudium in Berlin und Braunschweig, Auslandsstipendium für Städtebau in Delft/Niederlande
1964 Diplom-Examen an der TU Braunschweig
seit 1965 freiberuflicher Architekt mit Meinhard v. Gerkan. Zahlreiche Wettbewerbserfolge und große Bauaufträge, Vorträge und Texte zu Fragen der Architektur, des Städtebaus und der Kulturpolitik
1972 Berufung in die Freie Akademie der Künste in Hamburg
1974 Berufung in die Deutsche Akademie für Städtebau und Landesplanung
1975 bis 1979 Vize-Präsident des Bundes Deutscher Architekten BDA
1979 bis 1983 Präsident des BDA
1986 Berufung an die RWTH Aachen, Lehrstuhl für Stadtbereichsplanung und Werklehre

Klaus Staratzke
Dipl-Ing. Architekt

geboren am 12. Dezember 1937
in Königsberg/Ostpreußen

1963 Diplom-Examen an der TU Berlin
1963 bis 1966 Freier Mitarbeiter im Architekturbüro Henrich + Petschnigg, Düsseldorf
Planungstätigkeit für das Europa-Center Berlin und Universität Bochum
1968 Mitarbeit im Büro von Gerkan und Marg
1972 Partner im Büro von Gerkan, Marg + Partner

Fertiggestellte Bauvorhaben:

1967 - Stormarnhalle Bad Oldesloe

1969 - Max-Planck-Institut, Lindau/Harz
- Wohnhaus Köhnemann, Hamburg

1970 - Wohnbebauung An der Alster, Hamburg
- Sportzentrum Diekirch/Luxemburg

1972 - Appartmenthaus Alstertal, Hamburg

1974 - Hauptverwaltung Shell AG, Hamburg
- Flughafen Berlin-Tegel

1975 - Hauptverwaltung ARAL AG, Bochum
- Schulzentrum Friedrichstadt
- Energiezentrale und Betriebstechnische Anlagen, Berlin-Tegel
- Lärmschutzhalle Berlin-Tegel
- Fahrzeughangar Berlin-Tegel
- Streugutlager Berlin-Tegel

1976 - Finanzamt Oldenburg/Oldenburg
- Kreisberufsschule Bad Oldesloe
- Hochschulsportforum Kiel

1977 - Psychiatrische Anstalten Rickling

1978 - Stadthäuser Hamburg Bau 78
- Kettenhäuser Hamburg Bau 78
- Taxi-Vorfahrt Flughafen Berlin-Tegel
- Gewerbeschule Hamburg-Bergedorf

1979 - Wiederaufbau der „Fabrik", Hamburg
- Wohnquartier Kohlhöfen, Hamburg

1980 - Hanse Viertel Hamburg
- Europäisches Patentamt, München
- Taima und Sulayyil 2 neue Siedlungen in der Wüste Saudi Arabien
- Bürogebäude der MAK, Kiel-Friedrichsort
- Versorgungswerkstätten und Heizzentrum Psychiatrische Anstalten Rickling
- Biochemisches Institut, Universität Braunschweig

1981 - Renaissance-Hotel Ramada, Hamburg
- Haus „G", Hamburg-Blankenese
- Wohnanlage Psychiatrische Anstalten, Rickling

1982 - Erweiterungsbau der Hauptverwaltung Otto-Versand Hamburg
- Gemeindehaus Ritterstraße, Stade
- „Black-Box"-Schaulandt, Verkaufshalle für Unterhaltungselektronik, Hamburg

1983 - Innenministerium, Kiel
- Behindertenwohnheim am Südring, Hamburg
- Kontorhaus Hohe Bleichen, Hamburg
- Parkhaus Poststraße, Hamburg
- Bürozentrum DAL, Mainz

1984 - Verwaltungsgebäude der Deutschen Lufthansa, Hamburg
- Hillmann-Garage, Bremen
- Wohn- und Geschäftshaus, Marktarkaden, Bad Schwartau
- Energiesparhaus IBA/Berlin
- 6 Stadthäuser IBA/Berlin
- Tennishallen, Bad Schwartau
- Polizeidienststelle Panckstraße, Berlin

1985 - Plaza Hotel, Bremen
- Cocoloco Boutique, Hanse Viertel, Hamburg
- Psychiatrische Krankenhäuser Thetmarshof und Falkenhorst, Rickling

1986 - Parkhaus der OPD Braunschweig
- Wiederaufbau Landhaus Michaelsen als Puppenmuseum, Hamburg
- Gewerbliches Berufsschulzentrum, Flensburg
- Hamburg-Vertretung, Bonn

1987 - Wohn- und Geschäftshaus, Grindelallee 100, Hamburg

1988 - Wohnbebauung am Fischmarkt, Hamburg
- Rheumaklinik Bad Meinberg
- Umbau EKZ Hamburger Straße, Hamburg
- Wohnhaus Saalgasse, Frankfurt

1989 - Justizgebäude, Flensburg
- Elbterrassen Hamburg

1990 - Oberpostdirektion Braunschweig
- Ausbildungszentrum der Hamburgischen Electricitätswerke, Hamburg
- Moorbek-Rondeel, Norderstedt
- Parkhaus Flughafen Hamburg
- Krankenheim Bernauer Straße, 1. BA, Berlin
- Stadthalle Bielefeld
- Borddienst Flughafen Berlin-Tegel

1991 - Passagierterminal Flughafen Stuttgart
- Sporthallen Flensburg
- Cafe Andersen, Hamburg
- Verwaltungsgebäude Deutsche Lufthansa, 2. BA, Hamburg
- Stadtbahnhof Bielefeld
- Sheraton Hotel, Ankara
- Einkaufszentrum, Ankara
- Saargalerie Saarbrücken
- Büro- und Geschäftshaus Matzen, Buchholz
- Stadtzentrum Schenefeld
- Hillmannhaus, Bremen
- Miro, Braunschweig

1992 - Wohnhaus vG Elbchaussee, Hamburg
- Überholungshalle 7 der Deutschen Lufthansa, Hamburg
- Salamander, Berlin
- DAL Erweiterung, Mainz
- Lazarus-Krankenheim Sanierung Altbau, Berlin

1993 - Zürich-Haus, Hamburg
- Fleetinsel, Steigenberger Hotel, Hamburg
- Arbeitsamt, Oldenburg
- Fernmeldeamt 2, Hannover
- EAM Kassel
- Parkhaus P2, Flughafen Berlin-Tegel
- Passagierterminal Flughafen Hamburg
- Collegium Augustinuum Kühlhaus Neumühlen, Hamburg
- Flughafen Stuttgart, 2. BA
- 2. BA Berufsschulen, Flensburg

1994 - Hillmanneck, Bremen
- Graskeller „Hypobank", Hamburg
- Musik- und Kongreßhalle, Lübeck
- Galeria Duisburg
- Amtsgericht, Braunschweig
- Deutsche Revision, Frankfurt
- Brodschrangen, Hamburg
- Schaarmarkt, Hamburg

- Gewerbliche Schulen des Landes Schleswig-Holstein, Flensburg
- Umbau Amtsgericht, Flensburg
- Rehaklinik Trassenheide, Usedom
- Neubauten für „Premiere", Studio Hamburg

1995 - Deutsch-Japanisches Zentrum, Hamburg

Im Bau befindliche Projekte Stand 1995

- Flughafen Algier
- Neue Messe Leipzig
- Bürohaus Hapag Lloyd, Hamburg
- Sternhäuser, Norderstedt
- EKZ Wilhelmshaven
- Kehrwiederspitze HTC, Hamburg
- Komplex Friedrichshain, Berlin
- Telekom Berlin
- Quartier 203, Berlin
- Stadthaus Eberswalde
- Leipzig Grünau
- Neuer Wall, Hamburg
- Bahnsteigüberdachung Bahn AG
- Messe-Halle 4, Hannover
- Berlin Forum Köpenick

In Planung befindliche Projekte Stand 1995

- Kinocentrum Harburg-Carre, Hamburg
- Harburger Hof, Hamburg
- Volkshochschule und Stadtbücherei, Heilbronn
- Bahnhofsplatz Koblenz
- Volkshochschule Koblenz
- Platz der Republik, Frankfurt/Oder
- Hotel Ku'damm-Eck, Berlin
- Telekom Suhl
- Bahnhof Spandau, Berlin
- Lehrter Bahnhof, Berlin
- Hotel Bansin
- Bei St. Annen, Holländischer Brook, Hamburg
- Calenberger Neustadt Hastra Nileg, Hannover
- Bad Homburg, Am Zeppelinstein
- Hörsaalzentrum Oldenburg
- Fischhalle 3 - Umbau, Hamburg
- Stadtvillen Nienstedten, Kanzleistraße
- Amtsgericht Hamburg-Nord
- Mielesheide Essen, Karstadt AG
- EBL - Leipzig, Wohnbebauung
- Tivoli Berlin-Pankow
- Nordd. Metall BGN, Hannover
- Gerling-Konzern, Leipzig
- Bahnhof Berlin-Charlottenburg
- Am Löwentor, Gerling, Stuttgart
- Bahnhof Stuttgart 21
- Dorotheenblöcke Berlin
- Dresdner Bank, Pariser Platz, Berlin
- Tiergartentunnel, Berlin
- Bahnhof München 21
- Fachhochschule Schwerin
- Hörsaalzentrum TU Chemnitz
- Gewerbepark Areal Robotron-Sömmerda
- Körber AG, Hamburg

Erfolge bei Wettbewerben und Gutachten

1. PREIS / RANG:

1964
1. Sport- und Konferenzhalle Hamburg [1]
2. Hallenfreibad Braunschweig [1]

1965
3. Hallenfreibad SPD
4. Max-Planck-Institut Lindau/Harz [1]
5. Finanzamt Oldenburg/ Oldenburg [1]
6. Sportzentrum Diekirch/Luxemburg [1]
7. Flughafen Berlin-Tegel
8. Stormarnhalle Bad Oldesloe [1]

1966
9. Bezirkshallenbad Köln [1]
10. Hochschulsportforum Kiel [1]

1970
11. Hauptverwaltung Shell AG, Hamburg
12. Kreisberufsschule Bad Oldesloe [1]

1971
13. Europäisches Patentamt, München
14. Verfügungsgebäude III, Universität Hamburg
15. Wohnbebauung Gellertstraße, Hamburg [2]
16. Einkaufszentrum Alstertal, Hamburg [1]

1972
17. Hauptverwaltung Aral AG, Bochum
18. Schulzentrum Friedrichstadt

1974
19. Berufsschulzentrum Hamburg-Bergedorf
20. Verwaltung Provinzial-Versicherung, Kiel [3]

1975
21. Deutscher Ring, Hamburg
22. Flughafen München II [2] [3]

1976
23. Kreisverwaltung Recklinghausen
24. Flughafen Moskau
25. Gemeindezentrum Stade

1977
26. Flughafen Algier
27. Hauptverwaltung Otto-Versand Hamburg
28. Hauptverwaltung MAK Kiel [1]
29. Polizeistation Panckstraße, Berlin

1978
30. National-Bibliothek Teheran [1]
31. Joachimsthaler Platz, Berlin [1]
32. Bundesministerium für Verkehr, Bonn

1979
33. Kombiniertes Stadt- und Hallenbad Berlin-Spandau
34. Sporthallenbad Mannheim-Herzogenried [3]
35. Biochemisches Institut Braunschweig [1]
36. Chemisches Institut Braunschweig [1]

1980
37. Vereinsbank Hamburg [1] [3]
38. Kreisverwaltung Meppen [2]
39. Hochschule für Bildende Künste Hamburg
40. Römerberg Frankfurt - Kürentwurf
41. Fleetinsel Hamburg
42. Lazarus-Krankenhaus Berlin [1] [2] [3]
43. Gewerbeschulzentrum Flensburg [1]
44. Lufthansa-Werft Hamburg-Fuhlsbüttel
45. Flughafen Stuttgart
46. Sporthalle Johanneum Lübeck

1981
47. Stadthalle Bielefeld
48. Verwaltung Kravag Hamburg [2] [3]
49. Plaza-Hotel Bremen
50. Bürozentrum DAL Mainz [1]
51. Wohnbebauung Bad Schwartau
52. Justizverwaltung Braunschweig
53. Umbau Kieler Schloß

1982
54. Rheumaklinik „Komplex Rose" Bad Meinberg

1983
55. Verlagshaus Gruner & Jahr, Hamburg

1984
56. Eckbebauung Quickborn
57. Amtsgericht Flensburg

1985
58. Museum und Bibliothek Münster

1986
59. Rathaus Husum
60. Flughafen Hamburg
61. Bäckerstraße Halstenbek [2] [3]
62. Arbeitsamt Oldenburg

1987
63. Neue Raumstruktur Bertelsmann

1988
64. Zürich-Haus, Hamburg
65. Bundesministerium für Umwelt, Bonn
66. Salamander, Berlin
67. Störgang Itzehoe
68. EAM Kassel
69. Bahnhofsplatz Koblenz

1989
70. Wohnpark Falkenstein
71. Bertelsmannstiftung Gütersloh

1990
72. Musik- und Kongreßhalle Lübeck
73. Deutsche Revision Frankfurt
74. VHS und Bibliothek Heilbronn
75. Wohnpark Hamburg-Nienstedten
76. Technologiezentrum Münster

1991
77. Deutsch-Japanisches Zentrum Hamburg
78. Hansetor Bahrenfeld, Hamburg
79. EKZ Langenhorn-Markt, Hamburg
80. Bürozentrum Zeppelinstein Bad Homburg
81. Bebauung Stadtmitte Frankfurt/Oder
82. Altmarkt Dresden 2. Stufe

1992
83. Messe Leipzig
84. Forum Neukölln, Berlin
85. Stadtzentrum Grünau
86. Berlin Mollstraße, Hans-Beimler-Straße ECE
87. Hörsaalzentrum Uni Oldenburg i. O.
88. Siemens Nixdorf, München
89. Amtsgericht Nord, Hamburg
90. Haus am Feenteich Wünsche, Hamburg
91. Telecom, Suhl [1]
92. Mare Balticum, Hotel Bansin [1]

1993
93. Lehrter Bahnhof, Berlin
94. Deutsch-Japanisches Zentrum Berlin
95. Bürogebäude auf der Mielesheide Essen
96. Ausbildungszentrum der Arbeitsverwaltung Schwerin

1994
97. Messehallen Hannover
98. Berlin Forum Köpenick
99. Gerling Konzern Wohn- und Bürovillen Leipzig
100. Technische Universität Chemnitz/Zwickau
101. Norddt. Metall-BGN Hannover

1995 102. Neumarkt Celle
103. Dresdner Bank, Pariser Platz, Berlin

2. PREIS / RANG:

1965 1. Kreisverwaltungsgebäude Niebüll

1966 2. Jungfernstieg Hamburg [1) 3)]

1967 3. Olympiade-Bauten München, Projekt B

1968 4. Kirchenzentrum Hamburg-Ohlsdorf

1970 5. Schulzentrum Heide
6. Oberpostdirektion Bremen

1971 7. Oberfinanzdirektion City-Nord Hamburg
8. Sportbereich Universität Bremen

1972 9. Regierungsdienstgebäude Lüneburg

1975 10. Städtebau Billwerder-Allermöhe
11. Innenministerium Kiel

1976 12. Städtebau Uni-Ost Bremen
13. Betriebsbauten Flughafen München II

1977 14. Hamburg-Bau 78

1980 15. Gaswerke München
16. Verwaltung Volkswagenwerk Wolfsburg
17. Rathaus Oldenburg/Oldenburg

1981 18. FLB-Chemie Universität Braunschweig
19. Arbeitsamt Kiel
20. Max-Planck-Institut Quantenoptik München
21. Klinikum II Nürnberg-Süd [1)]

1982 22. Schloßpark „Orangerie“ Fulda

1983 23. Daimler Benz AG Stuttgart

1984 24. Deutsches Nationalmuseum Nürnberg
25. Realschule und Sporthalle in Schleswig-Holstein

1985 26. Naturkundemuseum Balje

1986 27. Postämter Hamburg
28. Kümmelstraße Hamburg
29. Technik III, Universität Kassel
30. Hafengestaltung Heiligenhafen

1987 31. Funktürme
32. Virchow Institut Berlin

1988 33. Stadthalle Celle
34. Parkhaus Paderborn
35. Neue Orangerie Herten

1989 36. Freizeitbad Wyk auf Föhr
37. Königsgalerie Kassel

1990 38. Flughafen Köln
39. Kehrwiederspitze Hamburg
40. Neue Straße, Ulm
41. Akropolis-Museum, Athen

1991 42. Altmarkt Dresden
43. Krefeld Süd
44. Gewerbepark Hafen Münster
45. Marina Herne
46. Hafenbahnhof Süderelbe, Hamburg

1992 47. Olympia 2000, Radsporthalle und Schwimmhalle
48. Schallschutzbebauung Markt Schwaben
49. Köln-Ehrenfeld

1993 50. Reichstag, Berlin
51. Spiegel-Verlag, Hamburg
52. Saalbau vom Festspielzentrum Recklinghausen
53. Neugestaltung Hindenburgplatz Münster

1994 54. Zentrumserweiterung Ost, Erfurt
55. Neues Zentrum Berlin-Schönefeld
56. Max-Planck-Institut Potsdam-Golm

1995 57. Areal „AEG-Kanis“ der Stadt Essen

3. PREIS / RANG

1965 1. Theater Wolfsburg [1)]

1966 2. Sporthalle Bottrop [1)]

1969 3. Ingenieurakademie Buxtehude

1970 4. Gemeindezentrum Steilshoop, Hamburg
5. Schul- und Bildungszentrum Niebüll

1971 6. Bebauung westliche Innenstadt Hamburg

1973 7. Verwaltung Colonia-Versicherung Hamburg, City Nord

1977 8. Postsparkasse Hamburg, City Nord

1978 9. Erweiterung EKZ Alstertal Hamburg
10. Rathaus Mannheim

1979 11. Sportzentrum Freie Universtitä Berlin-Düppel Nord

1980 12. Hochschule Bremerhaven [1)]

1985 13. Städtebaulicher Wettbewerb Münster

1986 14. Bundeskunsthalle Bonn

1987 15. Polizeipräsidium Berlin

1988 16. Bibliothek TU und HDK Berlin

1989 17. Konzerthalle, Dortmund
18. Internationaler Seerechtsgerichtshof Hamburg

1990 19. Fernsehmuseum Mainz
20. Zementfabrik Bonn
21. Münsterlandhalle Münster

1991 22. Fernbahnhof Spandau

1993 23. Polizeipräsidium Kassel
24. Nürnberger Versicherung

1994 25. Wohn- und Geschäftshaus Eppendorfer Landstraße, Hamburg

4. PREIS / RANG:

1963 1. Bürgerhaus Kassel

1969 2. Kurzentrum Westerland/Sylt
3. Gesamtschule Steilshoop

1971 4. Bundeskanzleramt Bonn

1975 5. Rathaus-Erweiterung Itzehoe

1979 6. FU-Sportzentrum Berlin-Dahlem
7. Kirchenkanzlei Hannover
8. Sporthalle Bielefeld

1981 9. Bundespostministerium Bonn

1983 10. Krankenhaus Maria-Trost Berlin

1986 11. Haus der Geschichte Bonn

1987 12. Arbeitsamt Flensburg

1988 13. Schering Berlin

1989 14. Deutsche Bundesbank Frankfurt
15. Documenta Ausstellungshalle Kassel
16. Universitätsbibliothek Kiel

1993 17. Rathaus Halle

1994 18. Hypo-Bank, Frankfurt
19. mdr, Leipzig

1995 20. Bürohaus an der Stadtmünze
21. Bundeskanzleramt Berlin

5. PREIS / RANG:

1966 1. Schul- und Sportzentrum Brake

1980 2. Bundesministerium für Arbeit und Soziales Bonn

1985 3. Bibliothek Göttingen

1987 4. Stadthalle Wiesloch

1989 5. Kunstmuseum und Rathauserweiterung Wolfsburg
6. Städtebau Universität Kiel
7. Zürichhaus Frankfurt

1990 8. Ericusspitze Hamburg

ANKÄUFE:

1963 1. Residenzplatz Würzburg
2. Löwenwall Braunschweig

1965 3. Städtebau Hamburg-Niendorf [1]
4. Hallenfreibad SPD [1]

1966 5. Pinakothek München [1]
6. Städtebau Kiel (Sonderankauf) [1]

1967 7. Olympia-Bauten München, Projekt B
8. Freibad Bad Bramstedt

1968 9. Gesamtschule Weinheim
10. Wohnbebauung Alsterufer Hamburg

1969 11. Gesamtschule Mümmelmannsberg Hamburg

1970 12. Schulzentrum Aldeby - Flensburg
13. EPA München, I. Stufe
14. Gymnasium Bargteheide [1]

1971 15. Einkaufszentrum Hamburg-Lohbrügge
16. Städtebau Tornesch [1]
17. Schwimmhalle Bad Oldesloe

1972 18. Kurparkgelände Helgoland

1977 19. Bauer Verlag Hamburg
20. Axel Springer Verlag Hamburg (Sonderankauf)

1979 21. Rechenzentrum Deutsche Bank Hamburg [1]
22. Stadthalle Neumünster

1980 23. Städtebau Valentinskamp Hamburg
24. Römerberg Frankfurt - Pflichtentwurf -
25. „Wohnen im Tiergarten" IBA Berlin

1981 26. Zentrale Briefämter München

1982 27. Deutsche Bibliothek Frankfurt
28. Daimler-Benz AG Stuttgart
29. Hamburger Sparkasse

1983 30. Techniker Krankenkasse Hamburg

1987 31. Zweite Stufe Stadtbücherei Münster
32. Pfalztheater Kaiserslautern

1991 33. „Rosenstein" und „Nordbahnhof" Stuttgart
34. Museum des 20. Jahrhunderts in Nürnberg

1992 35. Potsdamer Platz Sony Berlin GmbH

1993 36. Trabrennbahn Farmsen, Hamburg
37. Festspielhalle vom Festspielzentrum Recklinghausen
38. Berlin-Treptow
39. Städtebau Meiningen

1994 40. Neubau Theater der Stadt Gütersloh
41. Universität Leipzig, Chemie
42. Theater Frankfurt/Oder

1995 43. Ehem. Nutz- und Zuchtviehmarkt, Lübeck
44. Unibibliothek Erfurt

---

[1] Projekte, die in Partnerschaft mit anderen Architekten bearbeitet wurden.

[2] Wettbewerbe, bei denen kein 1. Preis vergeben wurde, das Projekt jedoch auf den 1. Rang plaziert wurde.

[3] Wettbewerbe, bei denen mehrere gleichrangige Plazierungen zuerkannt wurden.

Auszeichnungen

* DEUTSCHER ARCHITEKTURPREIS 1977 LOBENDE ERWÄHNUNG
  Betriebsgebäude + Energiezentrale Flughafen Berlin-Tegel
* GOLDPLAKETTE IM BUNDESWETTBEWERB INDUSTRIE IM STÄDTEBAU 1978
  Flughafen Berlin-Tegel
* AUSZEICHNUNG VORBILDLICHER BAUTEN
  Wohnanlage Kohlhöfen
  Berufsschulzentrum G 13 Hamburg-Bergedorf
  Kettenhäuser Hamburg - Bau 78
  Stadthäuser Hamburg - Bau 78
* BAUWERK DES JAHRES 1979 (AIV)
  Berufsschulzentrum G 13 Hamburg-Bergedorf
* BDA-PREIS SCHLESWIG-HOLSTEIN 1979
  Hochschulsportforum Kiel
* ARCHITEKTURPREIS BETON 1979 LOBENDE ERWÄHNUNG
  Hochschulsportforum Kiel
* POROTON-ARCHITEKTEN-WETTBEWERB SONDERPREIS: Kettenhäuser Hamburg - Bau 78
  1. PREIS: Stadthäuser Hamburg - Bau 78
* BDA-PREIS NIEDERSACHSEN 1980
  Max-Planck-Institut Lindau/Harz
* BDA-PREIS BAYERN 1981 ANERKENNUNG
  Europäisches Patentamt München
* BAUWERK DES JAHRES 1981 (AIV)
  Hanse Viertel Hamburg
* INTERNATIONALER FARBDESIGN-PREIS 1980/81 AUSZEICHNUNG
  Flughafen Berlin-Tegel
* BAUWERK DES JAHRES 1983 (AIV)
  Parkhaus Poststraße Hamburg
* MIES-VAN-DER-ROHE-PREIS 1984 ANERKENNUNG
  Hanse Viertel Hamburg
* NORDDEUTSCHER HOLZBAU-PREIS 1984
  Haus G Hamburg
* BDA-PREIS SCHLESWIG-HOLSTEIN 1985
  Marktarkaden Bad Schwartau
* BDA-PREIS SCHLESWIG-HOLSTEIN 1985
  Innenministerium Kiel
* AUSZEICHNUNG VORBILDLICHER BAUTEN 1989 ANERKENNUNG
  Grindelallee 100, Hamburg
* MIES-VAN-DER-ROHE-PREIS 1990
  Glasdach über dem Museum für Hamburgische Geschichte
* BAUWERK DES JAHRES 1990 (AIV)
  Elbchaussee 139, Hamburg
* BDA-PREIS NIEDERSACHSEN 1991
  Oberpostdirektion Braunschweig
* NATURSTEINPREIS 1991
  Oberpostdirektion Braunschweig
* DEUTSCHER ARCHITEKTURPREIS 1991
  Parkhaus Flughafen Hamburg-Fuhlsbüttel
* DEUTSCHER STAHLBAUPREIS 1992
  Flughafen Stuttgart
* BDA-PREIS NORDRHEIN-WESTFALEN 1992 „BAUEN FÜR DIE ÖFFENTLICHE HAND" ANERKENNUNG
  Stadthalle Bielefeld
  Stadtbahnhaltestelle Bielefeld
* BDA-PREIS BERLIN 1992 ANERKENNUNG
  Salamanderhaus Berlin
* DEUTSCHER NATURSTEINPREIS 1993 ANERKENNUNG
  Flughafen Stuttgart
* DEUTSCHER VERZINKERPREIS FEUERVERZINKEN 1993
  Parkhaus Flughafen Hamburg
* DEUTSCHER VERZINKERPREIS FEUERVERZINKEN 1993 ANERKENNUNG
  Zürich-Haus, Hamburg
  Brücke „Le Canard", Hamburg
* BAUWERK DES JAHRES 1993 (AIV)
  Jumbohalle Hamburg
* BALTHASAR-NEUMANN-PREIS 1993
  Flughafen Hamburg
* PRIX D'EXELLENCE 1994 FINALISTE, CATEGORIE IMMOBILIER D'ENTREPRISE
  Jumbohalle Hamburg
* BDA-PREIS NIEDERSACHSEN 1994
  Miro, Braunschweig
* BDA-PREIS NIEDERSACHSEN 1994 ANERKENNUNG
  Arbeitsamt Oldenburg
* PETER-JOSEPH-KRAHE-PREIS 1994
  Oberpostdirektion Braunschweig
  Miro, Braunschweig
* CONSTRUCTEC-PREIS 1994 ANERKENNUNG
  Miro, Braunschweig
* BAUWERK DES JAHRES 1994 (AIV)
  Flughafen Hamburg
* DEUTSCHER NATURSTEINPREIS 1995 ANERKENNUNG
  Amtsgericht Braunschweig

Allgemeine Veröffentlichungen

db - deutsche bauzeitung 5/1972
Architektenportrait
Meinhard v. Gerkan + Volkwin Marg

Deutsche Kunst seit 1960
Architektur von Pablo Nester, Peter M. Bode

Die Zeit 25.10.1974
Ein Halleluja für zwei Architekten

Der Spiegel 14.10.1974
Weihe nach Wehen
Flughafen Berlin-Tegel

Die Welt am Sonntag 7.11.1976
Die glorreichen Sieben der deutschen Architektur

Andreas und Harald Deilmann 1979
Gebäude für öffentliche Verwaltung

Bauwelt 9.5.1980
Hamburg - Bauen am Wasser
Bemerkungen zu einem betagten, aber noch immer aktuellen Gutachten

Hamburger Abendblatt 5.6.1981
Zu Gast bei Volkwin Marg

Bild-Zeitung 10/1984
Die Reportage: Holzbau am Elbhang
- so wohnt ein Architekt

architektur + wettbewerbe 6/1986
Wettbewerbsprofil der Architekten
von Gerkan, Marg + Partner - Portrait

Die Welt 275/26.11.1987
„Wir könnten glatt mit Manhattan konkurrieren"
Interview mit Volkwin Marg

Die Welt 298/21.12.1988
„Schon Versailles war durchgestylt bis zur letzten Buchsbaumecke"
Welt-Gespräch mit sechs Kreativen

Norddeutscher Rundfunk 1989
Kulturfilm 45 Min.
Zwischen Tradition und Moderne
„Architekten von Gerkan, Marg + Partner, Hamburg"

Callwey-Verlag München 1990
Unternehmen Grün, Ideen, Konzepte, Beispiele für mehr Grün in der Arbeitswelt
„Mit gutem Beispiel voran"
„Koloss in grüner Brandung"
Hermann Grub

Frankfurter Rundschau 249/1990
Architekturforum 19. - 21.10.1990 Dresden
„Was tun mit der geschundenen Schönheit?"
Peter Iden

Frankfurter Allgemeine Zeitung
166/20.7.1990
West-Östlicher Architektenworkshop
Dresden, 13. - 21. Juli 1990
„Was aus Dresden werden könnte"
Helmut Trauzettel

Bauwelt 48/1990
West-Östlicher Architektenworkshop
Dresden, 13. - 21. Juli 1991
„Die emotionale Stadt"
Reinhard Löffler

db - deutsche bauzeitung 12/1990
Architektenforum Dresden
„Gedankenaustausch"
Oliver G. Hamm

Sender Freies Berlin 1990
„Auf Sand gebaut"
Film 45 Min. mit Meinhard v. Gerkan

Christians Verlag Hamburg 1990
Jürgen-Ponto-Stiftung
West-Östlicher Architektenworkshop
in Dresden 13.- 21. Juli 1990
Herausgeber Meinhard v. Gerkan

DBZ - Deutsche Bauzeitschrift 11/1990
„Ostdeutschland:
Architektur im Aufbruch?"
Klaus-Dieter Weiß
Interview mit Meinhard v. Gerkan

Bauwelt 34/1990
Mit gutem Beispiel voran

PBC International Inc. 1990
Environmental Design - The Best of Architecture & Technology
Margret Cottom-Winslow

Technique & Architecture 391/Sept. 90
"Vague de Verre - Musée d'histoire de Hambourg, RFA„
Annie Zimmermann

Der Stern,
Journal Bauen und Wohnen
39/20.9.1990
„Hochhäuser sind dumm und teuer"
Interview mit Volkwin Marg

L'Arca 23/1990
„von Gerkan's Airports"
Virgil Tutu

Deutsches Architektur-Museum
Frankfurt am Main
Jahrbuch für Architektur 1991
Vittorio Magnago Lampugnani

AJ Focus März 1991
Case Study over the Top
Susan Dawson

DBZ - Deutsche Bauzeitschrift 9/1991
Stadthalle in Bielefeld
Klaus-Dieter Weiß

DBZ - Deutsche Bauzeitschrift 9/1991
Geometrie als Fundus
Der Architekt Meinhard von Gerkan
Klaus-Dieter Weiß

DBZ - Deutsche Bauzeitschrift
10/1991
„Cui bono, Städtebau?"
Klaus-Dieter Weiß

World Architecture 15/1991
„Spirit of Competition - Bureau of GMP"

L'Industria delle costruzioni 243, 1/1992
„L'Architektura - The work of GMP"

Atrium März/April 1993
„Architektur als Dialog"
Jan Esche

Pace Architecture Vol. 63, Febr. 1994
eWhat makes an airport designer tick?"
Interview mit Meinhard v. Gerkan

New Steel Construction Juni 1994
„The work of M. v. Gerkan"

GRANIT stellt vor . . . September 1994
„Architekt Prof. M. v. Gerkan"

DBZ - Deutsche Bauzeitschrift 10/1994
„Einheit durch Material - Mannigfaltigkeit durch das Detail (Ziegelbauweise)"

Aufsätze, Artikel

Berliner Bauwirtschaft
Sonderheft Berliner Bauwochen 1972
Neubau des Flughafens Berlin-Tegel
Meinhard v. Gerkan

Deutsches Architektenblatt 13/1974
quo vadis? Zum Wettbewerbswesen
Meinhard v. Gerkan

Airportforum 4/1974
Tegel - Berlins neuer Zentralflughafen
Meinhard v. Gerkan

Deutsches Architektenblatt 21/1974
Vielfalt in der Einheit
Neuplanung für den Flughafen
Berlin-Tegel
Meinhard v. Gerkan

Die Zeit 21.2.1975
Architekten sind nicht an allem Schuld – ...
Meinhard v. Gerkan

Detail 3/1975
Gedanken zum Berufsbild des Architekten
heute
Meinhard v. Gerkan

Die Zeit 29.8.1975
„Schnörkel gegen Raster – Plädoyer für eine
einfallsreiche Architektur"
Meinhard v. Gerkan

Der Architekt 9/1975
Wird die Bürolandschaft zum Alibi?
Volkwin Marg

Verband Bayrischer Wohnungsunternehmen
11/1975
Gestaltung unserer Umwelt
Meinhard v. Gerkan

Der Architekt 11/1975
Architektur kritisch
Ein Bau widerlegt seine Ideologie:
FU-Berlin - „Die Rostlaube"
Meinhard v. Gerkan

Bauwelt 2/1976, 5. Godesburger Gespräch:
„Bei den Mandrills, bei den Sappeuren"
Volkwin Marg

Der Architekt 1/1976
5. Godesburger Gespräch:
„Stadt zwischen Wachstum und
Regeneration", Volkwin Marg

Der Architekt 10/1976
Albertslund - Lageplandesign und Städtebau
oder wer hat Angst vor dem langen Strich?
Volkwin Marg

Der Architekt 11/1976
Verkehrsbauten als zentrale Aufgabe der
Umweltgestaltung
Meinhard v. Gerkan

Bauen + Wohnen 2-3/1976
Elemente der Flughafenplanung
Hamburg-Kaltenkirchen, Flughafen
München II, Flughafen Berlin-Tegel

Bauwelt 34/1976
Der Computer als Ersatz für den
hohlen Bauch
Meinhard v. Gerkan

Der Architekt 4/1978
Architektenausbildung in der
Braunschweiger Schule
Meinhard v. Gerkan

Die Welt 17. 4. 1978
Das Kunstwerk Hamburg
Volkwin Marg

Der Architekt 7–8/1978
In persönlicher Verantwortung
Meinhard v. Gerkan

Der Architekt 2/1978
Centre Pompidou, Monument einer
fixen Idee
Volkwin Marg

Sonderdruck des BDA
Baden-Württemberg 14.11.1978
Bedingungen für Architektur
Meinhard v. Gerkan

db - deutsche bauzeitung 5/1978
Anpassung oder Selbstbehauptung
Meinhard v. Gerkan

Der Architekt 7-8/1979
Man fährt nach Finnland
Volkwin Marg

Der Architekt 9/1979
Wie ein Schiff am Kai
Volkwin Marg

Hamburger Abendblatt 13.9.1979
In Hamburg ist vieles versaut worden
Volkwin Marg

Der Architekt 2/1979
Bedingungen für Architektur
Meinhard v. Gerkan

Der Architekt 1/1979
Pluralismus der Formen ja,
Pluralismus der Werte nein
Volkwin Marg

Allgemeine Bauzeitung 24.8.1979
Wie steht es mit der Ausbildung zum
Architekten?
Volkwin Marg

Werk - Archithese 1-2/1979
Walt Disney - als Leitidol neuen Städtebaus
Volkwin Marg

Bauwelt 12.10.1979
Spezialisten oder Generalisten
Meinhard v. Gerkan

Bauwelt 14.12.1979
Gut Figur
Volkwin Marg

Glasforum 2/1979
Bedingungen für Architektur
Meinhard v. Gerkan

Bauwelt 1-2/1980
Zweite Unschuld – Improvisiert
Volkwin Marg

Bauwelt 17-18/1980
Hamburg – Bauen am Wasser
Volkwin Marg

Forum „Rettet den Unterelbraum"
24. 4. 1980
Volkwin Marg

Bauwelt 19/1980
James Stirling „Spree Athen"
Meinhard v. Gerkan

Bauwelt 23.5.1980
Einstimmigkeit durch Uneinigkeit -
Die Selbstzerstörung des Wettbewerbs-
wesens durch Entscheidungen, die keine sir
Meinhard v. Gerkan

Der Architekt 1/1980
Sozialer Wohnungsbau zwischen
Resignation und Motivation
Volkwin Marg

Der Architekt 11/1980
Vom politschen Geschäft zur politischen
Kultur
Volkwin Marg

Deutsches Architektenblatt 7/1980
Schnörkel kontra Raster - die Polarisierung
der Ästhetik
Meinhard v. Gerkan

Gemeinnütziges Wohnungswesen
7/1980
Mehr Kooperation für den Wohnungsbau
Volkwin Marg

Der Architekt 2/1981
9. Godesburger Gespräch – „Verwalteter Mensch – Zerwaltete Umwelt"
Volkwin Marg

The Architectural Review 6/1981
The state of German architecture
Meinhard v. Gerkan

Vorwärts Spezial Juni 1981
„Kann denn Wachstum Sünde sein?"
Volkwin Marg

Bauwelt 40/41/1981
„Handel im Wandel"
Volkwin Marg

Glasforum 3/1981
Ist der Architekt überholt?
Meinhard v. Gerkan

Deutsches Architektenblatt 3/1981
Stil oder Mode
Meinhard v. Gerkan

architektur + wettbewerbe
6/1982
Sportbauten - Orte der Begegnung
Meinhard v. Gerkan

Tendenzen, Architekten- und Ingenieurkammer Schleswig-Holstein 1982
Entwerfen im Dialog
Meinhard v. Gerkan

Der Architekt 7-8/1983
Wie wollen wir weiterleben? Vorsicht vor morgen mit Rücksicht auf gestern
Volkwin Marg

Der Architekt 7-8/1983
BDA-Kritikerpreisverleihung an Julius Posener
Volkwin Marg

arcus 10/1984
Über die Sinnlichkeit des Wohnens
Meinhard v. Gerkan

Bundesverband der Deutschen Zementindustrie e. V.
Tagungsbericht vom 26.4.1984
Gesundes Wohnen
Meinhard v. Gerkan

Der Architekt 7-8/1984
„Demokratie und Architektur im Alltag"
Volkwin Marg

Bauwelt 36/1984
„Zur Lage - Überheblich und unerheblich"
Volkwin Marg

Bauwelt 27/1985
Bunker und Valium?
Volkwin Marg

Der Architekt 12/1985
Architekturkritik –
Gesprächsversuche über ein schwieriges Thema
Volkwin Marg

Der Architekt 1/1985
13. Godesburger Gespräch:
Freiheit und Bindung in der Architektur -
Von Zuwenig zum Mißbrauch der Freiheit
Berufsordnung „Anspruch und Wirklichkeit"
Meinhard v. Gerkan

Der Architekt 4/1985
„Baugestaltung zwischen Anspruch und Wirklichkeit"
Meinhard v. Gerkan

BAU '85 - 22.10.1985
„Architektur als Dialog"
Meinhard v. Gerkan

arcus 3/1986
„Dialogisches Entwerfen"
Meinhard v. Gerkan

arcus 5-6/1986
Dialogisches Entwerfen
arcus Gespräch
„Entwurfsprozesse"
Auszug aus der Diskussion
Meinhard v. Gerkan

Bauwelt 29/1986
„Gegensätzliche Auffassungen über Lösung der Fluglärmprobleme"
Meinhard v. Gerkan

Detail 2/1986
Bis ins Detail

Baumeister 6/1986
Ergebnisse aus Wettbewerben

BAG-Nachrichten,
Februar 1986
So werden Planungsfehler bei Passagen vermieden
Meinhard v. Gerkan

Perspektiven, Juni 1986,
Universität Witten/Herdecke
Neuer Bautypus einer Campus-Universität,
Dialogische Proportionen
Meinhard v. Gerkan

Summarios, Buenos Aires
7/1986
En contra de toda doctrina en Arquitectura
Meinhard v. Gerkan

Daidalos März 1987
Baumartige Konstruktionen
Meinhard v. Gerkan

Bauwelt 44/1987
Aus Stoff und Stein - Fabrik
Volkwin Marg

Baumeister 5/1987
Wohnen in Stadtvillen
Energiesparhäuser
Meinhard v. Gerkan

Der Tagesspiegel - Sonderbeilage
Wohnen 87/8.3.1987
Die Sinnlichkeit des Wohnens
Meinhard v. Gerkan

Hamburger Abendblatt 12./13. 3. 1988
Beispiele London/Köln, Amsterdam
Volkwin Marg

Schweizer Ingenieur und Architekt
10/1988
Kopf und Maschine
Meinhard v. Gerkan

Die Welt 5.3.1988
Auf die Schnelle ein paar Kisten in die Gegend kleckern
Meinhard v. Gerkan

Der Architekt 3/1989
„Hamburgs Chancen und Risiken"
Volkwin Marg

Der Architekt 7-8/1989
„Der Wandel im Handel"
Volkwin Marg

L'Arca 30/Sept. 1989
„Il Deutsches Historisches Museum a Berlino"
Meinhard v. Gerkan

Stahl-Informations-Zentrum 1990
Transparentes Bauen mit Stahl
„Warum transparentes Bauen - Mode oder Bedürfnis?"
Meinhard v. Gerkan

Public Design Jahrbuch 1990
„Überdachte öffentliche Räume -
Architektur für die Öffentlichkeit"
Meinhard v. Gerkan

arcus - Architektur und Wissenschaft
Band 5
Schiffe in der Architektur - Hamburg
„Architektendampfer an der Elbchaussee"
Meinhard v. Gerkan

Festschrift zur Fertigstellung der
Stadthalle Bielefeld 1990
„Konzeption und Gestaltung
der Stadthalle"
Meinhard v. Gerkan

Der Architekt 5/1990
„Die vier Klassen des Architekturmarktes -
lokal, regional, national, international"
Meinhard v. Gerkan

Der Architekt 5/1990
Pamphlet gegen den
Minderwertigkeitskomplex
der deutschen Architektur
Meinhard v. Gerkan

Tendenzen
Architekten- und Ingenieurkammer
Schleswig Holstein
„Entwerfen im Dialog"
Meinhard v. Gerkan

Welt am Sonntag 32/12.8.1990
„In keiner Stadt wird so viel geplant
und so wenig realisiert"
Meinhard v. Gerkan

Die Welt am Sonntag 33/19.8.1990
„Ein bauspekulatives Inferno in Berlin?"
Meinhard v. Gerkan

Werk, Bauen + Wohnen 9/1990
„Zum Tode des Architekten Friedrich
Wilhelm Krämer"
Meinhard v. Gerkan

Glasforum 3/1990
„Der Architekt Friedrich Wilhelm
Krämer"
Meinhard v. Gerkan

db - deutsche bauzeitung 6/1990
„Ein Architekt und Lehrer" Zum Tode von
Friedrich Wilhelm Krämer
Meinhard v. Gerkan

Detail 5/1990
„West-Östlicher Architektur-Workshop
zum Gesamtkunstwerk Dresden"
Meinhard v. Gerkan

Bauwelt 45/1990
Dachkonstruktion über der Abflughalle des
Flughafen Stuttgart
Meinhard v. Gerkan

Stern 39/1990
„Hochhäuser sind dumm und teuer"
Volkwin Marg

„Statement für die Zeitschrift
Ambiente" - 1990
Meinhard v. Gerkan

DBZ - Deutsche Bauzeitschrift 11/1990
„Ostdeutschland: Architektur
im Aufbruch?"
Meinhard v. Gerkan

Bauwelt 48/28.12.1990
„West-Östlicher Architektur-Workshop
zum Gesamtkunstwerk Dresden"
Meinhard v. Gerkan

BDA, Bonn 1990
19. Godesburger Gespräch:
„Kapital + Architektur = Baukunst?"
Meinhard v. Gerkan

Detail 1/1991
„Das Tageslichtkonzept für den Flughafen
Stuttgart"
Meinhard v. Gerkan

Ambiente 1-2/1991
„Dresden - Rekonstruktion des
Vorgestern?"
Meinhard v. Gerkan

Welt am Sonntag 41/13.10.91
„Die Architektur aus dem Würgegriff
der ökonomischen Verwertbarkeit
befreien"
Meinhard v. Gerkan

Welt am Sonntag 42/20.10.1991
„Architektur ist angewandte Kunst des
Bauens in Verantwortung vor der
Gesellschaft"
Meinhard v. Gerkan

Karl-Krämer-Verlag 1991
Architektur-Licht-Architektur
„Von Licht durchflutet"
Meinhard v. Gerkan

Der Architekt 3/1992
„Alltagsarchitektur Einfamilienhaus -
Gratwanderung zwischen virtuoser
Andersartigkeit und stupider
Gleichförmigkeit"
Meinhard v. Gerkan

Baumeister 3/1992
„Machen Computer glücklich -
EDV und CAD"
Meinhard v. Gerkan

db - deutsche bauzeitung 7/1992
„Praxistest - Anforderungen eines
Großbüros"
Meinhard v. Gerkan

Hamburg - Das Bild einer Weltstadt
„Hamburg - Architektur/Stadtplanung"
Meinhard v. Gerkan

Lichtfest Landesgartenschau Ingolstadt 1992
„Der gläserne Himmel - The glassy sky"
Meinhard v. Gerkan

architese 3/1993
„West-östliche Irritation"
Meinhard v. Gerkan

Durchblick 1/1994
„Flughäfen und Bahnhöfe unter
freiem Himmel"
Meinhard v. Gerkan

Bauwelt 20/1994
„Gratwanderung zwischen Konkretion
und Abstraktion"
Meinhard v. Gerkan

Der Architekt 11/1994
„Praxisorientierte Lehre"
Meinhard v. Gerkan

Ideen, Entwürfe, Modelle -
Die Musik- und Kongreßhalle (Muk)
„Ein Bekenntnis besonderer Art"
Meinhard v. Gerkan

Der Architekt 11/1994
„Architekten forschen"
Meinhard v. Gerkan

Bücher

Meinhard v. Gerkan
Architektur 1966 - 1978
von Gerkan, Marg und Partner
Stuttgart: Karl-Krämer-Verlag 1978
ISBN 3-7828-1438-X

Meinhard v. Gerkan
Die Verantwortung des Architekten
Bedingungen für die gebaute Umwelt
Stuttgart: Deutsche Verlags-Anstalt 1982
ISBN 3-421-02584-3

Meinhard v. Gerkan
Architektur 1978 - 1983
von Gerkan, Marg und Partner
Stuttgart: Deutsche Verlags-Anstalt 1983
ISBN 3-421-02597-5

Meinhard v. Gerkan
Alltagsarchitektur
Gestalt und Ungestalt
Wiesbaden/Berlin: Bauerverlag 1987
ISBN 3-7625-2449-1

Meinhard v. Gerkan
Architektur 1983 - 1988
von Gerkan, Marg und Partner
Stuttgart: Deutsche Verlags-Anstalt 1988
ISBN 3-421-02893-1

Meinhard v. Gerkan
Jürgen-Ponto-Stiftung
West-Östlicher Architektenworkshop
in Dresden 13.–20. Juli 1990
Christians Verlag Hamburg 1990
ISBN 3-7672-1121-1

Meinhard v. Gerkan
Architektur 1988 - 1991
von Gerkan, Marg und Partner
Stuttgart: Deutsche Verlags-Anstalt 1992
ISBN 3-421-03021-9

Volkwin Marg
Architektur in Hamburg seit 1900
Hamburg: Junius Verlag GmbH 1993
ISBN 3-88506-206-2

Meinhard v. Gerkan
von Gerkan, Marg and Partners
Academy Editions, London
Berlin: Ernst & Sohn 1993
ISBN 1-85490-166-4

Meinhard v. Gerkan
Idea and Model
Idee und Modell
30 years of architectural models
30 Jahre Architekturmodelle
von Gerkan, Marg und Partner
Berlin: Ernst & Sohn 1994
ISBN 3-433-02482-0

Meinhard v. Gerkan
Architektur im Dialog
Texte zur Architekturpraxis
Berlin: Ernst & Sohn 1994
ISBN 3-433-02881-8

Veröffentlichungen 1967–1995

Öffentliche Einrichtungen

GEMEINDEZENTRUM UND KIRCHE OSDORFER BORN [1) 7)]
Baumeister 1/1970
e + p - Entwurf und Planung 24/1974

GEMEINDEHAUS STADE [1)]
Deutsches Architekturblatt 4/1977
architektur + wettbewerbe 11/1977

KREISHAUSNEUBAU RECKLINGHAUSEN [1) 7)]
Deutsches Architektenblatt 7/1976
architektur + wettbewerbe 89/1977

STADTHAUS MANNHEIM [1) 4)]
Architektur in Deutschland, Stuttgart 1979
Wettbewerbe aktuell 4/1979
Bauwelt 16/1979, 28/1979
architektur + wettbewerbe 1979
a+u - Architecture and Urbanism 10/1982

WIEDERAUFBAU DER „FABRIK", HAMBURG [2) 4) 7)]
Architektur in Deutschland, Stuttgart 1979
Hamburger Abendblatt 23.9.1979
Neue Heimat Monatshefte 9/1979
Spiegel 17.9.1979
Die Zeit 5.10.1979
Bauwelt 1/2/1980, 11/1980
Baumeister 7/1980
DLW-Nachrichten, 10/1982
ac - Asbestzentrum-Revue 3/1982
Summarios, Buenos Aires 7/1986

RATHAUS OLDENBURG
Wettbewerbe
aktuell 1/1981

INTERNATIONALER SEERECHTS-GERICHTSHOF, HAMBURG [2) 3) 5) 6) 7)]
a+u, Architecture and Urbanism 1/1985
7/1987
L'Architecture d'Aujourd'hui 4/1985
wettbewerbe aktuell 1/1990

JUSTIZGEBÄUDE FLENSBURG
Wettbewerbe aktuell 1/1985

AMTSGERICHT BRAUNSCHWEIG [3) 6)]
Architekten- und Ingenieurverein BS
Stadt im Wandel 3/1985
Deine Stadt - Kunst, Kultur und Leben
in BS 9/1987
DBZ - Deutsche Bauzeitschrift 9/1991

ARBEITSAMT OLDENBURG [3]
Architektur + wettbewerbe 3/1987
Deutsches Architektenblatt 10/1987
Die Bauverwaltung August 1993
Profil 8/1993

POLIZEIPRÄSIDIUM BERLIN [3]
Wettbewerbe aktuell 6/1987

ARBEITSAMT FLENSBURG
Wettbewerbe aktuell 2/1988

RATHAUS HUSUM [3) 7]
Wettbewerbe aktuell 7/1986
Bauwelt 22/1986

BUNDESMINISTERIUM FÜR UMWELTSCHUTZ UND REAKTORSICHERHEIT, BONN [5) 7]
public Design Jahrbuch 1990
Hermann Grub - Unternehmen Grün, Ideen, Konzepte, Beispiele für mehr Grün in der Arbeitswelt
Callwey-Verlag, München 1990
DBZ - Deutsche Bauzeitschrift 9/1991

STADTMARKT FULDA [7]
Public Design Jahrbuch 1990

STADTINFORMATION HAMBURG
Public Design Jahrbuch 1988

DEICHTOR + ERICUSSPITZE HAMBURG
Bauwelt 46/1990
wettbewerbe aktuell 11/1990

ERWEITERUNG AMTSGERICHT FLENSBURG [5]
Architekten- und Ingenieurhandbuch 1991/92

DEUTSCHE BUNDESBANK FRANKFURT [5]

BIBLIOTHEK DER TECHNISCHEN UNIVERSITÄT BERLIN [5]

AMTSGERICHT HAMBURG-NORD [5]
BDA-Katalog, Hamburger Architektensommer 1994

FERNMELDETÜRME [6) 7]

POSTÄMTER 1 UND 3, HAMBURG [6]

REICHSTAG BERLIN [7]
Wettbewerbe aktuell 4/1993
Bauwelt 4/1993
Realisierungswettbewerb
Umbau Reichstag zum Dt. Bundestag
Dokumentation eines Wettbewerbes 1994

BUNDESKANZLERAMT BERLIN
Wettbewerbe aktuell 2/1995
Baumeister 3/1995

DeTeMOBIL, BONN-SÜD [7]

POLIZEIPRÄSIDIUM, KASSEL [7]

Bürobauten und Geschäftshäuser

FINANZAMT OLDENBURG [1]
Bauwelt 11/1966, 26/1977
Bauen und Wohnen 11/1966
db - deutsche bauzeitung 5/1972
Betonprisma 38/1979
Betonatlas 1984

EINKAUFSZENTRUM HAMBURG-ALTONA [1]
Bauwelt 10/1969
db - deutsche bauzeitung 5/1972

VERWALTUNGSGEBÄUDE DER SHELL AG, HAMBURG [1]
Baumeister 5/1970
architektur + wettbewerbe 66/1971
db - deutsche bauzeitung 5/1972, 10/1975
Stadtbauwelt 24/1973

BUNDESKANZLERAMT, BONN [1]
architektur + wettbewerbe 68/1971
db - deutsche bauzeitung 5/1971
Bauverwaltung 9/1971

REGIERUNGSDIENSTGEBÄUDE, LÜNEBURG [1]
Wettbewerbe aktuell 10/1971
db - deutsche bauzeitung 5/1972

HAMBURGISCHE LANDESBANK, HAMBURG [1]
Baumeister 3/1971
db - deutsche bauzeitung 5/1972

VERWALTUNGSGEBÄUDE DER MOBIL OIL AG, HAMBURG [1) 7]
db - deutsche bauzeitung 5/1972

VERWALTUNGSGEBÄUDE OBERFINANZDIREKTION, HAMBURG [1]
db - deutsche bauzeitung 6/1972

EUROPÄISCHES PATENTAMT, MÜNCHEN [2) 7]
Bauen + Wohnen 4/1972
db - deutsche bauzeitung 5/1972
Baumeister 11/1972, 10/1980
Gebäude für die Öffentliche Verwaltung, A. u. H. Deilmann, Stuttgart 1979
Architektur in Deutschland, Stuttgart 1979
Deutsches Architektenblatt 2/1979, 9/1982
Der Architekt 4/1979
TAB - Technik am Bau 4/1980
Süddeutsche Zeitung 19.9.1980
SD - Space Design 1980
Bauwelt 37/1980, 7/1981
Architectural Review 6/1981
a+u - Architecture and Urbanism 10/1982
M. v. Gerkan, Die Verantwortung des Architekten, Stuttgart 1982
Technique + Architecture 346/1983

VERWALTUNGSGEBÄUDE OBERPOSTDIREKTION, HAMBURG
db - deutsche Bauzeitung 5/1972

INNENMINISTERIUM KIEL [1) 2]
Wettbewerbe aktuell 8/1972
Baumeister 8/1975, 10/1985

HAUPTVERWALTUNG ARAL AG, BOCHUM [1]
Wettbewerbe aktuell 7/1972

COLONIA AG, HAMBURG [1]
Wettbewerbe aktuell 3/1974
Bauen + Wohnen 10/1974

DEUTSCHER RING, HAMBURG [1) 7]
Wettbewerbe aktuell 10/1975
Deutsches Architektenblatt 6/1976
Bauen + Wohnen 11/1976
DBZ - Deutsche Bauzeitschrift 9/1991

POSTSPARKASSENAMT, HAMBURG
Wettbewerbe aktuell 4/1977

ERWEITERUNGSBAU DER HAUPTVERWALTUNG OTTO-VERSAND, HAMBURG [2]
Deutsches Architektenblatt 3/1978
architektur + wettbewerbe 98/1979

VERLAGSGEBÄUDE AXEL SPRINGER [1]
Wettbewerbe aktuell 3/1978

ALSTERTAL EINKAUFSZENTRUM
architektur + wettbewerbe 7/1979

BUNDESMINISTERIUM FÜR VERKEHR, BONN [2]
Wettbewerbe aktuell 5/1979

HANSE VIERTEL, HAMBURG [2]
Baumeister 2/1979, 9/1981
Architektur in Deutschland, Stuttgart 1979

Neue Heimat Monatshefte 9/1979
Die Zeit 28.11.1980
Architectural Review 6/1981
Glasforum 6/1981,
Sonderausgabe 12/1985
Bauwelt 40-41/1981
Europäische Hefte 1/1982
a+u - Architecture and Urbanism 10/1982
DBZ - Deutsche Bauzeitschrift 10/1982
SD - Space Design, Sonderauflage 11/1982
M. v. Gerkan, Die Verantwortung des Architekten, Stuttgart 1982
db - deutsche Bauzeitung 4/1983
Aktuelles Bauen 6/1983
Summarios, Buenos Aires 7/1986
Transparentes Bauen mit Stahl 1990
Public Design Jahrbuch 1990
Hamburger Morgenpost 12.9.1989
Costruire in Laterizio 40/1994

BUNDESMINISTERIUM FÜR ARBEIT UND SOZIALORDNUNG, BONN
Wettbewerbe aktuell 8/1980

VERWALTUNGSGEBÄUDE VOLKSWAGENWERK, WOLFSBURG [2) 4) 7)]
Baumeister 9/1980
db - deutsche bauzeitung 10/1980
architektur + wettbewerbe 107/1981

VERWALTUNGSGEBÄUDE DAIMLER-BENZ AG, STUTTGART [2)]
Wettbewerbe aktuell 6/1983

VERKAUFSHALLE SCHAULANDT, HAMBURG [2) 7)]
Aktuelles Bauen 4/1983

VERLAGSHAUS GRUNER + JAHR, HAMBURG [2) 3) 7)]
db - deutsche bauzeitung 9/1983
Bauwelt 27/1983, 22/1986
Die Welt 12.7.1983
Die Zeit 14.7.1983
Wettbewerbe aktuell 7/1986
SD - Space Design 7/1986

BÜROZENTRUM DAL MAINZ [2) 3) 4)]
db - deutsche bauzeitung 9/1983
Bauwelt 15/1986
a+u - Architecture and Urbanism 7/1987
Summarios, Buenos Aires 7/1986
Architecture Interieure Cree 238/1990

BERTELSMANN-VERLAGSHAUS, GÜTERSLOH
Baumeister 10/1985

MARKTARKADEN, BAD SCHWARTAU [3) 4)]
db - deutsche bauzeitung 2/1985
a+u - Architecture and Urbanism 7/1987

LUFTHANSA VERWALTUNGS-GEBÄUDE, HAMBURG [3)]
a+u - Architecture and Urbanism 7/1987

GRINDELALLEE 100, HAMBURG [2) 3) 6)]
Bauwelt 42/1987
Hamburger Abendblatt 18.7.1987
Frankfurter Allgemeine Zeitung 3.11.1987
Werk, Bauen + Wohnen 1-2/1988
Architectural Review 1101/1988
L'industria delle costruzioni 210/April 1989
Hamburger Morgenpost 12.9.1989
Leonardo 3/1990
db - deutsche bauzeitung 5/1990
Transparentes Bauen mit Stahl 1990
Environmental Design 1990
DBZ - Deutsche Bauzeitschrift 9/1991

BIRMINGHAM STAR-SITE [5) 6)]
Architecture Today 7/1990

SPEICHERSTADT HAMBURG [7)]
Architectural Review 1101/1988

KEHRWIEDERSPITZE - SANDTORHAFEN, HAMBURG [5) 6) 7)]
Bauwelt 46/1990

LÖHRHOF RECKLINGHAUSEN [3)]
Westdeutsche Allgemeine Zeitung 16.1.1991

HERTIE CENTER ALTONA, HAMBURG
Public Design Jahrbuch 1990

SAARGALERIE SAARBRÜCKEN [5) 6)]
Public Design Jahrbuch 1990
AIT 9/1992

ZÜRICH HAUS, HAMBURG [5) 7)]
FAZ 24.7.1989, 25.1.1993
Transparentes Bauen mit Stahl 1990
Public Design Jahrbuch 1990
Hamburger Abendblatt 11.10.1991
Badische Zeitung 18.8.1992
Weser Kurier 20.8.1992
DBZ - Deutsche Bauzeitschrift 3/1993
Bauwelt 7/1993
Vision Mero 28/1992
Bouw 25/1992
AIT 10/1993
Centrum Jahrbuch 1993
db - deutsche Bauzeitung 10/1993
Office Design 1/1994
Detail 2/1994

ELBCHAUSSEE 139, HAMBURG [3) 5) 6) 7)]
Hamburger Morgenpost 12.9.1989
1.12.1989
Bauwelt 21/1990
Baumeister 7/1990
Schöner Wohnen 3/1990
Hamburger Abendblatt 19.6.1990
12.9.1990
Architektur in Hamburg, Jahrbuch 1990
Architektur u. Wissenschaft Bd. 5
VFA-Profil 7/8/1990
ART 4/1990
Architectural Review 1126/Dez. 1990
Leonardo Okt./Nov. 6/1990
Glasforum 5/1990
Architects Journal Dez. 1990
Ambiente Spezial 1990/1991
db - deutsche Bauzeitung 2/1991
DBZ - Deutsche Bauzeitschrift 2/1991
9/1991
L'Arca 47/1991
Abitare 7/1991
L'industria delle costruzioni 1/1992
Progressive Architecture 4/1992

ELBCHAUSSEE 139 - LE CANARD HAMBURG [5) 6)]
Hapers' Bazaar 2/1990
Globo Reisemagazin 8/Aug. 1990
Gastronomie + Hoteldesign 1/März 1991
AIT 6/1991

MOORBEK-RONDEEL, NORDERSTEDT [5) 6)]
L'industria delle costruzioni 210/April 1989
Baumeister März 3/1991
DBZ - Deutsche Bauzeitschrift 9/1991
L'industria delle costruzioni 1/1992

OBERPOSTDIREKTION BRAUNSCHWEIG [5) 6)]
Braunschweiger Zeitung 21.6.1990, 28.8.1990
Die Bauverwaltung 9/1991
Dt. Architektenblatt 10/1991
DBZ - Deutsche Bauzeitschrift 9/1991
L'Arca 55/1991
Stein, Bauen, Gestalten, Erhalten 10/1992
AIT 12/1992
L'industria delle costruzioni 8/1993
Granit 3/1994
Naturstein und Architektur 1992

FERNMELDEAMT 2, HANNOVER [5)]
DBZ - Deutsche Bauzeitschrift 9/1991

CAFÉ ANDERSEN
EKZ HAMBURG [5) 6)]
Hamburger Abendblatt 51/1.3.1991
Bäko Magazin 7/8/1991
Hapers' Bazaar 8/1991
DBZ - Deutsche Bauzeitschrift
9/1991

SALAMANDER, BERLIN [5) 6)]
Berliner Morgenpost Jan. 1991
Petra 2/1993
Architektur in Berlin Jahrbuch 1993/94
VfA Profil 1/1995

ALTMARKT DRESDEN [5) 6) 7)]
wettbewerbe aktuell 6/1991
Die Zeit 31/1991
Die Union 16.9.1991
Sächsische Zeitung 14./15.9.1991
FAZ 16.12.1991
Bauwelt 18-19/1991
Baumeister 5/1991
Architektur + Wettbewerbe Dez. 1991
Immobilien-Manager Dez. 1991
Berliner Morgenpost 2.2.1992
Der Spiegel 29/1992
Architese 7/1993

KREFELD SÜD II [5)]
wettbewerbe aktuell 9/1991

MÜNSTERLANDHALLE
wettbewerbe aktuell 5/1991

STADTZENTRUM SCHENEFELD [6)]
Hamburger Morgenpost 11.10.1991
Elbe Wochenblatt 23.1.1991
VfA Profil 9/1992
AIT 3/1994

DEUTSCH-JAPANISCHES ZENTRUM
HAMBURG [5) 7)]
DBZ - Deutsche Bauzeitschrift 9/1991
L'Arca März 1994
Office Design 1/1994

DEUTSCHE REVISION
FRANKFURT [5) 6) 7)]
DBZ - Deutsche Bauzeitschrift 9/1991

NÜRNBERGER BETEILIGUNGS AG [7)]

GESCHÄFTSHAUS
NEUER WALL 43, HAMBURG [5)]

HILLMANNECK, BREMEN [5) 7)]
L'industria delle costruzioni 8/1993

HILLMANNHAUS, BREMEN [5)]

GROSSE ELBSTRASSE, CARSTEN-
REHDER-STRASSE, HAMBURG [5)]

BRODSCHRANGEN
BÄCKERSTRASSE, HAMBURG [5) 7)]

BÜROGEBÄUDE AM MITTELWEG,
HAMBURG [5)]

GALERIA DUISBURG [5) 6) 7)]

VERWALTUNGSGEBÄUDE
SCHERING AG, BERLIN [5)]

WOHN- UND GESCHÄFTSHAUS
BUCHHOLZ [5)]

LANDESBAUSPARKASSE
WÜRTTEMBERG, STUTTGART [5)]

KAUFMÄNNISCHE
KRANKENKASSEN HANNOVER [6) 7)]

BMW KUNDENZENTRUM
MÜNCHEN [6) 7)]

SCHULUNGS- UND
RECHENZENTRUM DER
DEUTSCHEN LUFTHANSA,
FRANKFURT [6) 7)]

HYPOBANK, GRASKELLER,
HAMBURG
DBZ Deutsche Bauzeitschrift 3/1994
AIT 12/1994

„DER SPIEGEL", HAMBURG [7)]
Wettbewerbe aktuell 3/1993
Baumeister 3/1993

DEUTSCH-JAPANISCHES ZENTRUM,
BERLIN [7)]
L'Arca März 1994

WOHN- UND GESCHÄFTSHAUS
FRIEDRICHSTRASSE 108-109, BERLIN
Foyer Dez. 1991

BÜROKOMPLEX „AUF DER
MIELESHEIDE", ESSEN [7)]

EKZ WILHELMSHAVEN [7)]

DRESDNER BANK,
PARISER PLATZ, BERLIN
Wettbewerbe aktuell 3/1995
Bauwelt 11/1995
BZ 9.2.1995
Wochenpost 16.2.1995
Die Zeit 10/1995

Wohnbauten und Hotels

WOHNGEBÄUDE AN DER ALSTER,
HAMBURG [1)]
architektur + wettbewerbe 57/1968
Baumeister 11/1974

WOHNHAUS W. KÖHNEMANN,
HAMBURG [1) 7)]
Stern 30/1970
Architektur und kultiviertes Wohnen,
Winterhalbjahr 1970/71
Bauwelt 14/1971
Baumeister 3/1972, 2/1974
e+p - Entwurf und Planung 28/1975
Detail 4/1977
Schöner Wohnen 5/1977
Deutsche Kunst seit 1960
Architektur 1976 Nestler/Bode

WOHNBEBAUUNG BELLEVUE,
HAMBURG [1)]
db - deutsche bauzeitung 5/1972

APPARTMENTHAUS ALSTERTAL,
HAMBURG [1)]
db - deutsche bauzeitung 5/1972

TRABANTENSTADT VON
HAMBURG-BILLWERDER/
ALLERMÖHE [1)]
Bauwelt/Stadtbauwelt 42/1974
Wettbewerbe aktuell 3/1975
Garten und Landschaft 7/1976

WOHNHAUS DR. HESS,
HAMBURG-REINBEK [1)]
e+p - Entwurf und Planung 28/1975

KETTENHÄUSER,
HAMBURG BAU 78 [2) 4)]
Wettbewerbe aktuell 6/1977
Der Architekt 10/1977
Spiegel 6.7.1981
a+u - Architecture and Urbanism
10/1982

STADTHÄUSER,
HAMBURG BAU 78 [2) 4)]
Die Zeit 18.8.1978
Das Haus 9/1978
Neue Heimat Monatshefte 10/1978
Zuhause 10/1978
Hör Zu 41/1978
db - deutsche bauzeitung 1/1979
Baumeister 1/1979
Hamburger Abendblatt 27.3.1979
Stern 21.9.1979
e+p - Entwurf und Planung 34/1979
Die Welt „Modernes Wohnen" 15.11.1979
Architektur in Deutschland,
Stuttgart 1979

KETTEN- UND STADTHÄUSER HAMBURG BAU 78 [2)]
Detail 6/1978
Deutsches Architektenblatt 11/1978
Frankfurter Allgemeine Zeitung 15.12.1978
Bauen + Wohnen 7/8/1979
SD - Space Design 7904/1979
Toshi-jutaku 3/1980
Summarios, Buenos Aires 7/1986

KOHLHÖFEN, HAMBURG [2)]
FHH, Baubehörde 1979
DLW-Nachrichten 10/1982

HAUS „G" HAMBURG-BLANKENESE [2) 4) 7)]
architektur + wohnen 12/1981
a+u - Architecture and Urbanism 10/1982
e+p - Entwurf und Planung 1982
Die Kunst 2/1983
db - deutsche bauzeitung 6/1983
Detail 1/2/1985
Bauen mit Holz 1/1985
Deutsches Architektenblatt 4/1985
Technique + Architecture 365/4-5/1986
Summarios, Buenos Aires 7/1986
Die Welt 26.9.1986
Holzbausiedlungen, DVA Stuttgart

TAIMA UND SULAYYIL - SAUDI ARABIEN ZWEI NEUE SIEDLUNGEN IN DER WÜSTE [2) 4)]
Bauwelt 28-30/1981
Technique + Architecture 346/3/1983

ENERGIESPARHAUS, INTERNATIONALE BAUAUSSTELLUNG BERLIN [2) 3) 4)]
IBA-Katalog 1983
Bauwelt 4/1985
Detail 5-6/1985
Der Architekt 6/1985
db - deutsche bauzeitung 11/1985
Baumeister 10/1986, 5/1987
Deutsches Architektenblatt 10/1987

HOTEL PLAZA, BREMEN [2) 3) 4) 7)]
Weser Kurier 22.3.1985
Die Welt 28.3.1985, 26.9.1986
Technique + Architecture 365/4-5/1986
architektur + wettbewerbe 12/1987
Public design Jahrbuch 1990
Hotels - Planen + Gestalten J. Knirsch, 1992

FISCHMARKT RANDBEBAUUNG, HAMBURG [3) 5) 7)]
Gut Wohnen Aug. 1989
Der Stern - Journal Bauen + Wohnen 39/1990
d-extrakt 44/Aug. 1994

ELBCHAUSSEE 139, WOHNHAUS VON GERKAN [6) 7)]
Architektur + Wohnen 4/1992
Häuser 6/1992

ANKARA KAVAKLIDERE KOMPLEX [5) 6)]
Baumeister 4/1992

HOTEL PALACE AU LAC, LUGANO [5) 7)]

SCHAARMARKT HAMBURG [5)]

WOHNPARK FALKENSTEIN, HAMBURG [5)]

„SCHÖNE AUSSICHT", HAMBURG [6) 7)]

HOTEL KU'DAMM-ECK, BERLIN [6) 7)]
Bauwelt 18/1992
architektur + wettbewerbe Dez. 1994

STADTVILLA EBERSWALDE

FLEETINSEL - STEIGENBERGER HOTEL, HAMBURG
Bauwelt 7/1993
Architektur + Wohnen 2/1993
VfA-Profil 2/1995

Museen und Ausstellungsbauten

NEUE PINAKOTHEK, MÜNCHEN [1)]
Bauwelt 24/1967
db - deutsche bauzeitung 6/1967
Baumeister 7/1967

MUSEUM AACHEN [2) 7)]
SD - Space Design 7/1986

NATURKUNDESTATION BALJE [3) 7)]
Wettbewerbe aktuell 4/1985

GERMANISCHES NATIONALMUSEUM, NÜRNBERG [3)]
architektur + wettbewerbe 3/1986
SD - Space Design 7/1986

KUNSTMUSEUM BONN [3) 6) 7)]
SD - Space Design 7/1986
Bauwelt 27/1986
Wettbewerbe aktuell 10/1986
a+u - Architecture and Urbanism 7/1987

MESSEHALLE AMK, BERLIN [3) 7)]

HAUS DER GESCHICHTE IN BONN [3) 6)]
Baumeister 1/1987
Wettbewerbe aktuell 2/1987
Bauwelt 5/1987

BUNDESKUNSTHALLE, BONN [3) 7)]

MUSEUMSINSEL, HAMBURG [7)]

PUPPENMUSEUM HAMBURG [3)]
Architektur + Wohnen 4-5/1987

KLEINER SCHLOSSPLATZ, STUTTGART [3)]
Bauwelt 9/1987
Baumeister 9/1987
architektur + wettbewerbe 12/1987

FERNSEHMUSEUM MAINZ [5)]
wettbewerbe aktuell 5/Mai 1990
DBZ - Deutsche Bauzeitschrift 9/1991

MUSEUM FÜR HAMBURGISCHE GESCHICHTE HAMBURG [5) 6)]
Der Stern - Journal Bauen und Wohnen 39/20.9.1990
Transparentes Bauen mit Stahl 1990
Domus 719/9.1990
Techniques + Architecture 8/9/1990
Public Design Jahrbuch 1990
VfA-Profil Juni 1990
db -deutsche bauzeitung 1/1990, 7/Juli 1990, 5/1991
Detail 1/1991
Environmental Design 1990
Techn. Leitfaden - Glas am Bau 1990 BDA
L'Architecture d'Aujourd'hui 9/1991
Baumeister 11/1990
Stahl und Form 1992
L'industria delle costruzioni 8/1993
Feuerverzinken 3/1993

DEUTSCHES HISTORISCHES MUSEUM BERLIN [5) 6) 7)]
L'Arca 30/1990

AKROPOLIS MUSEUM ATHEN [5) 6) 7)]
Ministry of Culture Greece Juni 1991
DBZ - Deutsche Bauzeitschrift 9/1991

KUNSTMUSEUM UND HAUS DER STADTVERWALTUNG WOLFSBURG [5]

DOKUMENTA AUSSTELLUNGSHALLE, KASSEL [5) 7)]

DEUTSCHES LUFTFAHRTMUSEUM MÜNCHEN [5]

MUSEUM TÜRKENKASERNE MÜNCHEN [6) 7)]

NEUE MESSE LEIPZIG [6) 7)]
Bauwelt 21/1992
AIT 9/1994
DBZ - Deutsche Bauzeitschrift 10/1994
VfA-Profil 3/1995
Leonardo 2/1995

MESSEHALLE 4 HANNOVER
Dt. Architektenblatt 1.8.1994

STAATLICHES MUSEUM DES 20. JHRDT., NÜRNBERG
Wettbewerbe aktuell 1/1992

MUSEUM GROTHE, BREMERHAVEN [7]

Theater und Veranstaltungsbauten

THEATER WOLFSBURG [1]
Bauwelt 19/22/1966

NATIONALTHEATER TOKIO [3]
a+u - Architecture and Urbanism 7/1987
Transparentes Bauen mit Stahl 1990

PFALZTHEATER KAISERSLAUTERN [3]
Wettbewerbe aktuell 11/1987

STADTHALLE BIELEFELD [2) 3) 5) 6) 7)]
Wettbewerbe aktuell 5/1981, 5/1991
Detail 3/1981
Deutsches Architektenblatt 9/1981, 6/1991, 9/1991
Die Zeit 17.8.1990
Schönberg Verlag, Dokumentation Hamburg 1990
Leonardo 1/1991
Frankfurter Allgemeine 89/17.4.91
Architecture Today 6/1991
DBZ - Deutsche Bauzeitschrift 9/1991
Der Architekt 11/1991
Baumeister 4/1992
md - Möbel interior design 9/1992
L'Industria delle costruzioni 8/1993
Bauen mit Aluminium Jahrbuch 94/95
Baukultur 1/1994

„KLEINES HAUS" DES STAATSTHEATERS BRAUNSCHWEIG [3) 7)]

KONZERTSAAL FÜR LÜBECK [3) 7)]

MUSIK- UND KONGRESSHALLE LÜBECK [5) 6) 7)]
Lübecker Nachrichten 13.5.1990, 1.2.1991
wettbewerbe aktuell - Sonderheft 5/7/1990, 9/1994
Dt. Architektenblatt 9/1990
DBZ - Deutsche Bauzeitschrift 9/1991
Bauwelt 6/1995
Leonardo 2/1995
Architektur im Dialog, M. v. Gerkan, Ernst + Sohn, Berlin 1995

INTERNATIONAL FORUM TOKYO [5) 6) 7)]
DBZ - Deutsche Bauzeitschrift 11/1990

KONZERTHALLE DORTMUND [5]

ERWEITERUNG „STÄDTISCHE UNION", CELLE [5]

THEATER DER STADT GÜTERSLOH [7]
Wettbewerbe aktuell 4/1994
aw - architektur + wettbewerbe März 1994

Heil- und Pflegeeinrichtungen

KLINIKUM II, NÜRNBERG-SÜD
Wettbewerbe aktuell 8/1983

UNIVERSITÄTSKLINIK, RUDOLF VIRCHOW, BERLIN
Bauwelt 3/1988

LAZARUS-KRANKENHEIM, BERLIN [5) 6)]
db - deutsche bauzeitung 5/1992

KOMPLEX ROSE, RHEUMAKLINIK BAD MEINBERG [5) 6) 7)]
AIT 11/1992

UNION KÜHLHAUS COLLEGIUM AUGUSTINUM HAMBURG [5) 6) 7)]
Hamburger Abendblatt 173/27.7.90
2.8.1991, 11.10.1991
Elbvororte Wochenblatt 28/11.7.1990
Hamburger Morgenpost 25.7.1991
Frankfurter Allgemeine Zeitung 27.9.1990

Bauten für Lehre und Forschung

MAX-PLANCK-INSTITUT FÜR GERONTOLOGIE LINDAU/HARZ [1]
Bauwelt 1-2/1966
Baumeister 8/1971
db - deutsche bauzeitung 5/1972

UNIVERSITÄT BREMEN [1) 7)]
Bauen + Wohnen 9/1967
Bauwelt 41-43/1967

GYMNASIUM ADOLFINUM BÜCKEBURG
e+p - Entwurf und Planung 3/1969

SCHULZENTRUM WEINHEIM [1]
e+p - Entwurf und Planung 3/1969
architektur + wettbewerbe 60/1969
db - deutsche bauzeitung 5/1972

SCHULZENTRUM NIEBÜLL [1]
db - deutsche bauzeitung 5/1972

KREISBERUFSSCHULE BAD OLDESLOE [1) 7)]
db - deutsche bauzeitung 5/1972
architektur + wettbewerbe 76/1973

SCHULZENTRUM HEIDE-OST [1]
db - deutsche bauzeitung 5/1972

VERFÜGUNGSGEBÄUDE III, UNIVERSITÄT HAMBURG [1]
db - deutsche bauzeitung 5/1972
Wettbewerbe aktuell 6/1977

NATIONALBIBLIOTHEK TEHERAN [1) 4) 7)]
Baumeister 4/1978
Bauwelt 15/1978, 45/1979
Schweizerische Bauzeitung 20/1978
Stern 18.5.1978
Detail 3/1978
Wettbewerbe aktuell 6/1978
architektur + wettbewerbe 9/1978
neuf 75-7/8 1978
db - deutsche bauzeitung 1[illegible]/1978, 2/3/1979
Der Architekt 11/1978
Domus 8/1978
Architects 5/1978
Public design 1990

HOCHSCHULE BREMERHAVEN [2]
architektur + wettbewerbe 104/1980

HOCHSCHULE FÜR BILDENDE KÜNSTE, HAMBURG [2) 4) 7)]
Wettbewerbe aktuell 8/1980
Architektur, Stuttgart 1982

UNIVERSITÄT OLDENBURG,
ZENTRALBIBLIOTHEK,
HAUPTMENSA
UND SPORTSTÄTTEN
Architektur in Deutschland,
Stuttgart 1979

GEWERBESCHULZENTRUM
FLENSBURG [2]
Wettbewerbe aktuell 9/1980

ISLAMISCHES KULTURZENTRUM,
MADRID [2) 4) 7)]

DEUTSCHE BIBLIOTHEK,
FRANKFURT [2]
Wettbewerbe aktuell 10/1982

BIBLIOTHEK GÖTTINGEN [3) 7)]
Wettbewerbe aktuell 8/1985
SD - Space Design 7/1986

TECHNIK III,
GESAMTHOCHSCHULE KASSEL [3) 7)]
Bauwelt 19/20/1986
Baumeister 6/1986

FILMHAUS ESPLANADE BERLIN [3) 7)]
DBZ - Deutsche Bauzeitschrift 9/1986
architektur + wettbewerbe 9/1986

STADTBÜCHEREI MÜNSTER [3]
Wettbewerbe aktuell 8/1987

AUSBILDUNGSZENTRUM DER HEW,
HAMBURG [3) 5)]
Deutsches Architektenblatt 6/1990
Bauwelt 34/1990
Leonardo 1/1992

GEWERBLICHE UND BERUFLICHE
SCHULEN FLENSBURG
Flensburger Nachrichten
29.8.1990

VOLKSHOCHSCHULE UND
STADTBÜCHEREI HEILBRONN [5) 6) 7)]
Wettbewerbe aktuell 3/1991
DBZ - Deutsche Bauzeitschrift 9/1991

FREIE UNIVERSITÄT
WITTEN/HERDECKE [3) 6) 7)]

CARL BERTELSMANN STIFTUNG,
GÜTERSLOH [5) 6)]
DBZ 10/1991
Technik am Bau 8/1992
AIT 10/1992

MAX-PLANCK-INSTITUT FÜR
MIKROBIELLE ÖKOLOGIE,
BREMEN [5) 7)]

HÖRSAALZENTRUM
OLDENBURG [6) 7)]
Deutsches Architektenblatt 1.9.1993

ERWEITERUNG DER TU CHEMNITZ
Wettbewerbe aktuell 9/1994

MAX-PLANCK-INSTITUT,
MARSTALLPLATZ, MÜNCHEN [7]

GYMNASIUM CRIVITZ [7]

**Bauten für Gewerbe, Industrie
und Technik**

FLUGHAFEN BERLIN-TEGEL,
LÄRMSCHUTZKABINE [1]
Architektur + Wohnen 3/1978

FLUGHAFEN BERLIN-TEGEL,
ENERGIEZENTRALE [1]
TAB - Technik am Bau 6/1979

POSTÄMTER 1 UND 3,
HAMBURG [3]
Wettbewerbe aktuell 5/1986

LUFTWERFT HAMBURG
Hamburger Abendblatt 11.10.1991

JUMBOHALLE HAMBURG [5) 6) 7)]
DBZ - Deutsche Bauzeitschrift
9/1991
Flachglas AG - Glasarchitektur 1992
Jahrbuch HH Architektenkammer 1993
Centrum Jahrbuch 1993
L'Arca 79/1994
db - deutsche bauzeitung,
Sonderheft Mai 1994

LAGERGEBÄUDE
LUFTHANSA-WERFT, FLUGHAFEN
HAMBURG [5]

MIRO-DATENSYSTEME,
BRAUNSCHWEIG [5) 6) 7)]
Braunschweiger Zeitung 21.1.1992
Neue Züricher Zeitung 20.3.1992
Bauwelt 25/1992
Leonardo 2/1992
Bauen und Leben in Niedersachsen
VWAT-Verlag 1992
DBZ - Deutsche Bauzeitschrift
11/1992
Profil 11/1992
Bauingenieur 12/1992
L'Arca 74/1993
Glasforum 5/1993
FAZ 6.1.1995
Industriebau 1/1995

NETZBETRIEBSSTATION DER
PREUSSEN-ELEKTRA, HANNOVER [5]

Bauten für den Verkehr

FLUGHAFEN BERLIN-TEGEL [1) 4) 7)]
db -deutsche bauzeitung 7/1966, 5/1972,
11/1980
DBZ - Deutsche Bauzeitschrift 8/1966
Bauwelt 22/50/1966, 14/1969, 19/1970,
34/40/1972, 47/1973, 45/1974, 46/1991
Baumeister 11/1967
RIBA Library bulletin 3/1968
Deutsche Architekten + Ingenieur-
Zeitschriften 3/1971
airport forum 4/1971, 4/1974
L'Architecture d'Aujourd'hui 156/1971
Berliner Bauwirtschaft 17/1972
airports, Olivetti UK branches 4/1973
architectural design CL III 4/1973
e+p - Entwurf und Planung 25/1974
DLW-Nachrichten 58/1974, 59/1975
Deutsches Architektenblatt 21/1974
Bundesverband der Deutschen Zement-
industrie e.V. 1975
airports international, Januar 1975
Allgemeine Bauzeitung 4/14/1975
TAB - Technik am Bau 27/1975
ac - Internationale Asbestzement
-Revue 10/1975
Architecture 9/1976
Bauen + Wohnen 2/3/1976
Deutsche Kunst seit 1960,
Architektur 1976 Nestler/Bode
Architecture/Monsieur Vago Paris 9/1976
Domus 8/1977
Glasforum 11/1978
Jahrbuch für Architektur 1989
Deutsches Architekturmuseum, Frankfurt
a+u - Architecture and Urbanism
10/1982
Saison 4/1990
Environmental Design 1990
Transparentes Bauen mit Stahl 1990
VfA Profil Febr. 1992
Die Zeit 29.11.1991
FAZ 31.1.1991

FLUGHAFEN BERLIN-TEGEL,
ÜBERDACHUNG DER
TAXI-VORFAHRT
Merkblatt Stahl 123 6/1980

FLUGHAFEN
HAMBURG-KALTENKIRCHEN [1]
Bauwelt 11/1970
db - deutsche bauzeitung 5/1972
Bauen + Wohnen 2-3/1976
Architecture 9/1976
architektur + wettbewerbe 90/1977

FLUGHAFEN MÜNCHEN II [1]
Bauwelt 5/42/1975
Wettbewerbe aktuell 10/12/1975, 1/1977
Baumeister 12/1975
Bauen + Wohnen 2-3/1976, 1/1977
Deutsches Architektenblatt 5/1976
db - deutsche bauzeitung 8/1976

FLUGHAFEN MOSKAU [1]
Bauwelt 42/1977
architektur + wettbewerbe 90/1977
Hamburger Abendblatt 82/1989

FLUGHAFEN STUTTGART [2) 3) 4) 5) 5) 7]
Wirtschafts-Correspondent 11/1980
architektur + wettbewerbe 104/1980
wettbewerbe aktuell 2/1981, 9/1991
Bauwelt 18/1981, 45/1990
SD - Space Design 7/1986, 11/1994
Baumeister 9/11/1986
L'Architecture d'Aujourd'hui 4/1987, 10/1991
Jahrbuch für Architektur 1989
Deutsches Architekturmuseum, Frankfurt
Transparentes Bauen mit Stahl 1990
db - deutsche bauzeitung 11/1990
Detail 1/1991
SZ - Stuttgarter Zeitung 14.1.1991, 64/1991, 73/27.3.1991,
Stuttgarter Nachrichten 76/2.4.1991
Public Design 1990
Architectural Review 5/1991
Dt. Architektenblatt 6/1991, 8/1992
ART 7/1991
Naturstein 7/1991
AIT 7/1991
Glasforum 3/1991
Stein Juli/Aug. 1991
Lufthansa Bordbuch 4/1991
MD - Möbel Design 8/1991
DBZ - Deutsche Bauzeitschrift 9/1991
Techniques & Architecture Okt. 1991
Merian, Stuttgart 12/1991
Bauen mit Stahl 68/1992
Profil 3/1992, 10/1992
Allgmeine Bauzeitung 22.5.1992
Leonardo 2/1992
Report - Inf. f. Architektur und Bauwesen 11/1992
Arquitectura Viva 29/1993
Tidningen bigg inustrin 2/1.1993
AD - Architectural Design 63/1993
L'Industria delle costruzioni 8/1993
Airport forum 3/1992
Kineo 1/1993
Aprire 1/1994

FLUGHAFEN ALGIER, PASSAGIER-TERMINAL UND FRACHTANLAGE [2) 4) 7]
Architektur in Deutschland, Stuttgart 1979
Neue Heimat Monatshefte 9/1979
Baumeister 2/1979, 9/1981
Hamburger Wirtschaft 12/1980
Architectural Review 6/1981
Glasforum 6/1981
Bauwelt 10/1981
Europäische Hefte 1/1982
a+u - Architecture and Urbanism 10/1982
DBZ - Deutsche Bauzeitschrift 10/1982
SD - Space Design 11/1982, 7/1986
db - deutsche bauzeitung 4/1983
Aktuelles Bauen 6/1983
Jahrbuch für Architektur 1989
Deutsches Architekturmuseum, Frankfurt

PARKHAUS POSTSTRASSE, HAMBURG [2]
Bauwelt 35/1984
L'Architecture d'Aujourd'hui 240/1985
Baumeister 10/1985
Summarios, Buenos Aires 7/1986

HILLMANN GARAGE BREMEN [3) 6]
L'Architecture d'Aujourd'hui 240/1985
architektur + wettbewerbe 10/1985
Detail 11-12/1985
Baumeister 12/1985
db - deutsche bauzeitung 9/11/1986
Domus 2/1987
a+u - Architecture and Urbanism 7/1987
Environmental Design 1990
Weser Kurier 21.3.1990
Deutsches Architektenblatt 3/1992

PARKHAUS BRAUNSCHWEIG [3) 6]
a+u - Architecture and Urbanism 7/1987
Beton Prisma 53/1987

BAHNHOF MÜNSTER
Wettbewerbe aktuell 3/1986
architektur + wettbewerbe 12/1987

FLUGHAFEN FUHLSBÜTTEL, HAMBURG [3) 5) 6) 7]
Bauwelt 29/1986, 1/2/1991, 23/1994
L'Architecture d'Aujourd'hui 4/1987
a+u - Architecture and Urbanism 7/1987
Baumeister 7/1991, 12/1993
Architectural Review 1114/Dez. 1989, Feb. 1995
L'Arca 23/Jan. 1989, Okt.75/1993
Airport 2000 11.6.1990
Public Design 1990
Hamburger Morgenpost 12.9.89
Jahrbuch für Architektur 1989
Deutsches Architekturmuseum, Frankfurt
Hamburger Abendblatt 31.7.1991, 11.10.1991
DBZ - Deutsche Bauzeitschrift 9/1991
BDB Bund Dt. Baumeister 6/1992
Dywidag Bildband 1992/1993
Airport forum 1/1993
FAZ 4.11.1993
Die Zeit 19.11.1993
SZ - Stuttgarter Zeitung 24.11.1993
Profil 2/1994
AIT 3/1994, 7/8/1994
Welt am Sonntag 12.10.1994
Detail 2/1994
Möbel, Raum, Design Int. 3/1994
db - deutsche bauzeitung 5/1994
Glasforum 3/1994
PACE Interior Architecture 63/1994
Centrum - Jahrbuch 1994
SD - Space Design 11/1994
Architektur - Verwaltungsbau + Industriearchitektur Okt. 1994
Glasarchitektur 1993/1994, Flachglas AG, Gelsenkirchen 1994

FLUGHAFEN PJÖNGJANG [3) 6) 7]
L'Architecture d'Aujourd'hui 250/1987
Jahrbuch für Architektur 1989
Deutsches Architekturmuseum, Frankfurt

PARKHAUS FLUGHAFEN HAMBURG [5) 6]
Detail 1/1991
Der Stern 18/1991
Baumeister 7/1991
DBZ - Deutsche Bauzeitschrift 9/1991
AIT 12/1991
L'Industria delle costruzioni 1/1992
Domus 3/1993
IAS Ingénieurs et architectes suisses 26/1993
Profil 2/1994

STADTBAHNHALTESTELLE BIELEFELD (HAUPTBAHNHOF) [3) 5) 6) 7]
VfA-Profil Aug. 1991
DBZ - Deutsche Bauzeitschrift 9/1991
md - Möbel interior design 9/1992
Arbitare 12/1992
AD - Architectural Design 7/8/1993
Detail 5/1993

VIP EMPFANGSGEBÄUDE KÖLN-WAHN [5) 6) 7]
Broschüre des Bundesministeriums für Verteidigung

FLUGHAFEN PADERBORN [5) 7]

LEHRTER BAHNHOF [7]
Foyer 1/1993
Baumeister 5/1993
AIT 5/1993
Bauwelt 26/1993
FAZ 15.11.1993
aw - architektur + wettbewerbe März 1994
Der Tagesspiegel 27.12.1994, 17.1.1995
Bahn Special 1/1995
Zug 3/1995
art 4/1995

FERNBAHNHOF SPANDAU [7]
Bauwelt 26/1993

BAHNHOFSPLATZ KOBLENZ [5]

Städtebau

WETTBEWERB JUNGFERNSTIEG HAMBURG
Bauwelt 25/1965

IDEENWETTBEWERB ALTSTADT KIEL
Bauwelt 25/1965

NEUGESTALTUNG GERHARD-HAUPTMANN-PLATZ HAMBURG
Baumeister 3/1971

STÄDTEBAULICHES GUTACHTEN HAMBURG-POPPENBÜTTEL
db - deutsche bauzeitung 5/1972

STÄDTEBAULICHER IDEENWETTBEWERB TORNESCH
Wettbewerbe aktuell 11/1971

STÄDTEBAU UNIVERSITÄT-OST, BREMEN
Wettbewerbe aktuell 7/1976

HOLSTENTORPLATZ LÜBECK [1) 7)]
Bauwelt 6/1977

JOACHIMSTHALER PLATZ BERLIN DER STADTPAVILLON [2]
Architektur in Deutschland, Stuttgart 1972

VALENTINSKAMP HAMBURG
Wettbewerbe aktuell 4/1980

GESTALTUNG DES RÖMERBERG-BEREICHS FRANKFURT A. M. [2) 4)]
architektur + wettbewerbe 103 11/1980
Wettbewerbe aktuell 9/11/1980
Schriftreihe des Hochbauamtes zu Bauaufgaben der Stadt Frankfurt 1981

FLEETINSEL HAMBURG [2) 7)]
architektur + wettbewerbe 103/1980
Bauen + Wohnen 11/1980
Deutsches Architektenblatt 2/1981
wettbewerbe aktuell 1980
Hamburger Abendblatt 11.10.1991

JOACHIMSTHALER PLATZ BERLIN, LICHTSÄULEN [2) 4)]

BAUFORUM HAMBURG [3) 7)]
Deutsches Architektenblatt 11/1985
Bauen am Hafen, Baubehörde Hamburg 1985

ELBUFERBEBAUUNG DRESDEN [5) 7)]
DBZ - Deutsche Bauzeitschrift 9/1991

BAHNHOF NORDERSTEDT-MITTE [5]

BANK- UND VERWALTUNGS-ZENTRUM AM HAUPTBAHNHOF STUTTGART [5]

EKZ LANGENHORN-MARKT [5]

PLATZ DER REPUBLIK FRANKFURT/O. [5]
Centrum - Jahrbuch für Architektur und Stadt 1992

AIRPORT-CENTER HAMBURG [5) 6)]

AERO-CITY STUTTGART [5]

BÜROZENTRUM NEUSS-HAMMFELD [5) 7)]

HANSETOR HAMBURG-BAHRENFELD [5]

CALENBERGER NEUSTADT, HANNOVER [5]

ZEMENTFABRIK, BONN [5) 6) 7)]

NEUE STRASSE, ULM [5) 6) 7)]

DUISBURG HAUPTBAHNHOF [5]

SONY, POTSDAMER PLATZ, BERLIN [6) 7)]
AD - Architectural Design 7/8/1993

DAIMLER BENZ AG, POTSDAMER PLATZ, BERLIN [6]
Bauwelt 38/1992

HINDENBURGPLATZ, MÜNSTER
Wettbewerbe aktuell 1/1994
architektur + wettbewerbe März 1994

BAHNHOF ROSENSTEIN, STUTTGART
db - deutsche bauzeitung 6/1994
Bauwelt 33/1994

NEUES ZENTRUM, SCHÖNEFELD
Bauwelt 13/85/1994

HOFFMANNSTRASSE, BERLIN-TREPTOW [7]

NEURIEM-MITTE, MÜNCHEN [7]

DORTMUNDER „U" [7]

Sportbauten

HALLENFREIBAD SPD [1]
Bauwelt 3/1966

SCHWIMMHALLE BAD OLDESLOE [1]
Wettbewerbe aktuell 6/1971

BEZIRKSHALLENBAD KÖLN [1]
DBZ - Deutsche Bauzeitschrift 4/1967
db - deutsche bauzeitung 5/1972

HALLENBAD BRAUNSCHWEIG-GLIESMARODE
Sport- und Bäderbauten 4/1965
DBZ - Deutsche Bauzeitschrift 2/1966

SPORTZENTRUM DIEKIRCH/LUXEMBURG [1) 7)]
Bauwelt 3/1966
Sport- und Bäderbauten 1/1966, 5/1970
Architektur + Wohnform 6/1966
Sportstättenbau + Bäderanlagen 5/1967
Der Architekt 5/1971
e+p - Entwurf und Planung 9/1971
db - deutsche bauzeitung 5/1972
Baumeister 4/1976
Deutsches Architektenblatt 5/1976
Deutsche Kunst seit 1960
Architektur 1976, Nestler/Bode
Acier - Stahl - Steel 1/1977
Internationale Akademie für Bäder-, Sport- und Freizeitbauten 2/1977
DBZ - Deutsche Bauzeitschrift 7/1978

SPORTFORUM DER UNIVERSITÄT KIEL [1) 7)]
architektur + wettbewerbe 56/1968
e+p - Entwurf und Planung 9/1971
db - deutsche bauzeitung 5/1972, 10/1977
Deutsche Kunst seit 1960
Architektur 1976, Nestler/Bode
Die Bauverwaltung 8/1976
Architektur + Wohnen 2/1977
The Architects' Journal 38/1977
Bauen + Wohnen 9/1977
Domus 12/1977
DBZ - Deutsche Bauzeitschrift 1/1978
Glasforum 3/1978
Summarios Buenos Aires 7/1986

SPORTFORUM
UNIVERSITÄT BREMEN [1) 4)]
Sport- und Bäderbauten 5/1971
architektur + wettbewerbe, Sport-, Spiel- und Erholungsstätten 68/1971
db - deutsche bauzeitung 5/1972

STORMARNHALLE
BAD OLDESLOE [1)]
Sport- und Bäderbauten 6/1966
e+p - Entwurf und Planung 24/1971
db - deutsche bauzeitung 5/1972

BAUTEN FÜR DIE
XX. OLYMPISCHEN SPIELE
IN MÜNCHEN [1) 7)]
Bauwelt 45/1967
Sportstätten + Bäderanlagen 1967
Bauverwaltung 12/1967
Baumeister 11/1967, 2/1968
architektur + wettbewerbe, Bauten der Olympischen Spiele 1972 in München
db - deutsche bauzeitung 5/1972

SPORTZENTRUM
DER FREIEN UNIVERSITÄT
BERLIN-DAHLEM [2) 7)]
Wettbewerbe aktuell 10/1979

SPORTHALLENBAD MANNHEIM-HERZOGRIED [2)]
Wettbewerbe aktuell 10/1979
db - deutsche bauzeitung 10/1979

GROSSPORTHALLE BIELEFELD
Wettbewerbe aktuell 3/1980

SPORTHALLE JOHANNEUM I
LÜBECK [1) 4)]

GÖRLITZER BAD,
BERLIN-KREUZBERG [2) 4) 7)]

STADT- UND SOMMERBAD,
BERLIN-SPANDAU [2) 4) 7)]

GEWERBLICHE UND BERUFLICHE
SCHULEN FLENSBURG -
SCHULSPORTHALLE
Flensburger Nachrichten März 1990

OLYMPIA 2000, BERLIN [6) 7)]
Wettbewerbe aktuell 8/1992
Stadtbauwelt 61/1992

Die mit Nummern bezeichneten Bauten wurden veröffentlicht in:

1) Architektur 1966–1978
von Gerkan, Marg und Partner
Karl-Krämer-Verlag, Stuttgart 1978

2) Architektur 1978–1983
von Gerkan, Marg und Partner
Deutsche Verlags-Anstalt, Stuttgart 1984

3) Architektur 1983–1988
von Gerkan, Marg und Partner
Deutsche Verlags-Anstalt, Stuttgart 1988

4) Die Verantwortung des Architekten
M. v. Gerkan
Deutsche Verlags-Anstalt, Stuttgart 1982

5) Architektur 1988–1991
von Gerkan, Marg und Partner
Deutsche Verlags-Anstalt, Stuttgart 1992

6) von Gerkan, Marg and Partners
M. v. Gerkan
Academy Editions, London/
Ernst & Sohn, Berlin 1993

7) Idee und Modell
von Gerkan, Marg und Partner
Ernst + Sohn Berlin 1994

Bildnachweis

Heiner Leiska, Hamburg
Seite 8, 43, 44, 45, 46, 47, 48, 49, 50, 51 u., 54, 55 u., 56 r. o. + u., 57, 58 u., 59, 60 u., 61, 62, 67, 68, 73, 76, 77, 80, 82, 83, 84, 85, 86, 88, 95, 96, 98, 99, 100, 101, 102, 103, 106, 107 o. m., 109 o. l. + u., 110, 115, 118 o., 119 o., 121, 125, 130, 131, 141, 142, 143, 144, 147, 150, 153, 157, 158, 159, 160, 161, 162, 163, 164, 167, 168, 170, 171, 173, 174, 175, 176, 177 l., 178, 190, 191, 192, 193, 194, 198, 204, 206, 208, 210, 211, 212, 213, 214, 215, 216, 217 r. o., 218, 220, 222, 225, 227, 228, 230, 231, 234 r. o., 239 r. o., 247 l. u., 261 o. + r., 274, 276, 279 o., 285, 286, 287, 288, 289, 290, 296, 298, 299, 300, 302, 304, 305, 320.

E. Kossak
Seite 51 o.

Klaus Frahm, Börnsen
Seite 41, 52, 53, 63, 69, 75, 78, 79, 135, 136, 137, 138, 139 u. r.

Richard Bryant, Kingston on Thames
Seite 55 r.o., 56 l. o., 58 l. o., 60 l.o., 65, 105, 107 u., 109 o. r., 122, 123, 126, 127, 139 o. + u. l., 154, 155, 177 r., 233, 235, 239 u., 244, 251 u., 261 l. u., 262, 263 l. o., 264, 279 u., 280 l. u., 281.

G + J Fotoservice Stradtmann
Seite 64, 66.

Michael Wortmann, Hamburg
Seite 111, 112, 113, 114, 116, 118 u., 119 u., 120, 146, 180, 181, 182, 183, 185, 186, 187, 188, 189, 201, 278, 280 o. + r., 282.

Manfred Schultze-Alex, Hamburg
Seite 148, 149.

W. Gepard
Seite 310.

St. Schütz
Seite 312.

Wolf-Dieter Gericke, Stuttgart
Seite 234 u., 236, 240, 241, 242, 243, 245, 247 r. + o., 248, 249, 250, 252, 253, 254, 257, 258, 260, 263 r. o., 265, 266, 267, 268, 273.

Christian Bartenbach, München
Seite 251 o., 263 o. m. + u.

Christoph Gebler
Seite 292, 293.

Bernt Federau, Hamburg
Seite 10 o. + u., 11 o. Nr. 3 + Nr. 4, 13 o. Nr. 1, 17 o. Nr. 3, o. Nr. 4 + u. Nr. 6, 19 u. Nr. 7, 20 u. Nr. 4 + Nr. 5, 23 u. Nr. 6 + Nr. 7, 24 m. Nr.2, 25 u. Nr. 5, 28 o. Nr. 1 + Nr. 2, 30 u. Nr. 2, 38 u. Nr.2, 76 o., 78 o., 107 o. l., 326 m.

ZEICHNUNGEN

Tuyen Tran Viet
Seite 94 l. u. + r., 147 r. o..

Arnd Buchholz-Berger
Seite 132 u., 133.

Peter Wels
Seite 153 r. u.,214.

Tilman Fulda
Seite 108 o. u. u., 309.

Artikel Seite 54: von Klaus-Dieter Weiß
aus D. B. Z. 2/1991
mit freundlicher Genehmigung des Verlages

Artikel Seite 64: von Christian Marquardt
aus „Architektur in Hamburg 1990"
erschienen bei Junius
auch mit freundlicher Genehmigung